Hans-Dietrich Haasis

Produktions- und Logistikmanagement

Hans-Dietrich Haasis

Produktions- und Logistikmanagement

Planung und Gestaltung
von Wertschöpfungsprozessen

GABLER

Bibliografische Information der Deutschen Nationalbibliothek
Die Deutsche Nationalbibliothek verzeichnet diese Publikation in der
Deutschen Nationalbibliografie; detaillierte bibliografische Daten sind im Internet über
<http://dnb.d-nb.de> abrufbar.

Prof. Dr. Hans-Dietrich Haasis ist Inhaber des Lehrstuhls für Allgemeine Betriebswirtschaftslehre, Produktionswirtschaft und Industriebetriebslehre an der Universität Bremen sowie Direktor des Instituts für Seeverkehrswirtschaft und Logistik (ISL), Bremen.

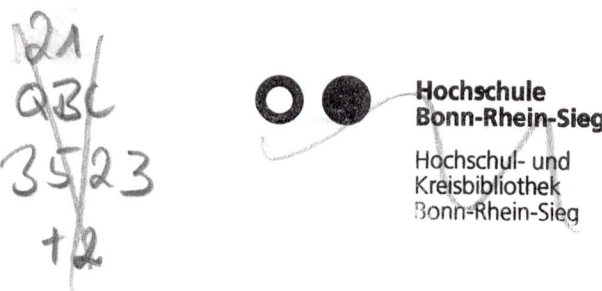
1. Auflage 2008

Alle Rechte vorbehalten
© Gabler | GWV Fachverlage GmbH, Wiesbaden 2008

Lektorat: Stefanie Brich | Renate Schilling

Gabler ist Teil der Fachverlagsgruppe Springer Science+Business Media.
www.gabler.de

Umschlaggestaltung: Ulrike Weigel, www.CorporateDesignGroup.de
Druck und buchbinderische Verarbeitung: Wilhelm & Adam, Heusenstamm
Gedruckt auf säurefreiem und chlorfrei gebleichtem Papier
Printed in Germany

ISBN 978-3-8349-0361-7

Vorwort

Wesentlich für eine wettbewerblich starke Positionierung von Unternehmen in internationalen Wertschöpfungsnetzwerken ist eine nachhaltige Gestaltung von Produktion und Logistik. Aktuelle Herausforderungen betreffen unter anderem Lösungen im Zusammenhang mit regionalen Produktionsnetzwerken, einem nachhaltigen Supply Chain Management, mit Produktdienstleistungen, eBusiness, Mass Customization und mit einer Kreislaufwirtschaft. Dieses Buch greift diese Themen auf und bietet nach einer Einordnung in die Betriebswirtschaftslehre und den Bereich des Nachhaltigen Wirtschaftens einen Überblick über Möglichkeiten der Gestaltung und Planung unternehmensbezogener Strukturen und Prozesse in den betriebswirtschaftlichen Bereichen Produktion und Logistik. Die einzelnen Kapitel werden dabei den Themenbereichen ‚Herausforderungen für Produktion und Logistik', ‚Management ausgewählter Gestaltungsfelder' sowie ‚Integrationsansätze für Produktion und Logistik' zugeordnet. Neben Grundlagen wird auch auf Praxisbeispiele eingegangen. Mehrere Übungsaufgaben werden ergänzt und geben eine Hilfe zum Selbststudium. Abschließend werden Entwicklungstendenzen skizziert.

Sehr herzlich bedanke ich mich bei den Mitarbeiterinnen und Mitarbeitern an meinem Lehrstuhl an der Universität Bremen sowie am ISL – Institut für Seeverkehrswirtschaft und Logistik, Bremen, welche wichtige Anregungen und Ideen zum Gelingen dieses Buches beigetragen haben. Mein besonderer Dank gilt Herrn Dr. Hajo Fischer, welcher mich bei der inhaltlichen Ausgestaltung wesentlich unterstützte. Nicht zuletzt gilt mein Dank Frau Susanne Kramer, welche durch ihre Anregung das Entstehen dieses Buches erst ermöglichte.

Bremen, im März 2008   Hans-Dietrich Haasis

V

Inhaltsübersicht

Inhaltsverzeichnis

Management ausgewählter Gestaltungsfelder

Integrationsansätze für Produktion und Logistik

1 Wertschöpfung durch Produktion und Logistik

1.1 Motivation und Lernziele

Lernziele

Am Ende dieses Kapitels sollten Sie folgende Sachverhalte und Zusammenhänge erläutern können:

■ Wertschöpfungszusammenhänge zwischen industrieller Produktion und Logistik,

■ Besonderheiten logistischer Prozesse gegenüber Produktionsprozessen,

■ Eigenarten immaterieller Produktionsfaktoren und deren Bedeutung für Unternehmensentscheidungen,

■ Vorteile und Nachteile, die mit der Verlagerung betrieblicher Wertschöpfungsfunktionen verbunden sein können.

Motivation

Unsere Warenmärkte werden derzeit insbesondere von zwei Trends geprägt. Zum einen ist dies das rasante Wachstum der asiatischen Volkswirtschaften. Heute werden in Asien, Japan nicht mitberücksichtigt, bereits 63 % aller Mobiltelefone produziert. Insbesondere China wird für bestimmte Märkte zum globalen Produktionsstandort. Gegenwärtig beträgt Chinas monatlicher Exportüberschuss etwa 15 Milliarden €, bei jährlichen Wachstumsraten von über 20 %. Der andere Trend bezieht sich auf eine Kundennachfrage, die immer kurzlebiger, differenzierter und schwerer zu prognostizieren wird. So bietet Nokia heute ein Mobiltelefon durchschnittlich 18 Monate an, das Textilunternehmen Zara wechselt sein Oberbekleidungssortiment 14-mal im Jahr. Aufgrund einer zunehmenden elektronischen Vernetzung zwischen Kunden und Produzenten entstehen viele Waren erst mit ihrer Bestellung. Der Mausklick in Deutschland wird sozusagen zum Produktionsauftrag in Asien. Damit wächst gleichzeitig die Variantenvielfalt, denn die Kunden sind oftmals auf der Suche nach dem Individuellen[1].

Für Hersteller bedeuten die beiden Trends einen Spagat. Einerseits soll kundenindividuell gefertigt, andererseits sollen durch große Stückzahlen Größendegressionseffekte erzielt werden. Wer globale Kostenvorteile nutzen und seine Kundenorientierung gleichzeitig verbessern will, muss seine Unternehmenspositionierung daher sorgsam gestalten. Obwohl sich etwa in Deutschland die Gesellschaft zur Dienstleistungs- und damit zur Informations- bzw. Wissensgesellschaft gewandelt hat, machen Industriebetriebe und Betriebe des verarbeitenden Gewerbes nach wie vor einen großen Anteil an der Gesamtzahl der Unternehmen aus[2]. Abbildung 1-1 zeigt die Aufteilung der Wertschöpfung in Deutschland der Jahre 2004 bis 2006 nach Wirtschaftszweigen. Entscheidend ist nicht so sehr die Höhe des Umsatzes, sondern vielmehr die zwischenbetriebliche Leistungsverflechtung. Zahlreiche Dienstleistungsunternehmen sind sogenannte Unternehmensdienstleister, die ohne ihre Kunden im Sektor der industriellen Wirtschaft nicht existieren würden.

Wirtschaftsbereich	2004	2005	2006
in jeweiligen Preisen, Mrd. EUR			
Land- und Forstwirtschaft; Fischerei	24,27	19,91	20,09
Produzierendes Gewerbe ohne Baugewerbe	493,15	514,71	539,71
dar.: Verarbeitendes Gewerbe	449,73	469,95	490,46
Baugewerbe	82,75	78,67	82,32
Handel, Gastgewerbe und Verkehr	357,84	365,62	380,41
Finanzierung, Vermietung u. Untern. dienstl.	582,56	591,33	601,95
Öffentliche und private Dienstleister	453,64	452,23	454,52
Alle Wirtschaftsbereiche	1 994,21	2 022,47	2 079,00

Abbildung 1-1: Verteilung der Wertschöpfung nach Wirtschaftszweigen
(Quelle: Statistisches Bundesamt, 2007)

Die Kundenwünsche richten sich zunehmend auf Systemlösungen, welche neben Sachgütern auch Dienstleistungen umfassen. Durch eine solche Nachfrage aufgrund gestiegener Marktanforderungen findet eine Marktausweitung des industriellen Produktionssektors durch produktbegleitende Dienstleistungen statt. Viele Produkte bedingen Dienstleistungen und viele Dienstleistungen bedingen Produkte. Die Kombination verspricht einen größeren Wertschöpfungsanteil, der dem Kunden angeboten werden kann. Oftmals steht damit die Produktdienstleistung, das heißt die Dienstleis-

---

[1] Vgl. Neumann/Stuchtey 2006, S. 9.
[2] Vgl. Günther/Tempelmeier 2005, S. 28 f.

tung des Produktes selbst im Vordergrund. Dieses erlaubt dem Unternehmen einen größeren Gestaltungsspielraum bei Produktentwicklung, Produktion und Vertrieb.

Wie immer die individuelle Produkt- und Produktionslösung auch aussehen mag: Die Dienstleistung Logistik ist hierfür ein zentrales Element und eng mit der Produktion verknüpft. Das zeitgenaue Management einer globalen Logistikkette – vom Vorlieferanten über Produzenten, Transporteure, Fertigungs-, Umschlags- und Absatzläger bis hin zum Kunden – ist Voraussetzung für glatte Modellanläufe, eine hohe Lieferfähigkeit und eine schnelle Reaktion auf Kundenwünsche. Erst durch Logistik ist Globalisierung denkbar. Dabei ist Logistik mehr als die Suche nach dem günstigsten Weg von A nach B. Sie ist die Fähigkeit, moderne Produktions- und Handelssysteme als weltweite, komplexe Netzwerke zu planen und zu steuern.

Wir bemerken sie kaum, und dennoch begleitet sie uns täglich. Wir erwarten, dass die Zeitung morgens für uns griffbereit liegt, der Frühstückstisch die von uns erwünschte Auswahl an Lebensmitteln umfasst oder die Ostergeschenke rechtzeitig angekommen sind. Hinter all diesen von für uns selbstverständlich gewordenen Erwartungen stecken ineinander übergreifende Entscheidungen, welche teilweise weltweit zu koordinieren und zu gestalten sind. Mit diesen Entscheidungen beschäftigt sich die Logistik.

Dabei nehmen die Anforderungen an die Logistik immer weiter zu: Kundenzufriedenheit, Wirtschaftlichkeit, Sicherheit, Geschwindigkeit, Umweltinanspruchnahme. Die Logistik wird komplexer. Produktionsstandorte verschieben sich, Märkte verändern sich. Logistik stellt die sich hieraus ergebende verteilte Produktion dennoch sowohl regional als auch weltweit sicher. Die Logistik gilt heute als der Jobmotor nicht nur für die deutsche Wirtschaft.

Grundsätzlich kann die Logistik in die Teilbereiche Güterlogistik, Informationslogistik und Servicelogistik unterschieden werden. Man kann diese Teilbereiche durchaus in vergleichbarer Weise bequem definieren. "*Güterlogistik*" bedeutet in einer ganz allgemeinen Definition, die richtigen Güter zum richtigen Zeitpunkt in der richtigen Qualität und Form am richtigen Ort bereitzustellen. "*Informationslogistik*" bedeutet, die richtige Information zum richtigen Zeitpunkt in der geeigneten Art und Weise am richtigen Ort bereitzustellen. "*Servicelogistik*" wiederum stellt sehr viel stärker den unmittelbaren Kundennutzen in den Vordergrund und bedeutet im Kern, dem Dienstleistungsadressaten den richtigen Service zum richtigen Zeitpunkt in der gewünschten Qualität und am richtigen Ort zu erbringen. Allerdings werden zunehmend in der Betriebswirtschaftslehre die Güterlogistik, die Informationslogistik und die Servicelogistik integriert betrachtet. Zudem unterscheiden sich die Teilbereiche hinsichtlich der relevanten Einflussfaktoren und Gestaltungsparameter, wenn es darum geht, diese für betriebliche Zwecke umzusetzen.

Unterschiede ergeben sich selbstverständlich auch hinsichtlich der im Einzelnen zu erfüllenden Leistungskomponenten innerhalb der jeweiligen Teilbereiche, insbesondere Zuverlässigkeit, Verfügbarkeit, Qualität, Schnelligkeit und Preis.

Hier steht zunächst die Güterlogistik im Vordergrund. Dennoch beziehen die Ausführungen Implikationen aus den anderen Teilbereichen mit ein.

In der innerbetrieblichen sowie der unternehmensübergreifenden Logistik, dem sogenannten Supply Chain Management, liegen erhebliche Wirtschaftlichkeitspotentiale. Logistik bleibt daher auch in Zukunft eine der zentralen unternehmerischen Aufgaben. Die Planung und Steuerung von logistischen Prozessen erfordert die volle Aufmerksamkeit des Managements.

Dieses erste Kapitel gibt Ihnen eine Einführung in den Fokus dieses Buches. Die Begriffe ‚Produktion' und ‚Logistik' werden erklärt und es wird erläutert, warum diese beiden Gebiete eine Einheit des Wertschöpfungsmanagements bilden. Es werden aktuelle Herausforderungen an Produktion und Logistik herausgestellt. Es wird deutlich, dass aus betriebswirtschaftlicher Sicht die Produktion und die Logistik als ein modellierbares System von Entscheidungen anzusehen ist, zu deren Unterstützung wissenschaftliche Methoden praktisch eingesetzt werden können.

1.2   Einordnung in die Betriebswirtschaftslehre

Die *Betriebswirtschaftslehre* unterteilt sich üblicherweise in funktionsorientierte Teilgebiete, etwa die Produktionswirtschaft, die Beschaffung, die Finanzwirtschaft und das Personalwesen. Diese sogenannten Funktionenlehren unterscheiden sich hinsichtlich ihrer Abgrenzung von den ebenfalls bekannten Institutionenlehren, bei denen die Organisation im Vordergrund steht und welche entsprechend betriebswirtschaftliche Fragestellungen in Industriebetrieben (Industriebetriebslehre), in Handelsbetrieben (Handelsbetriebslehre), in Banken (Bankbetriebslehre) und in Versicherungen (Versicherungsbetriebslehre) branchenspezifisch thematisieren.[3]

Die *Produktionswirtschaft* beschäftigt sich mit der durch Menschen und Maschinen zielorientiert durchgeführten qualitativen Veränderung von Gütern, während rein räumliche und zeitliche Veränderungen logistische Prozesse wie Transport, Lagerung, Sortierung oder Umschlag kennzeichnen. Mit diesen Veränderungen wird eine Nutzen- oder Werterhöhung für den Kunden angestrebt. Deshalb werden Produktion und Logistik auch als Wertschöpfungsprozess verstanden.[4] Die Produktionswirtschaft als betriebswirtschaftliche Disziplin beschäftigt sich vorrangig mit der Produktion von Sachgütern.

Unter *industrieller Produktion* versteht man die Erzeugung von *Produkten* aus materiellen und nichtmateriellen Einsatzgütern, sogenannten *Produktionsfaktoren*, nach be-

---

[3]   Vgl. Corsten 2000, S. 26.
[4]   Vgl. Dyckhoff/Spengler 2005, S. 3.

stimmten technischen und organisatorischen Verfahrensweisen (vgl. Abbildung 1-2). Nichtmaterielle Güter können beispielsweise Patente, Lizenzen oder Software sein. Ohne den Einsatz der für die Produktion unerlässlichen Produktionsfaktoren, wie beispielsweise menschliche Arbeitsleistung, Maschinen, Materialien, Halbfertigprodukte und Energie, wäre eine industrielle Produktion nicht möglich[5].

In der Betriebswirtschaftslehre versteht man unter *Logistik* eine ganzheitliche, die einzelnen Funktionsbereiche einzelner Unternehmen übergreifende Betrachtungsweise, welche die Optimierung des Material- und Güterflusses unter Berücksichtigung der damit zusammenhängenden Informationsströme zum Ziel hat. Pragmatischer ausgedrückt bedeutet Logistik, die Verfügbarkeit des richtigen Gutes, in der richtigen Menge, im richtigen Zustand, am richtigen Ort, zur richtigen Zeit, für den richtigen Kunden, zu den richtigen Kosten zu sichern.

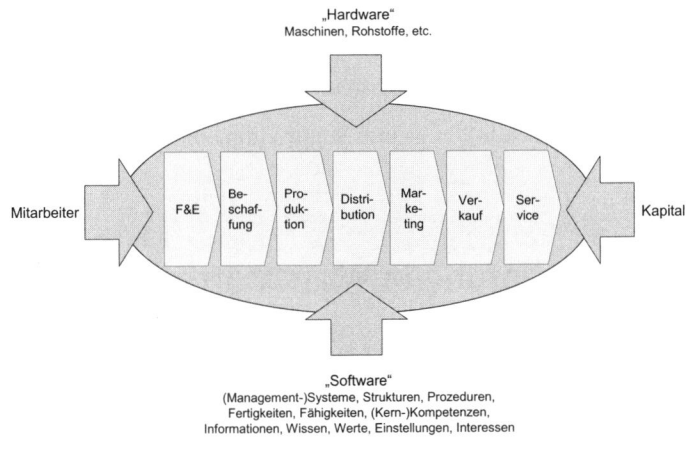

Abbildung 1-2: Produktion und ihre Produktionsfaktoren
(Quelle: Müller-Stewens/Lechner, 2003)

Logistik wurde ursprünglich als Hauptfunktion der Materialwirtschaft betrachtet. Heute wird sie vor allem als betriebliche Querschnittsfunktion über die Bereiche Beschaffung, Produktion und Absatz verstanden. Die Aufgaben der Produktion und der Logistik weisen insbesondere im Bereich der innerbetrieblichen Logistik sowie

---

5   Vgl. Müller-Stewens/Lechner 2003, S. 437.

zum Teil auch in der Beschaffungs- und Distributionslogistik eine Vielzahl von Verbindungen auf.[6]

,Produktion und Logistik' wird in Anlehnung an Günther/Tempelmeier als eine betriebswirtschaftliche Disziplin verstanden, deren Erkenntnisgegenstand diejenigen Entscheidungen betreffen, die im Zusammenhang mit der Planung, Steuerung und Kontrolle der Produktion sowie der korrespondierenden logistischen Prozesse gefällt werden müssen.[7]

Entscheidungen, die in der Produktion und Logistik getroffen werden, können etwa sein[8]:

- die Planung einer neuen Produktionslinie,

- die Planung des Materialbedarfs,

- die Lieferantenauswahl,

- die Planung der Maschinenbelegung,

- die Aufstellung des Produktionsprogramms sowie

- die Standortwahl für Produktions- und Logistikimmobilien.

1.3   Wertschöpfung in Wirtschaftsunternehmen

In der Betriebswirtschaftslehre wird unter *Wertschöpfung* zum einen der *Ergebnisbeitrag eines Unternehmens* zum Sozialprodukt verstanden. Die Wertschöpfung wird ermittelt, indem von der Gesamtleistung einer Unternehmung die Vorleistungen (Rohstoffe, fremde Dienstleistungen, Energie, Leistungen vorangegangener Produktionsstufen etc.) abgezogen werden.

Der Begriff "Wertschöpfung" wird zum anderen aber auch als *Prozess* definiert, der zu einem solchen Mehrwert führt. Allgemein wird unter einem Prozess eine Abfolge von Aktivitäten verstanden, wobei diese über mehrere organisatorische Einheiten verteilt sein können. Ein Prozess bringt Leistungen hervor und benötigt dafür Ressourcen oder Einsatzgüter. Der *Wertschöpfungsprozess* stellt eine Abfolge an Aktivitäten dar, die einem Produkt oder einer Dienstleistung Wert hinzufügen. Von Bedeutung ist also, dass das Prozessergebnis von einem Kunden nachgefragt wird. Dies können sowohl unternehmensinterne und unternehmensexterne Kunden sein als auch nachfolgende Prozesse. *Wertschöpfungssysteme* werden als offene, dynamische, sozio-technische Sys-

---

[6]   Vgl. Günther/Tempelmeier 2005, S. 9.
[7]   Vgl. Günther/Tempelmeier 2005, S. 25.
[8]   Vgl. Günther/Tempelmeier 2005, S. 25.

teme verstanden, in denen Wertschöpfung als das Ergebnis von wertschöpfenden Prozessen erbracht wird.[9]

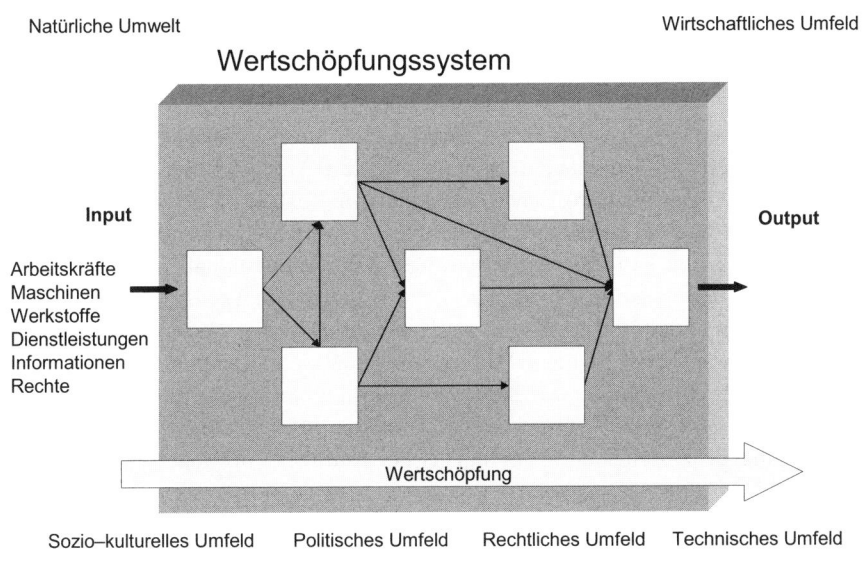

Abbildung 1-3: Das Wertschöpfungssystem und sein Umfeld
(Quelle: Günther/Tempelmeier 2005, S. 2 und Dyckhoff/Spengler 2005, S. 4)

Die Einbettung eines Wertschöpfungssystems in sein *Umfeld* ist in Abbildung 1-3 veranschaulicht. Darin sind die Produktion als Wertschöpfungsprozess dargestellt, die Infrastruktur eines Produktionssystems skizziert und die logistischen Zusammenhänge angedeutet.

In Wertschöpfungssystemen vollziehen sich leistungswirtschaftliche Aktivitäten, wie Beschaffung, Produktion und Distribution, mit denen Wertschöpfung erzielt wird. Der Begriff *Wertschöpfungsnetzwerk*, oder englisch ‚value-added network', beschreibt eine auf die Realisation von Wertschöpfungsvorteilen zielende Organisationsform, bei der rechtlich selbständige Unternehmen in ein Netz relativ stabiler kooperativer Beziehungen und Aktivitäten eingebunden sind und in der Regel jedes Unternehmen Leistungen für mehrere Abnehmer erstellt.[10]

---

[9] Vgl. Pibernik 2001, S. 142.
[10] Vgl. Esch 2003, S.25.

Die Aufgabe des *Produktions- und Logistikmanagements* ist die Planung, Steuerung und Kontrolle des Material- und Güterflusses sowie des dazugehörigen Informationsflusses von den Lieferanten zum Unternehmen, im Unternehmen und vom Unternehmen zu den Kunden.[11] Dadurch werden andere betriebswirtschaftliche Funktionen beeinflusst, beispielsweise das Marketing, die Finanzwirtschaft, die Personalwirtschaft, die Umweltwirtschaft, die Unternehmensrechnung und/oder die Unternehmensführung.[12]

Oftmals werden nicht alle Teilprozesse der Wertschöpfung eines Produktes innerhalb eines einzigen Betriebes durchlaufen. Vielmehr ist eine Arbeitsteilung zu beobachten, bei der einzelne Glieder der Wertschöpfungskette in Industriebetrieben desselben Unternehmens oder auch verschiedenen Unternehmen in mehreren Länder durchlaufen werden. Exemplarisch ist hierzu in Abbildung 1-4 die international verteilte Komponentenfertigung am Beispiel des Airbus A 380 dargestellt. Die Anzahl der Wertschöpfungsstufen eines Produktes wird *als Fertigungstiefe* oder *Wertschöpfungstiefe* bezeichnet. In Anbetracht der heutigen Wettbewerbssituation reduzieren viele Produzenten ihre Wertschöpfungstiefe, um sich so verstärkt auf ihre *Kernkompetenzen* und -prozesse zu konzentrieren ("*Outsourcing*"). Damit kommt es zu einer Verlagerung von Wertschöpfungsprozessen entlang der logistischen Kette bzw. der sogenannten Supply Chain.

Modulfertigung beim Airbus A 380

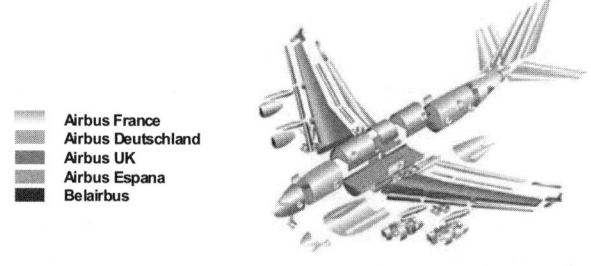

Airbus France
Airbus Deutschland
Airbus UK
Airbus Espana
Belairbus

---

*Abbildung 1-4: International verteilte Komponentenfertigung am Beispiel des Airbus A 380
(Quelle: Airbus Deutschland Unternehmenspräsentation, 2006)*

Zahlreiche größere und zunehmend auch kleinere Industrieunternehmen gehen mittlerweile verstärkt zur modularen Bauweise über. Das bedeutet, dass einzelne Teilsysteme eines Produktes hinsichtlich Eigenschaften und Schnittstellen standardisiert

---

[11] Vgl. Zäpfel 2001, S. 4.
[12] Vgl. Dyckhoff/Spengler 2005, S. 5.

werden. Sie können so in großen Mengen kostengünstig produziert und in unterschiedlichen Produktvarianten verwendet werden. Die Individualität der Produkte ergibt sich dann entweder aus den spezifischen Modulkombinationen und/oder aus einem unverwechselbaren äußerlichen Design, praktisch als Verpackung der Standardmodule.

Klassische logistische Aufgaben sind die zeitgenaue Anlieferung von Fertigungsmaterial an ein Arbeitssystem oder ein Beschaffungslager durch einen Lieferanten, der Weitertransport einer Palette mit Werkstücken zwischen zwei Produktionsabteilungen oder die Auslieferung von bestellter Ware an die Kunden. Diese logistischen Aufgaben werden, auch im Zuge einer Verlagerung von Wertschöpfungsprozessen, durch sogenannte *Mehrwertdienste*, oder englisch *Value Added Services*, ergänzt. Hierzu zählen etwa Aufgaben der Qualitätssicherung, der Verpackung, des Zollwesens, der Warenverfolgung oder einfacher produktionswirtschaftlicher Prozesse. Hierbei wird die gesamte logistische Kette ‚Zulieferer – Produzent – Abnehmer', das heißt die *Supply Chain* erfasst. Diese ist Teil eines übergreifenden *Supply Network*.

Es wird deutlich, dass Produktion und Logistik Entscheidungen betreffen, die im Zusammenhang mit der Planung, Steuerung und Kontrolle produktionswirtschaftlicher und logistischer Prozesse gefällt werden müssen.

Entscheidungen in Unternehmen werden auf verschiedenen Ebenen gefällt. Dies sind die *strategische*, die *taktische* und die *operative* Ebene. Wichtige Kriterien in dieser Differenzierung sind der Planungshorizont und der Konkretisierungsgrad der Planung (vgl. Abbildung 1-5).

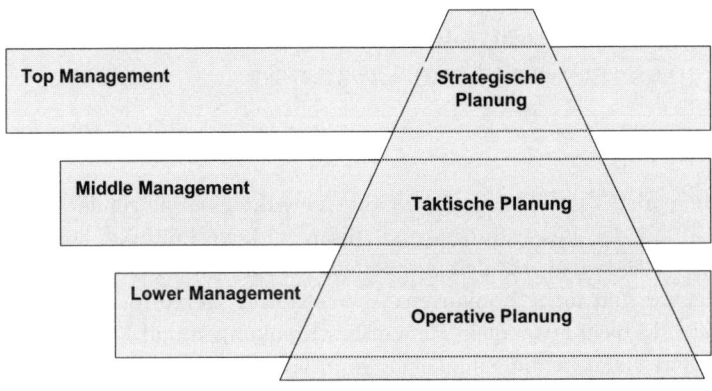

Abbildung 1-5: Charakterisierung der strategischen, taktischen und operativen Planung (Quelle: Nitzsch 2004, S. 6)

Eine strategische Planung ist immer langfristig angelegt, mit einem Zeithorizont von fünf bis zehn Jahren. Aufgrund der mit diesem langen Planungshorizont einhergehenden Unsicherheiten ist diese Planung noch weiter konkretisierbar. Das Gegenstück zur strategischen Planung bildet die operative Planung, die sich mit konkreten Entscheidungsalternativen beschäftigt. Der Planungshorizont ist meist auf ein Jahr beschränkt. Die taktische Planung ist zwischen der strategischen und der operativen einzuordnen. Der Planungshorizont ist mittelfristig, die Alternativen sind konkreter gefasst als in der strategischen Planung, zur unmittelbaren Umsetzung sind allerdings noch weitere Details im Zeitablauf zu berücksichtigen.[13]

1.4 Aktuelle Herausforderungen an Produktion und Logistik

Die Markt- und Wettbewerbsbedingungen für Wirtschaftunternehmen unterliegen einem stetigen Wandel. Die Einflüsse sind komplexer und vielfältiger Art und entstammen unterschiedlichen Bereichen. Entwicklungen in Politik, Gesellschaft, Naturwissenschaft und Technik sowie Veränderungen der Absatz- und Beschaffungsmärkte erzeugen neue Rahmenbedingungen, in denen das Unternehmen seine strategischen Ziele und die operative Zielerreichung laufend überprüfen und verbessern muss. Neben dem Erfordernis, das intern vorhandene technische und organisatorische Potential wirtschaftlich zu nutzen, sind zudem auch die Anforderungen an die bereichsübergreifenden Planungsfunktionen im Unternehmen, an die innerbetriebliche Auftragsabwicklung, an die Logistik und an die Organisations- und Führungsstrukturen von Wirtschaftsunternehmen stetig gestiegen[14]. Im Folgenden wird auf aktuelle Herausforderungen an Produktion und Logistik eingegangen.

Globalisierung

Die zunehmende *Globalisierung* der Märkte bewirkt eine steigende Dynamik und Komplexität auf den Beschaffungs- und Absatzmärkten. Produkte können weltweit hergestellt und allerorts gehandelt und verteilt werden. Globalisierung bedeutet mehr Absatzpotential und mehr Konkurrenz[15]. Wesentliche Herausforderungen für mehr Welthandel sind nicht etwa allein Handelsbeschränkungen und Produktionsmöglichkeiten. Es sind vielmehr die Fähigkeiten von Logistikdienstleistern, mehrstufige Lieferketten über Unternehmens- und Ländergrenzen hinweg so zu koordinieren, dass

---

[13] Vgl. Nitzsch 2004, S. 6.
[14] Vgl. Eversheim 1996, S. 1.
[15] Vgl. Haasis/Fischer 2007, S. 11.

die erwarteten Güter zur definierten Zeit in der vereinbarten Qualität an den vorbestimmten Abgabeort gelangen.

Die Globalisierung hat zu einem Standortwettbewerb, insbesondere der Produktionsstandorte, geführt. Steuerniveau, Arbeitskostenniveau, Bildungsniveau, Nähe zu Beschaffungs- und Absatzmärkten sowie regulatorische Bedingungen spielen hierbei die maßgebliche Rolle.

Ein aktueller Trend in Rahmen der Globalisierung ist das *Offshoring*. Dieser Begriff bezeichnet eine Form der Verlagerung unternehmensinterner Funktionen und Prozesse ins Ausland. Grund sind meistens Kostensenkungen bei Produktion und Services durch die im Ausland günstigeren Rahmenbedingungen, insbesondere bei den Arbeitskosten.

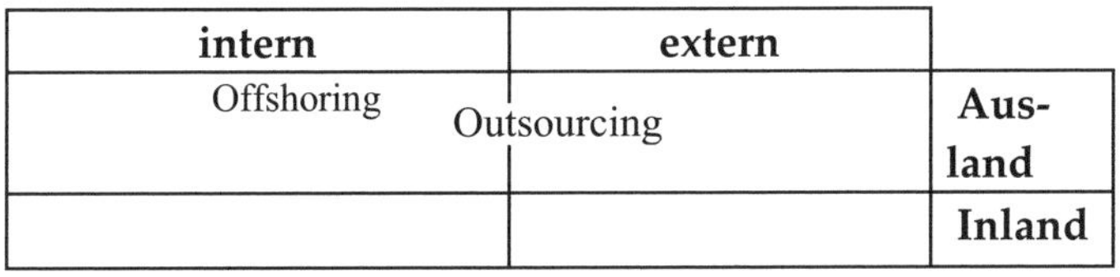

intern	extern	
Offshoring	Outsourcing	**Ausland**
		Inland

Abbildung 1-6: Beziehungen zwischen Outsourcing und Offshoring

Offshoring grenzt sich vom *Outsourcing* ab, welches die Auslagerung von Prozessen und Funktionen aus einem Unternehmen umfasst und zu deren Verlagerung in der Wertschöpfungskette führt. Während Outsourcing stets die Auslagerung von Prozessen und Funktionen an ein externes Unternehmen beschreibt, kann es sich beim Offshoring sowohl um eine Verlagerung von Aktivitäten an ein ausländisches Fremdunternehmen als auch an ein neu gegründetes Tochterunternehmen oder an ein Joint Venture im Ausland handeln.

Offshoring hat in Europa insbesondere aufgrund der Problematik von Arbeitsplatzverlagerungen in mittel- und osteuropäische sowie asiatische Länder eine negative Deutung erhalten. Kritiker befürchten, dass durch Offshoring viele Arbeitsplätze in Europa verloren gehen, und ein nachteiliger Wettbewerb der Staaten untereinander entsteht. Befürworter des Offshoring führen an, dass die Auslagerung von Tätigkeiten an günstigere Anbieter die Wettbewerbsfähigkeit der hiesigen Unternehmen stärkt und zugleich inländische Arbeitsplätze sichert. Durch Mischkalkulation soll es möglich sein, Produkte und Dienstleistungen zu international konkurrenzfähigen Preisen anzubieten. Mit dem steigenden Wohlstand der Offshoring-Länder wird zusätzlich erwartet, dass diese mehr Waren aus Industrieländern importieren.

Produkttechnische Entwicklung

Im Bereich der *technischen Entwicklungen* müssen Unternehmen zunehmend unter er-höhtem Zeitdruck neue Funktionsprinzipien, neue Werkstoffe, neue Verfahren und neue Technologien entwickeln, prüfen und gegebenenfalls herstellen. Insbesondere für technisch anspruchsvolle Produkte gilt *Qualität* und die sich daraus ergebende Kundenzufriedenheit als wettbewerbsentscheidend. Dabei drückt sich Qualität einerseits in der Funktionalität, Zuverlässigkeit und Langlebigkeit aus, andererseits jedoch auch in geringen Ausschussraten und der Umweltverträglichkeit der Produkte.[16]

Die Zeitspanne zwischen der Markteinführung eines Produktes und seinem Ausscheiden aus dem Markt bezeichnet man als seinen *Lebenszyklus* (vgl. Abbildung 1-7).

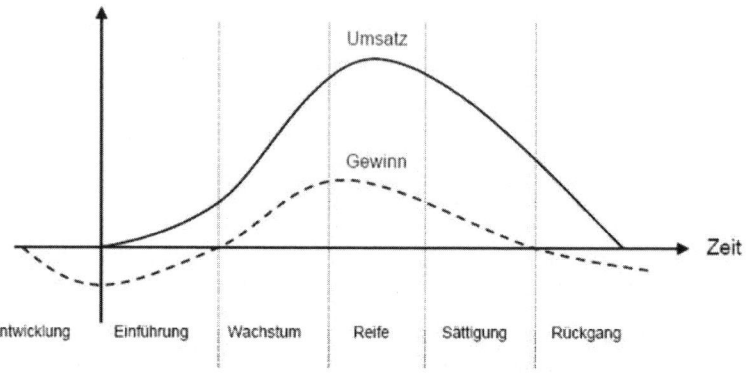

Abbildung 1-7: Idealtypischer Verlauf eines Produktlebenszyklus (Quelle: Eversheim, 1996)

Die Länge des Produktlebenszyklus beträgt meist mehrere Jahre, wobei insbesondere in technologisch hochentwickelten Industriezweigen eine zunehmende Verkürzung der Lebenszyklen beobachtet wird. Um die Entwicklungszeit eines Produktes zu ver-kürzen und um die Produktionskosten zu senken, wird die arbeitsteilige zunehmend durch die teamorientierte Produktentwicklung ("*simultaneous engineering*", "concurrent design") abgelöst. Hierdurch sollen möglichst früh in der Entwicklungsphase eines Produktes abteilungsübergreifend und insbesondere auch unter Verwendung von Zu-kaufteilen alle Faktoren berücksichtigt werden, die später bei der Produktion und dem Verkauf von Bedeutung sind. Je später Änderungen in der Entwicklungs- oder Pro-duktionsphase vorgenommen werden, desto kostenintensiver werden sie.[17]

---

[16] Vgl. Günter/Tempelmeier 2005, S. 3.
[17] Vgl. Eversheim 1996, S. 2.

Unternehmen, die schnell innovative und qualitativ hochwertige Produkte kosten-günstig anbieten können, werden auch in Zukunft Erfolg haben. Unternehmen, die eher reaktiv und zögerlich am Markt agieren, werden in Zukunft kaum ihre Wettbe-werbsfähigkeit sichern können[18].

Produktionstechnische Entwicklung

Die kürzeren Produktlebenszyklen vieler Produkte, die steigende Produktvielfalt und die abnehmenden Losgrößen bedingen umfangreiche Rationalisierungsmaßnahmen in den Unternehmensbereichen Konstruktion, Arbeitsvorbereitung sowie Fertigung und Montage. Dabei sind die Lebenszyklen der zur Herstellung der Produkte eingesetzten Produktionssysteme wesentlich größer als die einzelnen Produkte. Es werden mehrere Produktgenerationen auf derselben Anlage produziert. Auf operativer Ebene ist es da-her wichtig, sich durch eine technische Vielseitigkeit der eingesetzten Produktionsan-lagen kurzfristig an Änderungen des Produkt- oder Produktionsprogramms anzupas-sen.[19]

Eine solche technische Vielseitigkeit ist bei der vor allem in Konsumgütermärkten dominierenden individualisierten Massenfertigung ("Mass Customization"), die durch Modularisierung geprägt ist, bis zu einem bestimmtem Maß auch notwendig. *Mass Customization* ist ein Produktionskonzept in dem einerseits die Vorzüge der Massen-produktion (wie Skaleneffekte, Erfahrungskurvenvorteil, Automatisierung) genutzt werden, andererseits dem wachsenden Wunsch des Kunden nach Individualisierung seines Produktes Rechnung getragen wird.

Operative Exzellenz

Die Wirtschaftlichkeit und damit die Wettbewerbsfähigkeit von Wirtschaftsunterneh-men wird in entscheidendem Maße durch gezielte Anwendung rationeller Produkti-onstechniken zur wirtschaftlichen Herstellung von Produkten bestimmt. Auch bisher weniger wettbewerbsstarke Länder haben ihre Standards heben können und dort pro-duzierende Unternehmen konnten ihre *operative Exzellenz*, das heißt ihre Effektivität ("die richtigen Dinge tun") und Effizienz ("die Dinge richtig tun"), steigern.

Managementmethoden wie etwa *Lean Management* und *Total Quality Management* (TQM) sind mittlerweile auf hohem Umsetzungsstand und bilden nicht mehr einzigar-tige Wettbewerbsvorteile. Dennoch gilt für Produktion und Logistik, diese beiden Prinzipien zu beherrschen und im Sinne eines *kontinuierlichen Verbesserungsprozesses* (KVP) weiter auszubauen.

---

[18]   Vgl. Eversheim 1996, S. 2.
[19]   Vgl. Günther/Tempelmeier 2005, S. 4.

Ziele des Lean Managements bestehen in der Vermeidung von Verschwendung, der Steigerung von Effizienz und der Konzentration auf das "Wertsteigernde". Als wichtige Kriterien für eine Struktur mit entsprechend optimierten Abläufen werden fertigungs- und funktionsfähige Produkte, Prozesse mit einer niedrigen Fehleranfälligkeit, Gruppenarbeit und engagierte Mitarbeiter genannt. Die Verschwendung, die vermieden werden soll, kann sich z.B. in Überproduktion, mehrfachem Transport, der Herstellung von überflüssigen Teilen, überflüssigen Bewegungen im Arbeitsablauf oder Wartezeiten zeigen.

Total Quality Management bezeichnet die durchgängige und alle Bereiche einer Organisation erfassende, kontrollierende Tätigkeit, die dazu dient, Qualität ganzheitlich einzuführen und dauerhaft zu garantieren.[20] Sie ist eng mit Konzept und Praxis des *Wissensmanagements* verbunden.

Kundenwünsche

Wachsende Ansprüche an Produkte und Leistungen seitens der Kunden kennzeichnen ebenfalls eine Veränderung der Märkte. Wesentliche Kundenforderungen, denen sich Unternehmen gegenüber sehen, sind Qualität im Sinne bestmöglicher Kundenzufriedenheit, kurze Innovations- und Lieferzeiten, Umweltverträglichkeit und zunehmend komplette Problemlösungen. Dabei wird das Verhalten der Kunden immer weniger vorhersehbar. Den sogenannten multioptionalen Kunden kennzeichnet eine fehlende Produkt- und Markentreue. Zudem beinhaltet das Handeln des multioptionalen Kunden regelmäßige Strategiebrüche.

Der Schlüssel zum Unternehmenserfolg liegt in Produkten, die sich langfristig am Markt als überlegen gegenüber ihren Konkurrenzprodukten erweisen. Kaufentscheidend ist in den wenigsten Fällen allein der Preis. Der Kunde erwartet die bestmögliche Lösung seines speziellen Anwendungsproblems. Die resultierende Kundenzufriedenheit wird daher als der ausschlaggebende Faktor für die Wettbewerbsposition betrachtet. Dabei ist das Bedürfnis des Kunden nicht notwendigerweise das nach einem bestimmten Produkt, z.B. einem Auto oder einer Bohrmaschine. Kein Kunde kauft nur ein Produkt. Er kauft immer auch das, was das Produkt für ihn leistet. Für den Automobilhersteller bedeutet dies beispielsweise, dass die Funktion des Unternehmens eher in "der Bereitstellung technisch unterstützter Mobilitätsmöglichkeiten für den Individualkunden"[21] liegt. Oder für den Bohrmaschinen- oder Schraubenhersteller: Befestigungstechnik. Dieses Denken in sogenannten *Produktdienstleistungen* ist ein entscheidender Ansatzpunkt zur Erhöhung der Kundenzufriedenheit.

Die Fähigkeit zur *Dienstleistung* ist gerade auch für Industrieunternehmen aufgrund der informations- und produktionstechnischen Entwicklungen der letzten Jahre sowie

---

[20] Vgl. Eversheim 1996.
[21] Vgl. Nitzsch 2004, S. 40.

wegen des steigenden Anteils interner und externer Dienstleistungen am betrieblichen Leistungsprozess immer wichtiger geworden. Im industriellen Anlagenbau entfallen in vielen Fällen mehr als 50 % der Herstellkosten auf interne und externe Dienstleistungen wie Konstruktion, Entwicklung, Installation, Überwachung und Instandhaltung. So lassen sich die meisten Produktionsunternehmen mittlerweile als integrierte Produktions- und Dienstleistungsunternehmen auffassen[22]. Das herkömmliche Sachgutgeschäft wird so zu einem Systemgeschäft ausgeweitet. Beispiele für solche *produktbegleitenden Dienstleistungen* sind unter anderem Beratung, Service, Instandhaltung, Support und Finanzierungsmanagement.

Bei Produktdienstleistungen zahlt der Kunde dem Produzenten nicht mehr das Produkt, sondern die Produktinanspruchnahme etwa über einen festgelegten Satz, der sich nach der mit dem Produkt erzielten Wertschöpfung bemisst ("pay-per-piece", "pay-per-value"). Beispiele sind geflogene Flugmeilen einer Turbine, gefahrene Kilometer eines Lastkraftwagens und hergestellte Werkstücke mit einem Werkzeug oder einer Produktionsanlage. Dies entspricht auch der Grundidee von Betreibermodellen, bei denen beispielsweise eine Projektgesellschaft für die Planung und die Einrichtung einer Anlage sowie auch für den anschließenden Betrieb der Anlage unternehmerisch verantwortlich ist.

Marktstrukturen

In der Industrie haben Wertschöpfungsnetzwerke an Bedeutung gewonnen. Parallel dazu verschwimmen Branchengrenzen und neue Geschäftsbereiche entstehen. Unternehmen investieren über traditionelle Branchen- und Produktgrenzen hinweg in neue Geschäftsfelder. Dieses ‚*Business Migration*' wird in Abbildung 1-8 skizziert. In der Abbildung stellen die Kästchen herkömmliche Branchen dar, die Ellipsen neue Wachstumsfelder.

Zu erheblichen Veränderungen in Wertschöpfungsnetzwerken hat ohne Zweifel auch das Internet geführt, da durch den Online-Verkauf von Produkten ganze Segmente einer Wertschöpfungskette, die ansonsten im Einzel- oder Großhandel angegliedert waren, herausgelöst und durch andere Wertschöpfungselemente des Direktvertriebs ersetzt wurden.

Ressourcenschonung und Umweltschutz

Rohstoff- und Energiemärkte werden zunehmend durch eine absehbare Verknappung von Rohstoffen und fossilen Energieträgern sowie durch verstärkte Nachfragen insbesondere aus asiatischen Ländern gefordert. Daher wird zumindest im strategischen Controlling zukunftsfähiger Unternehmen bereits heute eine *Diversifikation der einge-*

---

[22] Vgl. Warnecke/Schuh/Hungenberg 1996, S. 5-33.

setzten Energieträger sowie eine Nutzung aller Effizienzsteigerungsstrategien für Ressourcen und Energien berücksichtigt.

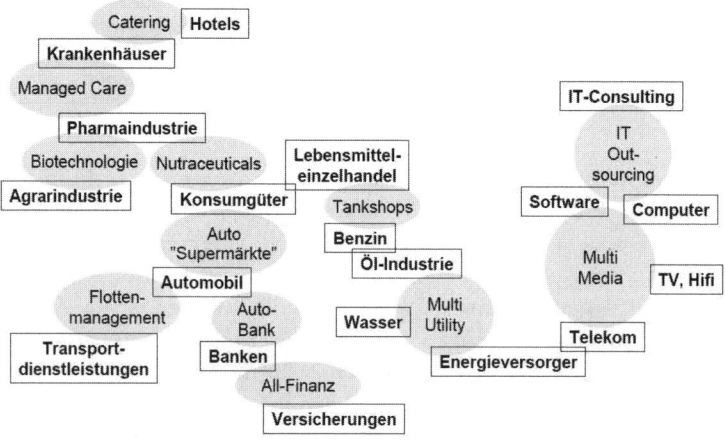

Abbildung 1-8: Die Emergenz neuer Geschäftsbereiche (Quelle: Heuskel 1999, S. 3)

Die Energie- und Umweltproblematik in der Logistik ist direkt in Verbindung zu sehen mit den logistischen Aufgaben Transport, Umschlag und Lagerung, und zwar sowohl innerbetrieblich als auch entlang der gesamten Supply Chain und logistischen Netzwerken. Umweltbereiche sind inputorientiert Energieverbräuche, outputorientiert logistisch induzierte Emissionen (fest, flüssig, gasförmig). Emissionen können oftmals direkt an die Energieverbräuche gekoppelt werden. Zur Lösung der Energie- und Umweltproblematik kommen neben fuhrpark- und gebäudetechnischen Maßnahmen insbesondere auch dispositiv-organisatorische Maßnahmen sowie verhaltensbedingte Maßnahmen der beteiligten Akteure in Frage. Diese können durch Auflagen und Grenzwerte, marktwirtschaftliche Instrumente und Selbstverpflichtungen ausgelöst werden. Die hinter der Logistik stehenden Potentiale zur Verminderung von Energie- und Umweltproblemen sind groß. Daher empfiehlt es sich, insbesondere hier auf adäquate Managementansätze Wert zu legen. Diese haben die Besonderheiten des Logistiksektors zu beachten (Akteursvielzahl, Maßnahmenportfolio, inner- und überbetriebliche Lösungen, Kooperationen entlang der logistischen Kette, technische, organisatorische und verhaltensbedingte Ansätze, regionale, nationale und internationale Aspekte).

In der Produktion wird zur Verwirklichung der Ressourcenschonung und des Umweltschutzes im Unternehmen der *Kreislaufwirtschaft* seit Jahren eine wichtige Rolle zugebilligt. Entsprechend der gewählten Betrachtungsebene können drei Aggregationsstufen von Kreisläufen unterschieden werden:

- Anlagenkreisläufe als Bausteine eines prozessintegrierten Umweltschutzes,

- Produktionskreisläufe als Bausteine eines produktionsintegrierten Umweltschutzes und

- Produktkreisläufe als Bausteine eines produktintegrierten Umweltschutzes.

Ein *integrierter Umweltschutz* verfolgt das Ziel, Emissionen, Abwässer und feste Abfallstoffe durch technisch-organisatorische Änderungen in der Produktion und durch Produktmodifikationen zu vermeiden oder zumindest zu vermindern. Dadurch ergeben sich Innovationsbereiche für Unternehmen sowohl in der Umwelttechnik als auch im entscheidungsunterstützenden *Umweltmanagement*. Letzteres sollte seinen Niederschlag nicht nur in Handbüchern additiv finden, sondern im Unternehmen durch eine Bereitstellung von Informations- und Entscheidungsinstrumenten und eine entsprechende Geschäftsprozessgestaltung ebenfalls integriert "lebbar" sein.

Wissensgesellschaft

Betrachtet man die aktuelle Diskussion über zukunftsorientierte Managementphilosophien, wird man zunehmend mit dem Begriff eines *Wissensmanagements* konfrontiert. Die Gründe hierfür liegen in der Tatsache, dass herkömmliche Managementstrategien, wie etwa "Business-Process-Reengineering", "Total Quality Management" oder "Lean Management" angesichts der zunehmenden Bedeutung des Produktionsfaktors "Wissen" zur nachhaltigen Stärkung und zum Ausbau der Wettbewerbsposition eines Unternehmens allein nicht ausreichen. Die stetige Verbesserung der weltweiten Kommunikationstechniken stellt Unternehmen vor die Herausforderung, die erweiterten Potentiale zur Gestaltung der externen und internen Abwicklung von Geschäftsprozessen und neuer Wege des Informationsaustausches zu analysieren, zu prüfen und gegebenenfalls schnell umzusetzen. In diesem Zusammenhang wird von zahlreichen Autoren die Etablierung eines Wissensmanagements gefordert. Dieses steht im Einklang mit der Diskussion um eine *Wissensgesellschaft* in innovativen Volkswirtschaften.

Analysiert man die einzelnen Beiträge, erkennt man jedoch, dass unterschiedliche Vorstellungen bezüglich des Begriffs "Wissen" sowie der inhaltlich-funktionalen Ausgestaltung eines wissensorientierten Managements existieren. Dies liegt insbesondere daran, dass sich unterschiedliche Disziplinen mit dem Begriff eines Wissensmanagements auseinandersetzen. So beschäftigen sich etwa Psychologen mit den Grundlagen von Wissenserwerb, Lernverhalten und Motivation, empirische Pädagogen mit Fragen der Aufbereitung und Vermittlung von Wissen, Soziologen mit gesellschaftlichen Fragen des Wissensmanagements, Informations- und Kommunikationswissenschaftler mit dem Einsatz entsprechender Technologien und Wirtschaftswissenschaftler mit der ökonomischen Bedeutung des Produktionsfaktors Wissen.

Vor dem Hintergrund eines immer intensiver werdenden dynamischen Umfelds, geprägt durch kundenorientiertes anspruchsvolles Nachfrageverhalten und die Bildung netzwerkartiger, oftmals weltweiter Kooperationslösungen, birgt der intelligente Umgang mit Wissen zunehmend Wettbewerbschancen. Der Einsatz und die Verwendung des Faktors "Wissen" wird entscheidend für das reibungslose Ineinandergreifen von Unternehmensprozessen und die Aufrechterhaltung und den Ausbau der Wettbewerbsposition von Unternehmen. Innovative Unternehmen erkennen diese Chance, Wettbewerbsvorteile nicht allein durch technische Verbesserungen, sondern durch Verbesserung in der Entstehung und Verwendung von Wissen bei Einsatz von Humanressourcen in der Prozesskette zu erreichen. Dabei ist Wissen mehr als Daten und Information. Erst durch deren Vernetzung in einer bestimmten Handlungssituation entsteht Wissen. Und zwar in einem organisationalen Lernen von Individuen und Teams. Dieses Wissen ist intelligent zu identifizieren, zu entwickeln, zu verteilen, zu nutzen und zu bewahren.

Fachkräftemangel und demografischer Wandel

Die Anzahl arbeitender Menschen in der Produktion nimmt in westlichen Industrieländern ständig ab, während gleichzeitig der durch die Mechanisierung und Automatisierung erforderliche Kapitaleinsatz zunimmt. Mobile einfache Arbeit kann von immer mehr Menschen weltweit ausgeführt werden und sinkt daher in ihrem Preis.

Dem gegenüber wird für die künftige unternehmerische Wertschöpfung qualifizierte Arbeitsleistung bei Entwicklung, Innovation, Markterschließung und Service, also menschliche Expertise, immer wichtiger. Wettbewerbsentscheidend wird die Suche nach qualifizierten "Kopfarbeitern" insbesondere für Unternehmen der *Hochtechnologiebranche* (Anteil der Forschungs- und Entwicklungskosten am Produktwert zwischen 4 und 9 %) und der *Spitzentechnologiebranche* (Anteil der Forschungs- und Entwicklungskosten am Produktwert mehr als 9 %). Zur Spitzentechnologie zählen etwa die Nanotechnologie und die Optoelektronik.

In Industrieländern und teilweise auch in osteuropäischen Schwellenländern stellt sich als zunehmendes Erschwernis der demografische Wandel heraus. Die Altersstruktur der Bevölkerung ist zunehmend durch Überalterung gekennzeichnet. Der Anteil der erwerbsfähigen Personen verringert sich in Relation zu den Nichterwerbstätigen, insbesondere den Pensionären, rapide. Dieses vermindert nicht nur das Arbeitskräftepotenzial an Fachkräften, sondern schafft gleichermaßen auch erhebliche soziale und finanzielle Problemfelder in der Gesellschaft. Nicht zuletzt deshalb orientieren sich immer mehr Unternehmen bei ihren Arbeitsmarktentscheidungen in Richtung (asiatische) Schwellenländer, wo sich ein wachsender Markt für gut ausgebildete Arbeitskräfte entwickelt.

Ergänzend verbindet sich mit einem Wertewandel die Frage, welchen Stellenwert das Arbeitsleben im gesellschaftlichen Umfeld genießt. Ist die Zukunft der Gesellschaft eher geprägt von einer Entfremdung vom Arbeitsprozess oder von dem Drang nach

Selbstverwirklichung, auch und gerade am Arbeitsplatz? Die Ansprüche an die inhaltliche Ausgestaltung des individuellen Arbeitsumfelds nehmen zu.[23]

Strategische Flexibilität

Die bisher genannten vielfältigen Einflüsse erfordern von einem Unternehmen eine laufende und frühzeitige Anpassung an aktuelle Umfeldsituationen. Hierbei zeigt sich, dass erfolgreiche Unternehmen sich schneller anpassen können als weniger erfolgreiche. Das Streben nach *Flexibilität* gilt daher schon lange als wichtige Aufgabe des Produktions- und Logistikmanagements. In der Vergangenheit haben sich diese Bemühungen eher auf operative Produktionsstrukturen und -prozesse konzentriert. Dies geschieht nicht zuletzt deshalb, weil der überwiegende Anteil der Kosten in Produktionsunternehmen direkt oder indirekt durch die Produktion verursacht wird[24]. Aufgrund der hohen Kapitalintensität sowie Kapitalbindungsdauer des Anlagevermögens sind Produktionsunternehmen in strategischer Hinsicht jedoch relativ starr. Der Kapitaleinsatz ist bei keiner anderen betrieblichen Funktion so hoch wie in Fertigung und Montage. Hinzu kommen hohe Aufwendungen und lange Zeiten für die Produktentwicklung. Der Einsatz flexibler Fertigungssysteme ermöglicht es, mit steigender Teilevielfalt umzugehen. Mittlerweile scheint das interne Flexibilisierungspotential weitgehend ausgeschöpft. Es werden daher auch unternehmensübergreifende Möglichkeiten zur Flexibilitätssteigerung gesucht. Neue Organisationsformen zwischen Unternehmen oder Unternehmensteilen, wie Arbeitsgemeinschaften, *strategische Allianzen*, die fraktale oder *virtuelle Fabrik*, schaffen unternehmensübergreifend höhere Flexibilität.

Strategische Flexibilität bedeutet die Fähigkeit, Geschäftsmodelle und Strategien ständig den veränderten Rahmenbedingungen anzupassen[25]. Es sollen böse Überraschungen aufgrund von veralteten Strategien, verpassten Chancen und verspäteten Umstrukturierungen vermieden werden. Ziel ist auch für die Produktions- und Logistikbereiche eine Strategie, die sich ständig wandelt und sich auf entstehende Chancen und beginnende Trends ausrichtet. In einem flexiblen Unternehmen "gibt es jede Menge Aufregung, aber keinerlei böse Überraschungen"[26].

---

[23] Vgl. Malik 2001, S. 80.
[24] Vgl. Günther/Tempelmeier 2005, S. 28 f.
[25] Vgl. Haasis/Jüchter 2007, S. 59.
[26] Vgl. Hamel 2003, S. 28.

1.5 Praxisbeispiel: Innovation und Qualität als Antwort auf globale Herausforderungen

Im Folgenden wird exemplarisch für die Robert Bosch GmbH aufgezeigt, wie international führende Technologieunternehmen auf Herausforderungen an Produktion und Logistik reagieren.

Die Robert Bosch GmbH, Stuttgart/Gerlingen[27], ist ein international führendes Technologie- und Dienstleistungsunternehmen und tätig als Zulieferer der Kraftfahrzeugindustrie, Hersteller von Gebrauchsgütern (Elektrowerkzeuge, Haushaltsgeräte) und Industrie- und Gebäudetechnik (Sicherheitstechnik) sowie von Verpackungstechnik. Rund 260.000 Mitarbeiter erwirtschafteten im Geschäftsjahr 2006 einen Umsatz von 43,7 Milliarden €. Bosch ist mittlerweile als multinationales Unternehmen der größte Automobilzulieferer weltweit.

Die gesellschaftsrechtliche Struktur der Robert Bosch GmbH sichert die unternehmerische und strategisch wichtige Selbständigkeit der Bosch-Gruppe. Der Entwicklungs-, Fertigungs- und Vertriebsverbund mit rund 300 Tochter- und Regionalgesellschaften in über 50 Ländern ist die Voraussetzung für weiteres Wachstum. Schon heute erzielt Bosch mehr als ein Drittel der Erlöse außerhalb Europas. Längerfristig soll dieser Anteil auf rund die Hälfte steigen, bei einem entsprechend stärkeren Engagement in Asien und Amerika.

Der Zentralbereich Einkauf und Logistik umfasst insgesamt rund 3.500 Mitarbeiter, die in der Beschaffungslogistik, der Produktionslogistik und der Distributionslogistik arbeiten. Damit werden bei Bosch die Logistikdienstleistungen weitgehend unternehmensintern abgewickelt.

Die größten Wachstumsimpulse sieht Bosch in China und Indien, aber auch in Osteuropa und dabei insbesondere in Russland. Regional legte Bosch vor allem im Raum Asien-Pazifik mit einem Umsatzplus von 12 % zu. In China und Indien stieg der Umsatz sogar um deutlich mehr als 20 %. Um jeweils 15 % wuchsen die Geschäfte in Südamerika und Osteuropa. Moderater stiegen hingegen die Umsätze in Nordamerika (plus 4,4 %) sowie in Westeuropa (plus 2,6 %). Schwerpunkt des internationalen Ausbaus ist die Wachstumsregion Asien-Pazifik. Infolge des WTO-Beitritts von China entfallen nun wesentliche Marktzutrittsbarrieren. Generelle Änderungen mit dem Eintritt Chinas in die WTO betreffen so das Investitionsrecht, die Rechte des geistigen Eigentums und besondere Regelungen für Sonderwirtschaftszonen, Steuern und Zölle. Das Rennen um Marktanteile und nachhaltige Positionierung ist bereits im Gange.

Deutschland hat sich in den letzten Jahren durch moderate Tarifabschlüsse und zunehmende Arbeitszeitflexibilisierung vom steigenden Trend der Lohnstückkosten in den anderen Ländern der Eurozone abgekoppelt. Die verbesserte preisliche Wettbe-

---

[27] Vgl. http://www.bosch.com.

werbsfähigkeit zahlt sich nun aus, zumal für wichtige Wettbewerber, beispielsweise aus Südeuropa, der Ausweg der Wechselkursanpassung wegen der gemeinsamen Währung verbaut ist.

Insbesondere im Kraftfahrzeugsektor ist Bosch aufgrund der Absatz- und Kostenorientierung der Produktion ebenso global ausgedehnt wie die OEMs, die Original Equipment Manufacturers, das heißt die Automobilhersteller selbst. Zur Aufrechterhaltung eines auf die Viertelstunde vereinbarten Materialnachschubs ans Montageband im Sinne der Just-in-time-Beschaffung (produktionssynchrone Beschaffung) werden die meisten Produktionsstandorte der OEMs mit entsprechend nahen Zulieferstandorten und Logistikzentren von der Distributionslogistik von Bosch versorgt.

Die von Bosch bearbeiteten Märkte lassen sich als sehr forschungsintensiv charakterisieren. Bosch hat das Ziel, seine Kunden mit Innovationskraft, Wirtschaftlichkeit, Zuverlässigkeit und Qualität zu überzeugen und zu binden. Bosch gibt als Innovationsführer mehr als drei Milliarden € pro Jahr für Forschung und Entwicklung aus (7,7 % vom Umsatz) und meldete für 2006 über 3000 Patente weltweit an. Im Unternehmensbereich Kraftfahrzeugtechnik erwirtschaftet Bosch rund die Hälfte des Geschäftsvolumens mit Produkten, die das Unternehmen als erstes auf den Markt gebracht hat. Um die internationale Präsenz und die Innovationskraft des Unternehmens weiter zu stärken, werden die Vorleistungen für Forschung und Entwicklung sowie Investitionen in Sachanlagen weiterhin auf hohem Niveau geplant.

Die Kernstrategie von Bosch ist eine fokussierte Diversifizierung, ausgerichtet an den bewährten Kernkompetenzen, mit den besonderen Stärken auf den Feldern Messen, Regeln, Steuern, einem umfassenden Elektronik-Know-how und einer hochpräzisen Fertigungstechnik. Fokussiert werden Produkte mit hohem Kundennutzen, bei dem auch Umweltaspekte eine immer größere Rolle spielen. Bosch hat den Trend zu umweltbewussten Technologien nicht nur mitbekommen, sondern auch mitgestaltet. Die Projekte reichen von alternativen Automobil-Antriebskonzepten bis hin zur regenerativen Energieversorgung. Darüber hinaus ist Bosch Rexroth bereits mit Antriebs- und Steuerungstechnik in Windkraftanlagen vertreten. Zukünftig soll mit Bosch-Technik auch Strom aus den Strömungen des Meeres gewonnen werden.

In der Kraftfahrzeugtechnik werden sich die Trends zu höherer Typen- und Variantenvielfalt sowie einer steigenden Produktkomplexität fortsetzen. Herausforderungen bestehen weiterhin aus den immer kürzeren Entwicklungszyklen, der Verkürzung des "Time to market" und zunehmend komplexeren Systemen. Mit ihnen steigt die Gefahr von Einzelfehlern mit großen Auswirkungen. Bosch begegnet diesem durch intensive Qualitätssicherungsmaßnahmen, die die gesamte Lieferkette im Blick und das Ziel der Nullfehlerquote haben.

Um am Wachstum der Schwellenländer zu partizipieren, versucht Bosch zukünftig vor allem die Märkte im Niedrigpreissegment zu bedienen. Dies gilt nicht zuletzt für die Kraftfahrzeugtechnik. Nach Prognosen von Bosch wird nicht nur in Asien, sondern auch in Osteuropa am stärksten die Nachfrage nach Fahrzeugen in der Preisklasse von 5 000 bis 7 000 € wachsen.

Zudem können sich Marktbedingungen kurzfristig grundlegend verändern. Der Standort Rommelsbach, an dem Bosch Komponenten für Dieseleinspritzsysteme herstellt, muss 2009 geschlossen werden. Der Grund ist die Einstellung der Pumpe-Düse-Fertigung aufgrund des Technologiewechsels eines Kunden. Bosch wird den Mitarbeitern in Rommelsbach neue Arbeitsplätze in einer künftigen 200-mm-Halbleiterfertigung anbieten, die in den kommenden Jahren am benachbarten Standort Reutlingen aufgebaut wird.

Automobilproduzenten geben zunehmend ihren Kostendruck an ihre Zulieferer weiter. Daher gelten weiterhin die Bemühungen zur operativen Exzellenz im Sinne des kontinuierlichen Verbesserungsprozesses entlang der gesamten Supply Chain. Es ergeben sich auch Risiken durch hohe und möglicherweise weiter steigende Rohstoffpreise bei wichtigen Industriemetallen.

1.6 Übungsaufgaben

1. Definieren Sie die Begriffe ‚Produktion' und ‚Logistik'.

2. Warum hängen Produktion und Logistik zusammen? Nennen Sie ein Beispiel.

3. Welche Besonderheiten weisen logistische Prozesse auf?

4. "Produktion und Logistik sind Teil eines Wertschöpfungsprozesses." Erläutern Sie diese Aussage sowie die Anforderungen, die an die Gestaltung des Wertschöpfungsprozesses gestellt werden.

5. Wie wird Wertschöpfung ermittelt?

6. Was ist ein Wertschöpfungssystem? Wie lässt es sich darstellen, und welche Umfelder hat es?

7. Auf welchen Ebenen finden Entscheidungen in Unternehmen statt? Welche Unterscheidungsmerkmale dienen für die Unterscheidung dieser Ebenen?

8. Welches sind die Überlegungen bei einer Outsourcing-Entscheidung? Nennen Sie mindestens fünf Kriterien.

9. Grenzen Sie die Begriffe Outsourcing und Offshoring voneinander ab.

10. Nennen und erläutern Sie jeweils zwei Herausforderungen für Produktion und Logistik aufgrund von Globalisierung.

11. Welches sind Faktoren, die bei der Planung eines globalen Produktionsstandortes zu berücksichtigen sind?

12. Was versteht man unter dem Lebenszyklus eines Produktes? Wie verläuft der idealtypische Lebenszyklus eines Produktes? In welche Phasen lässt er sich gliedern?

13. "Kein Kunde kauft ein Produkt. Er kauft das, was das Produkt für ihn leistet." Was ist mit dieser Äußerung gemeint? Nennen Sie ein Beispiel.

14. Nennen Sie drei produktbegleitende Dienstleistungen.

15. Nennen Sie jeweils ein Beispiel für Produkte,

   a) die kundenindividuell bzw. -neutral erstellt werden,

   b) die als Konsum- bzw. Investitionsgüter verwendet werden,

   c) bei denen vom Kunden eine besonders kurze Lieferfrist erwartet wird,

   d) deren Preis infolge technologischer Innovationen rapide sinkt,

   e) deren Absatz durch intensive Marketingmaßnahmen unterstützt werden muss,

   f) die von sehr wenigen bzw. sehr vielen Unternehmen angeboten werden,

   g) deren Absatz insbesondere mit produktbegleitenden Dienstleistungen einhergeht.

1.7 Weiterführende Literatur

Antrecht, R. (Hrsg.) (2006): Logistik, McK Wissen 16, Hamburg.

Appelfeller, W. (2005): Buchholz, W.: Supplier Relationship Management, Wiesbaden.

Arndt, H. (2006): Supply Chain Management, Wiesbaden.

Bellmann, K./Himpel, F. (2006): Fallstudien zum Produktionsmanagement, Wiesbaden.

Bullinger, H.-J./Eversheim, W./Haasis, H.-D./Klocke, F. (Hrsg.) (2002): Auftragsabwicklung optimieren nach Nachhaltigkeits- und Kostenzielen, Berlin u.a.

Busch, A./Dangelmaier, W. (Hrsg.) (2004): Integriertes Supply Chain Management, Wiesbaden.

Corsten, H. (2000): Produktionswirtschaft. Einführung in das industrielle Produktionsmanagement, München.

Corsten, H./Missbauer, H. (2007): Produktions- und Logistikmanagement, München.

Cui, Z./Deng, A./Haasis, H.-D. (2004): The Simple Analysing of Developing of Lean Logistics in China, in: Sun, L./Notteboom, T. (Hrsg.): Proceedings of the First International Conference on Logistics Strategy for Ports, Dalian, S. 457-460.

Dyckhoff, H./Spengler, T. (2005): Produktionswirtschaft. Eine Einführung für Wirtschaftsingenieure, Berlin.

Esch, F./Langner, T. (2003): Markteinführung in Wertschöpfungsnetzwerken, in: Bach, N./Buchholz, W./Eichler, B. (Hrsg.): Geschäftsmodell für Wertschöpfungsnetzwerke, Wiesbaden, S. 239-266.

Eversheim, W. (1996): Organisation in der Produktionstechnik. Band 1: Grundlagen, Düsseldorf.

Froschmayer, A./Göpfert, I. (2004): Logistik-Bilanz, Wiesbaden.

Gleißner, H./Femerling, C. (2007): Logistik, Wiesbaden.

Göpfert, I. (Hrsg.) (2006): Logistik der Zukunft – Logistics for the Future, Wiesbaden.

Günther, H.-O./Tempelmeier, H. (2005): Produktion und Logistik, Berlin.

Haasis, H.-D. (2001): Wissensmanagement und dessen Bedeutung für ein Nachhaltiges Wirtschaften, in: Griesche, D./Meyer, H./Dörrenberg, F. (Hrsg.), Innovative Managementaufgaben in der nationalen und internationalen Praxis, Wiesbaden, S. 141-156.

Haasis, H.-D. (2004): Nachhaltige logistische Systeme, in: Schwarz, E. (Hrsg.): Nachhaltiges Innovationsmanagement, Wiesbaden, S. 105-118.

Haasis, H.-D. (2005): Design qualifizierter maritimer Standorträume zur starken Positionierung internationaler Logistikketten, in: Lemper, B./ Meyer, R. (Hrsg.): Märkte im Wandel – mehr Mut zu Wettbewerb, Frankfurt, S. 161-166.

Haasis, H.-D. (2005a): Mass Customization in International Logistics, in: Blecker, T./Friedrich, G. (Hrsg.): Mass Customization. Concepts – Tools – Realization, Berlin, S. 189-193.

Haasis, H.-D. (2007b): Mesologistik: Leistungsoptimierung in der maritimen Logistikregion Nord-West-Deutschland, in: Kieserling Stiftung (Hrsg.): Quo vadis Netzwerk – Evolution der Logistik, Bremen, S. 98-107.

Haasis, H.-D./Blume, V./Schlumbohm, S. (2002): Konfiguration und Bewertung logistischer Prozesse in Kreislaufwirtschaftssystemen, in: BVL, Bundesvereinigung Logistik (Hrsg.), Wissenschaftssymposium Logistik der BVL 2002, S. 99-112.

Haasis, H.-D./Fischer, H. (Hrsg.) (2007): Kooperationsmanagement, Eschborn.

Haasis, H.-D./Juechter, H. (2007): Strategisches Flexibilitätsmanagement, in: Industrie Management, 23 (6), S. 59-62.

Haasis, H.-D./Plöger, M. (2007): Anwendung des Informationsintensitätsansatzes zur Realisierung einer RFID-gestützten Prozesskostenrechnung in Supply Chains, in: Otto, A./Obermaier, R. (Hrsg.): Logistikmanagement. Analyse, Bewertung und Gestaltung logistischer Systeme, Wiesbaden, S. 1-22.

Haasis, H.-D./Szafera, S. (2005): Supply Chain Management und intermodale logistische Korridore, in: Ehrig, D./Staroske, U. (Hrsg.): Dimensionen angewandter Wirtschaftsforschung: Methoden, Regionen, Sektoren, S. 311-319, Hamburg.

Hamel, G. (2003): Das Streben nach Erneuerung, in: Harvard Business Manager, Nr. 25, S. 24-42.

Heuskel, D. (1999): Wettbewerb jenseits von Industriegrenzen, Frankfurt/New York.

Hummel, T./ Malorny, C. (2002): Total Quality Management. Tipps für die Einführung. München.

Klaus, P./Staberhofer, F./Rothböck, M. (Hrsg.) (2007): Steuerung von Supply Chains, Wiesbaden.

Kortus-Schultes, D./Ferfer, U. (2005): Logistik und Marketing in der Supply Chain, Wiesbaden.

Küpper, H.-U./Helber, S. (2004): Ablauforganisation in Produktion und Logistik, Stuttgart.

Large, R. (2006): Strategisches Beschaffungsmanagement, Wiesbaden.

Lasch, R./Janker, C.G. (2007): Übungsbuch Logistik, Wiesbaden.

Lasch, R./Schulte, G. (2006): Quantitative Logistik – Fallstudien, Wiesbaden.

Malik, F. (2006): Führen – Leisten – Leben. Wirksames Management für eine neue Zeit, München.

Müller-Stewens, G./Lechner, C. (2003): Strategisches Management. Wie strategische Initiativen zum Wandel führen, Stuttgart.

Neumann, C.-S./Stuchtey, M. R. (2006): Fünf Gründe warum Logistik groß geschrieben werden sollte, in: Antrecht, R. (Hrsg.): Logistik, McK Wissen 16, Hamburg, S. 9-11.

Nitzsch, R. von (2004): Strategisches Management. Zentrale Elemente einer erfolgreichen Unternehmensführung, Aachen.

o.V.: Bosch heute, Stuttgart, 2007a.

o.V.: Bosch Geschäftsbericht 2006, Stuttgart, 2007b.

Pfohl, H.-C. (Hrsg.) (2004): Netzkompetenz in Supply Chains, Wiesbaden.

Pibernik, R. (2001): Flexibilitätsplanung in Wertschöpfungsnetzwerken, Wiesbaden

Plümer, T. (2003): Logistik und Produktion, München.

Siestrup, G./Bartowiak, J./Haasis, H.-D. (2007): Simulation-based Design of Sequencing Processes in Automotive Supply Chains, in: Pawar, K. S./Lalwani, C. S./Muffato, M. (eds.): Developing Sustainable Collaborative Supply Chains, Nottingham, S. 120-125.

1

Stölzle, W./Otto, A. (Hrsg.) (2003): Supply Chain Controlling in Theorie und Praxis, Wiesbaden.

Thonemann, U. (2005): Operations Management, München.

Vahrenkamp, R./Mattfeld, D.C. (2007): Logistiknetzwerke, Wiesbaden.

Wannenwetsch, H.H./Nicolai, S. (Hrsg.) (2004): E-Supply-Chain-Management, Wiesbaden.

Warnecke, H.-J./Schuh, G./Hungenberg, H. (1996): Strategisches Management produzierender Unternehmen, in: Schuh, G./Eversheim, W. (Hrsg.): Produktion und Management, Berlin.

Werner, H. (2007): Supply Chain Management, Wiesbaden.

Zäpfel, G. (2001): Grundzüge des Produktions- und Logistikmanagement, München.

2   Nachhaltigkeit in der Betriebswirtschaftslehre

2.1   Motivation und Lernziele

Lernziele

Nach der Lektüre dieses Kapitels sollten Sie in der Lage sein:

- einen Überblick über die Grundlagen einer nachhaltigen Entwicklung zu geben,

- die in der Betriebswirtschaftslehre entwickelten Ansätze zur Umsetzung eines nachhaltigen Wirtschaftens zu nennen,

- umweltbezogene Ziele in der Betriebswirtschaftslehre zu entwickeln und zu begründen,

- Nachhaltigkeitsprozesse im Unternehmen zu identifizieren und zu organisieren,

- die Entwicklungsstufen von einem betrieblichen Umweltschutz zu einem nachhaltigen Wirtschaften zu erläutern,

- Instrumente der strategischen und operativen Analyse und Planung zur Umsetzung einer nachhaltigen Wirtschaftsweise in einem Unternehmen anzuwenden.

Motivation

Einer nachhaltigen Entwicklung zu Grunde gelegt wird ein Wirtschaftsprinzip, dem gemäß künftige Generationen in ihrer Bedürfnisbefriedigung und der Wahl ihrer Lebensstile durch die Bedürfnisbefriedigung der heutigen Generation nicht gefährdet werden. Dies baut auf dem bereits 1987 erschienenen Bericht der Weltkommission für Umwelt und Entwicklung auf[28].

Nachhaltiges Wirtschaften zählt zu den wesentlichen derzeitigen und künftigen Herausforderungen für produzierende Unternehmen und logistische Dienstleister. Für diese wird es etwa erforderlich, den Gütereinsatz effizient zu gestalten sowie natür-

---

[28]   Vgl. World Commission on Environment and Development 1987.

liche Kreisläufe um anthropogen geschaffene zu ergänzen. Des weiteren bedarf es eines Kooperations- und Produktdesigns, welches es erlaubt, lernattraktive Entwicklungsumgebungen für die beteiligten Akteure in im allgemeinen internationalen Wertschöpfungsketten und Unternehmensnetzwerken dialogorientiert zu realisieren.

Forschung für die Nachhaltigkeit und nachhaltige Unternehmensführung sind Bereiche, die in den letzten Jahren zu erheblichen positiven Arbeitsmarkteffekten geführt haben. Deutschland hat bei den Technologien für die Nachhaltigkeit eine weltweit herausragende Position. Es ist mit einem Anteil von 16 % an den internationalen Umweltschutzmärkten zweitgrößter Exporteur hinter den USA, die einen Anteil von 23,5 % erwirtschaften und vor Japan mit einem Anteil von 12,5 %. Nach einer Studie des Umweltbundesamtes beschäftigte der Umweltschutz im Jahr 2002 fast 1,5 Millionen Menschen. Das sind 3,8 % aller Beschäftigten und damit mehr Arbeitsplätze als im Maschinenbau, im Fahrzeugbau oder im Ernährungsgewerbe[29]. Dies zeigt, dass der Erhalt unserer natürlichen Lebensgrundlagen untrennbar auch mit der Schaffung und Aufrechterhaltung von Arbeitsplätzen verknüpft ist.

Ein Ziel der deutschen Nachhaltigkeitsstrategie ist es, Innovationen zu fördern und Ergebnisse aus der Forschung für die Praxis nutzbar zu machen. Aber auch aus betrieblicher Sicht rechnet sich Nachhaltigkeit. Wer weniger Ressourcen verbraucht, kann seine Produkte auf den Weltmärkten auch günstiger anbieten. Das gilt nicht nur für den Export von Konsumgütern und Produkten, die den Nachhaltigkeitskriterien genügen. Es gilt auch für den weltweiten Verkauf ressourcenschonender Maschinen und technisch-organisatorischer Produktionsverfahren. Daher wird der Export dieser Technologien immer wichtiger und ist ein in jedem Sinne nachhaltiger Faktor für Wirtschaftswachstum.

2.2   Einordnung in die Betriebswirtschaftslehre

Der Begriff nachhaltige Entwicklung oder "Sustainable Development" zielt auf die langfristige Sicherung der Lebensgrundlagen der natürlichen Umwelt und des Wirtschafts- und Sozialsystems[30]. Gemäß der häufig benutzten Definition der World Commission on Environment and Development, der sogenannten Brundlandt-Kommission, ist diejenige Entwicklung nachhaltig oder dauerhaft, "die die Bedürfnisse der

---

[29] Vgl. www.fona.de.
[30] Vgl. Blank 2001, S. 374.

Gegenwart befriedigt, ohne zu riskieren, dass zukünftige Generationen ihre eigenen Bedürfnisse nicht erfüllen können"[31].

Dieses allgemeine Prinzip kann auf gesamtwirtschaftlicher Ebene in wirtschafts-, finanz-, arbeitsmarkt- und umweltpolitische Gestaltungsmaßnahmen sowie auf Unternehmensebene in Management- und Gestaltungsansätze umgeformt werden.

Eine Integration von Überlegungen einer nachhaltigen Entwicklung in die Betriebswirtschaftslehre mündet in die Ausgestaltung einer betrieblichen Nachhaltigkeitswirtschaft. Die betriebliche Nachhaltigkeitswirtschaft beschäftigt sich mit Erklärungs- und Gestaltungszusammenhängen des betrieblichen und überbetrieblichen Einsatzes von Gütern, welche die drei entwicklungsorientierten Zielbereiche Ökonomie, Ökologie und Soziales gleichermaßen berücksichtigen. Erfahrungsobjekt ist der in eine Kreislaufstruktur eingebundene Betrieb.

Die Betriebswirtschaftslehre ist unter anderem gefordert, in diesem Zusammenhang Management- und Gestaltungsansätze bereitzustellen. Hierzu bedarf es einer interdisziplinären Herangehensweise. Diese begründet sich durch die zur Identifizierung, Analyse und Bewertung notwendige Kenntnisnahme technischer, ökologischer, sozialer und wirtschaftlicher Sachverhalte.

Nachhaltiges Wirtschaften fordert vom Unternehmen neben dem Einsatz technischer und organisatorischer Maßnahmen gerade auch Hilfestellung bei der Vorbereitung, Abstimmung und Realisierung von strategischen, taktischen und operativen Entscheidungen. Hierfür erfolgt in einem nachhaltigkeitsorientiert erweiterten Controlling eine Koordination von Entscheidungen sowie eine adäquate Informationsversorgung. Vorweg bedarf es hierzu einer Erweiterung der Unternehmenspolitik um betriebliche Nachhaltigkeitsziele. Zur Erfüllung der Koordinationsaufgabe sind ferner betriebliche Informationsflüsse situationsbezogen zu verdichten und mehrkriterielle Methoden zur Entscheidungsunterstützung bereitzustellen[32]. Kommunikation und Kooperation sind dabei wesentliche Voraussetzungen zur Überwindung von Umsetzungsbarrieren und so für den Erfolg nachhaltigen Wirtschaftens.

Das Konzept der Nachhaltigkeit konkretisiert sich in der wirtschaftswissenschaftlichen Theorie und Forschung in der Forderung nach einem für alle Generationen konstanten Kapitalstock[33]. Es werden verschiedene Ausprägungen des Konzeptes der Nachhaltigkeit unterschieden. Diese variieren nach dem jeweiligen Ausmaß, zu dem sie unterstellen, dass Naturkapital durch vom Menschen geschaffenes Kapital ersetzt werden kann[34].

---

31 "Sustainable development is development, that meets the needs of the present without compromising the ability of future generations to meet their own needs", vgl. World Commission on Environment and Development 1987, S. 43.
32 Vgl. Haasis 1996.
33 Vgl. Steuer 2001, S. 545.
34 Vgl. Steuer 2001, S. 538.

Wenn auf Grund technischer Entwicklungen Naturkapital und vom Menschen gebildetes Sachkapital sowie Wissenskapital (wenn auch nicht vollkommen) gegeneinander substituierbar sind, wird dies *schwache Nachhaltigkeit* genannt[35]. Die vollständige Erhaltung des natürlichen Kapitalstocks sowie die Tragekapazität der Umweltmedien in Bezug auf Schadstoffemissionen wird von der *starken Nachhaltigkeit* gefordert, da dies in ökozentrischer Sicht einen hohen Eigenwert besitzt und für spätere Generationen erhalten werden muss[36].

Mit einer *ausgewogenen Variante der Nachhaltigkeit* wird eine Zielharmonie zwischen Wirtschaftswachstum und Umweltqualität mittels Entkoppelung von Produktionswachstum und Umweltverbrauch angestrebt.[37] Dazu bedarf es einer zumindest relativen Verringerung des Energie- und Materialverbrauchs durch Effizienzerhöhungen und technische Entwicklungen. Unterschiedliche Kapitalformen sind weder vollständig substituierbar noch rein komplementär zueinander. Die Kompromissformel einer ausgewogenen Nachhaltigkeit geht davon aus, dass nicht nur das Gesamtkapital, sondern auch besonders kritische Bestandteile des Naturkapitals wenigstens konstant bleiben müssen[38].

Folgende drei Regeln haben sich zur nachhaltigen Umweltnutzung herausgebildet:

■ Emissionen sollen nur in dem Maße auf Umweltmedien einwirken, wie sie vom Ökosystem abgebaut werden können.

■ Die Nutzungsrate von erneuerbaren Ressourcen soll deren Regenerationsrate nicht übersteigen (entnommen werden darf nur der Ertrag des Naturkapitals).

■ Nicht erneuerbare Ressourcen dürfen nur in dem Maße entnommen werden, wie zukünftige Generationen nicht schlechter gestellt werden.

Befasst man sich mit der Nachhaltigkeit auf Unternehmensebene, stehen folgende für die Betriebswirtschaft relevante Fragen im Vordergrund[39]:

■ *Problemebene*: Um welche Nachhaltigkeitsaspekte geht es?

■ *Zielbereiche:* Besteht das Ziel unternehmerischen Nachhaltigkeitsmanagements in der Minderung verursachter Belastungen oder im Schaffen ökonomischer, ökologischer und sozialer Werte?

■ *Handlungsgründe:* Was sind die handlungsleitenden Gründe des unternehmerischen Nachhaltigkeitsmanagements?

---

[35]   Vgl. Rahmeyer 2005, S. 102; Blank 2001, S. 376; Steuer 2001, S. 551 ff.
[36]   Vgl. Rahmeyer 2005, S. 102; Blank 2001, S. 376.
[37]   Vgl. Steuer 2001, S. 541 ff; Rahmeyer 2005, S. 103.
[38]   Vgl. Steuer 2001, S. 546 ff.
[39]   Vgl. Dyllik 2003, S. 235.

▓ *Handlungs- und Entscheidungsebenen*: Auf welchen Ebenen bewegen sich nachhaltigkeitsbezogene Maßnahmen?

▓ *Handlungsfelder*: Was sind die Ansatzpunkte nachhaltigkeitsbezogener Maßnahmen in Unternehmen?

Vor dem Hintergrund der Bedeutung von Wertschöpfungsketten und Unternehmensnetzwerken kann das Zusammenspiel von Produktion und Logistik im Sinne einer nachhaltigen Entwicklung zukunftsfähig gestaltet und bewertet werden. Erste ausgewählte Beispiele zeigen für unterschiedliche Systemgrößen Gestaltungsmöglichkeiten auf. Hierzu bedarf es jedoch eines Kooperations- und Produktdesigns, welches lernattraktive *Entwicklungsumgebungen* für die beteiligten Akteure in im Allgemeinen internationalen Wertschöpfungsketten und Unternehmensnetzwerken realisiert.

Das Innovationspotential wird für Unternehmen auch durch eine Einbindung in eine regionale Innovationskultur erheblich gestärkt. Im Vordergrund stehen dabei jedoch weit weniger technische als vielmehr soziale und organisatorische Innovationen.

Nachhaltiges Wirtschaften ist weder Zauberformel noch Worthülse, sondern betriebswirtschaftliche und gesellschaftliche Notwendigkeit. Damit bildet sie sich in einer nachhaltigkeitsorientierten Unternehmensführung ab. Diese erlaubt, die Entwicklungsfähigkeit von Unternehmen im globalen Wettbewerb und unter Berücksichtigung der Bedürfnisbefriedigung künftiger Generationen bereits heute zu festigen.

2.3 Gestaltungszusammenhänge eines nachhaltigen Wirtschaftens

Ziele im betrieblichen Zielsystem

Zu *nachhaltigkeitsorientierten Zielen* gehören ökonomische, umweltorientierte und sozialbezogene Ziele. Zu den ökonomischen Zielen zählen nach Kirchgeorg[40] markt-, erfolgs- und flexibilitätsorientierte Ziele. Bei den umweltorientierten Zielen wird zwischen input-, throughput- und outputbezogenen Zielen zur Minderung der Umweltinanspruchnahme differenziert. Sozialbezogene Ziele beziehen sich sowohl auf die gesellschaftspolitische Verantwortung von Unternehmen als auch auf unternehmensinterne Arbeitsbedingungen der Mitarbeiter. Aufgrund dieser drei Zielbereiche eines nachhaltigen Wirtschaftens wird auch von ökonomischer, ökologischer und sozialer Nachhaltigkeit gesprochen (vgl. Abbildung 2-1).

---

[40] Vgl. Kirchgeorg 1999, S. 112 ff.

So bietet etwa ein kundenorientiertes Entsorgungskonzept sowohl wirtschaftliche Rückgabemöglichkeiten für Altgeräte als auch einen sozialen Nutzen. Dies kann beispielsweise über neu geschaffene Arbeitsplätze durch eine ressourcen- und umweltschonende Wiedereinsteuerung der Produkte bzw. der demontierten Bauteile und Komponenten geschehen[41]. Rückgabeprämien und Preisvorteile sind ökonomische Anreize und binden ggf. Kunden über längere Zeit an das Unternehmen. Bei adäquater Behandlung der Altgeräte lassen diese sich bzw. deren Bestandteile als Sekundärgüter weiter vermarkten[42]. Damit wird im allgemeinen ebenfalls die Umweltinanspruchnahme vermindert.

Flexibilitätsziele unterstützen die Umsatzziele und beinhalten die Fähigkeit eines Unternehmens, sich in seinem Aufgabenumfeld an stetig verändernde Rahmenbedingungen anzupassen[43].

Innerhalb der umweltorientierten Ziele beinhalten inputorientierte Ziele die Verminderung und Vermeidung von nicht regenerativen Ressourcen sowie deren Ersatz durch regenerative Ressourcen. Throughput-orientierte Ziele zielen auf eine Erhöhung des produktionswirtschaftlichen Wirkungsgrades eines Unternehmens. Outputorientierte Ziele umfassen die Verminderung der bei der Produktion als Kuppelprodukte entstehenden Emissionen, Abwassermengen und Abfallstoffe.

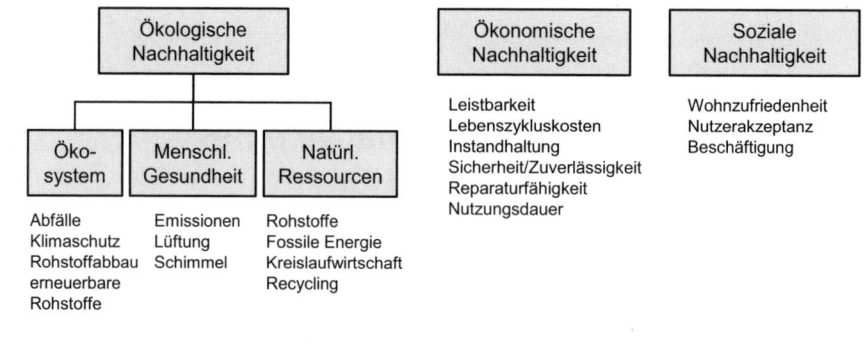

Abbildung 2-1: Dimensionen der Nachhaltigkeit (Quelle: Maydl 2003, S. 5)

Innerhalb der Abfallverminderung gliedert die Zielhierarchie des Kreislaufwirtschafts- und Abfallgesetzes die Ziele in Abfallvermeidung, Abfallverwertung und Abfallbesei-

---

41 Vgl. Ivesic 2003, S. 86.
42 Vgl. Ivesic 2003, S. 87.
43 Vgl. Kirchgeorg 1999, S. 133.

tigung. Eine qualifizierte Kreislaufwirtschaftslogistik kann beispielsweise die Material- und Güterverwertungsquote erhöhen.

Zielbeziehungen

Für eine nachhaltige Entwicklung ist eine wirksame Zielerreichung in jeder der drei Dimensionen Ökologie, Soziales und Ökonomie notwendig[44]. Von einer nachhaltigen Entwicklung kann erst dann gesprochen werden, wenn die Integration ökologischer, sozialer und ökonomischer Ziele gelingt. Dementsprechend ist die Unternehmenspolitik um die betrieblichen Nachhaltigkeitsziele zu erweitern[45].

Gesucht werden etwa sogenannte "Win-Win"-Situationen, bei denen sowohl die Umwelt als auch die Unternehmen profitieren. Dadurch wird ein effizienterer Ressourceneinsatz und ein schonenderer Umgang mit der Umwelt gewährleistet. So ist zu vermuten, dass den globalen Konzentrationsprozess nur die Unternehmen meistern werden, die effizient mit vorhandenen Ressourcen umgehen und sich konsequent an den Kundenwünschen und -bedürfnissen ausrichten.

Von dem World Business Council for Sustainable Development [46] wurden in diesem Zusammenhang zur Steigerung der Öko-Effizienz folgende Elemente definiert:

- Reduzierung des Materialbedarfs von Gütern und Dienstleistungen,

- Reduzierung der Energieintensität von Gütern und Dienstleistungen,

- Reduzierung von Schadstoffabgaben an die Umwelt,

- Steigerung der Recyclingfähigkeit,

- Maximierung des Gebrauchs von erneuerbaren Ressourcen,

- Verlängerung der Produktlebensdauer und

- Steigerung des Dienstleistungsanteils bei Gütern.

In der klassischen betriebswirtschaftlichen Theorie werden üblicherweise der Gewinn beziehungsweise die Rentabilität des eingesetzten Kapitals als Ziele eines Unternehmens genannt[47]. Eine derartige eindimensionale Sichtweise ist aber aus Sicht eines an Nachhaltigkeit orientierten Stakeholder-Konzeptes nicht vertretbar. Als *Stakeholder* werden Anspruchsgruppen definiert[48], die Einfluss auf die Zielerreichung eines Unternehmens nehmen oder nehmen können bzw. – in der erweiterten Fassung – die von den Auswirkungen der Unternehmenstätigkeit betroffen sind.

---

[44] Vgl. Schaltegger/Kleiber/Müller 2003, S. 331; Haasis 2004b, S.107.
[45] Vgl. Haasis 2004a, S. 307 f.
[46] Vgl. WBCSD 1995, S. 4.
[47] Vgl. Heinen 1976, S. 95, Schaltegger/Sturm 2000, S. 12.
[48] Vgl. Pfriem/Fischer 2001, S. 13.

Anspruchsgruppen mit nachhaltigkeitsorientierten Ansprüchen gegenüber dem Unternehmen können sein: Mitarbeiter des Unternehmens, Management des Unternehmens, Kunden, Lieferanten, Versicherungen, Banken, Anteilseigner, Arbeitsämter, Staat, nichtstaatliche Organisationen, Wettbewerber, Nachbarn und Anrainer[49].

Die Interessen der Anspruchsgruppen eines Unternehmens werden durch dessen Aktivitäten beeinflusst[50]. Indem die Anspruchsgruppen die für die unternehmerische Tätigkeit notwendigen Ressourcen (Sach-, Finanz- und Humankapital, Wissen, Informationen, gesellschaftliche Akzeptanz) zur Verfügung stellen, wirken sie auf die Arbeitsbedingungen des Unternehmens ein. Mit allen internen und externen Anspruchsgruppen wird das Unternehmen und die Unternehmensleitung durch das sich wandelnde gesellschaftliche Umfeld, durch wirtschaftliche, soziokulturelle und politische Aspekte beeinflusst. Gesellschaftliche Werte und Normen werden allgemein anerkannt und haben Auswirkungen auf Ziele, Entscheidungen und Handeln von Unternehmen und Unternehmensleitungen. Jedes Unternehmen steht durch die Entnahme von Ressourcen und durch die Abgabe von Emissionen sowie durch die Entsorgung auch über nachfolgende Stufen der Leistungserstellung mit den entsprechenden Umweltmedien in Kontakt. Insofern wird ein Unternehmen auch von Anspruchsgruppen für die von ihm bewirkten Umweltinanspruchnahmen verantwortlich gemacht. Das gesellschaftlich allgemein akzeptierte Ziel "Nachhaltigkeit" ist von daher in die unternehmerischen Ziele und Entscheidungen zu integrieren. Einerseits hat ein Unternehmen das Entscheidungsproblem, die angestrebten strategischen und finanzwirtschaftlichen Ziele mit möglichst geringer Umweltinanspruchnahme zu erreichen, andererseits das Ziel, die geforderte Umweltentlastung mit möglichst geringem Ressourceneinsatz zu verwirklichen[51].

Der Querschnittscharakter des nachhaltigen Wirtschaftens zeigt sich an den zu tätigenden Entscheidungen, welche in allen betrieblichen Bereichen anzutreffen sind. So finden sich etwa im Absatzbereich preispolitische Entscheidungen, welche unter anderem die Durchdringung umweltverträglicher Produkte im Markt beeinflussen und damit konkret auf Umweltbelastungen durch Produktge- und Produktverbrauch einwirken. Daneben werden kommunikationspolitische Entscheidungen getroffen, welche den Kunden und der Öffentlichkeit mehr oder weniger die von ihr zunehmend gewünschte Information über die Umweltverträglichkeit der angebotenen Produkte vermitteln. Im Personalbereich sind nachhaltigkeitsbezogene Entscheidungen etwa dann anzutreffen, wenn Weiterbildungsmaßnahmen und Seminare angeboten werden oder wenn über Anreizmaßnahmen zur Beeinflussung des Mitarbeiterverhaltens entschieden wird. Durch die Entscheidung, die betriebliche Kostenrechnung umweltorientiert zu verfeinern bzw. zumindest in Teilen zu erweitern, wird im betrieblichen Rechnungswesen die Grundlage für eine wirtschaftliche Bewertung betrieblicher

---

[49]   Vgl. Pfriem/Fischer 2001, S. 16.
[50]   Vgl. Hauth/Raupach 2001, S. 24 f.
[51]   Vgl. Schaltegger/Sturm 2000, S. 36.

Umweltschutzmaßnahmen gelegt. Der Produktionsbereich und die mit ihm gemeinsam zu betrachtenden Bereiche Materialwirtschaft, Logistik und Vertrieb sind neben dem Entsorgungsbereich wesentliche Bereiche im Betrieb, welche mit umweltbezogenen Entscheidungen "von Natur aus" tangiert sind, da die betriebliche Leistungserstellung stets mit unerwünschten Gütergruppen, Abfällen und Abwässern und weiteren Umweltbelastungen einhergeht.

Insgesamt kann festgestellt werden, dass die Umsetzung des Nachhaltigkeitsprinzips auf Unternehmensebene gewisser *Leitbilder*[52] bedarf.

Nach dem *Verantwortungsprinzip* soll im Rahmen einer intergenerativen Gerechtigkeit für zukünftige Generationen die verfügbare Ressourcenbasis erhalten bleiben. Gleichzeitig soll eine intragenerative Gerechtigkeit zwischen verschiedenen Regionen geschaffen werden[53].

Nach der *innovationsrationalen Sichtweise*[54] sind ökonomische, ökologische und soziale Effizienz und Effektivität zu steigern. Das bezieht sich auf die Outputseite (z. B. neue Geschäftsfelder, Produkte) und auf die Inputseite (Einsparungen beim Ressourcen- und Energieeinsatz).

Das *Kreislaufprinzip*[55] beruht auf Ansätzen der Ökosystemforschung, insbesondere sind ökonomische Prozesse im Sinne einer Kreislaufwirtschaft zu organisieren. Gemäß § 1 KrW-/AbfG ist ein wesentliches Ziel der Kreislaufwirtschaft, die Schonung natürlicher Ressourcen durch Schließen von Stoff-, Material- und Produktkreisläufen zu erreichen. Der Verringerung des Ressourcenbestandes soll durch fortwährende Wiederverwendung, Wiederverwertung, Weiterverwendung und Weiterverwertung von Ressourcen entgegengewirkt werden. Durch die Gestaltung von Stoffströmen sind natürliche Kreisläufe, produktions- und produktbezogene Kreisläufe sowie Verwertungsnetze zu entwickeln.

Das *Kooperationsprinzip* ist ebenfalls wichtig für die Gestaltung überbetrieblicher Kreisläufe. Denn nur so können Stoffkreisläufe über den gesamten Lebenszyklus eines Produktes und über Unternehmensgrenzen hinweg gesteuert werden.

Zielplanung

Die für die allgemeine Zielplanung eines Unternehmens maßgeblichen Parameter sind vor allem Kernkompetenzen des Unternehmens, Stärken und Schwächen des Unternehmens (relativ zu Wettbewerbern), Stärken und Schwächen von Kooperationspartnern, Visionen und Intentionen der Unternehmenseigner sowie die Branchenentwick-

---

52 Vgl. Kanning/Müller 2003, S. 22 f.
53 Vgl. Hülsmann 2004, S. 42 f.
54 Vgl. Hülsmann 2004, S. 43.
55 Vgl. Kanning/Müller 2003, S. 22 f.; zum Kreislauf-, Verantwortungs- und Kooperationsprinzip vgl. auch Kirchgeorg 2004, S. 288 ff.

lung. Diese Parameter orientieren sich an den nach Porter[56] wesentlichen Wettbewerbskräften einer Branche: Wettbewerber, Kunden, Lieferanten, potentielle neue Konkurrenten und Substitutionsprodukte.

Im Rahmen einer Analyse der Stärken und Schwächen des Unternehmens sind auch deren Positionierung im Rahmen eines nachhaltigen Wirtschaftens zu untersuchen.

Die Erweiterung oder Veränderung des Zielsystems um nachhaltigkeitsorientierte Ziele stellt sich in der Praxis häufig als anspruchsvoll dar. Zum einen gilt es, traditionelle Denkweisen und Planungstraditionen zu überwinden. Zum anderen sind die immateriellen Ergebnisse der Umsetzung von Nachhaltigkeitszielen nur schwer in die ROI-Philosophie der meisten Unternehmen zu integrieren. Im Hinblick auf Entscheidungsfähigkeit und Anreizwirksamkeit sollten Nachhaltigkeitsziele daher möglichst operationalisiert werden. Hierfür müssen für Ziele messbare und überprüfbare Kriterien genannt werden. Nur so lässt sich nachweisen, ob und bis zu welchem Grad sie erfüllt werden. Betriebliche nachhaltigkeitsorientierte Anreizmaßnahmen lassen sich in Zielvereinbarungen mit Mitarbeitern integrieren.

Controlling

Die Umsetzung eines nachhaltigen Wirtschaftens impliziert für Betriebe neben dem Einsatz technischer und organisatorischer Maßnahmen gerade auch Hilfestellung bei der Vorbereitung, Abstimmung und Realisierung von strategischen, taktischen und operativen Entscheidungen. Hierfür erfolgt in einem nachhaltigkeitsorientiert erweiterten Controlling[57] eine Koordination von Entscheidungen in und gerade zwischen betrieblichen Teilbereichen sowie eine adäquate Informationsversorgung. Bekanntlich bedarf es hierzu vorweg einer Erweiterung der Unternehmenspolitik um betriebliche Nachhaltigkeitsziele.

Zur Erfüllung der Koordinationsaufgabe sind nicht nur betriebliche Informationsflüsse situationsbezogen zu verdichten, sondern auch mehrkriterielle Methoden bereitzustellen, die zur Entscheidungsunterstützung herangezogen werden können[58]. Als Hilfsmittel des Controlling werden oftmals Kennzahlensysteme in der Praxis eingesetzt. Neben finanzwirtschaftlichen Kennzahlen berücksichtigen nachhaltigkeitsorientierte Kennzahlensysteme Kennzahlen über die Inanspruchnahme der natürlichen Umwelt sowie des gesellschaftlichen Umfeldes und des Arbeitsmarktes.

Umweltbezogene Kennzahlen sind etwa Lagerausschussquoten, Verpackungsanteile, Ressourcenverbräuche pro Produkteinheit, Emissionsquoten und Produktwertstoffquoten. Zu den sozialbezogenen Kennzahlen zählen beispielsweise die Anzahl der Ar-

---

[56] Vgl. Porter 1997, S. 1 ff.
[57] Vgl. Haasis 1999, S. 415 ff.
[58] Vgl. Letmathe 1998.

beitsplätze, die Anzahl an Lehrstellen, Krankheitstage oder die Höhe des Budgets für Sozial- und Kultur-Sponsoring.

Die Kennzahlen können sich für einen zeitlich definierten Betrachtungsbereich beispielsweise auf Unternehmensteile, Abteilungen, Produkte oder Komponenten beziehen. Sie geben – geeignet zusammengefasst – Aufschluss sowohl über Erfolg oder Misserfolg von Maßnahmenbündeln und Projekten als auch über die Nachhaltigkeitsleistung im Zeitverlauf insgesamt. Außerdem können sie als Frühwarnfunktion Abweichungen von Zielvorgaben identifizieren und damit zur Schwachstellenanalyse und zur weiteren Maßnahmengenerierung herangezogen werden. Entsprechende Ansätze zur Leistungsmessung und Bewertung erlangen wesentliche Bedeutung für die strategische Ausrichtung eines Unternehmens, aber auch im Zusammenhang mit der Identifikation und Früherkennung, der Planung, der Steuerung und der Kontrolle sowie dem Lernen durch und der Kommunikation über Maßnahmen eines nachhaltigen Wirtschaftens[59].

Ein Nachhaltiges Wirtschaften findet unter anderem Eingang in die Geschäftsprozessplanung sowie die technisch-organisatorische Auslegung von Produktionsprozessen. Dieses zu gewährleisten, kontinuierlich zu überwachen und Anpassungsmaßnahmen zu initiieren, ist Aufgabe des *Nachhaltigkeitscontrolling*. Ein Teilbereich des Nachhaltigkeitscontrolling ist das *Umweltcontrolling*.

In Anlehnung an ISO 14001 und die Verordnung Nr. 1836/93 des Rates über die freiwillige Beteiligung gewerblicher Unternehmen an einem Gemeinschaftssystem für das Umweltmanagement und die Umweltbetriebsprüfung sind die Aufgaben des Umweltcontrollings[60]:

- Formulieren der unternehmensspezifischen Umweltpolitik und den daraus sich ergebenden Umweltschutzzielen,

- Ist-Aufnahme und Bewertung der Beziehungen eines Betriebes zu seiner natürlichen Umwelt und Schwachstellenanalyse,

- Ermittlung der Einfluss- und Lenkungsmöglichkeiten für eine umweltverträglichere Leistungserstellung und -verwertung,

- Definieren geschäftsprozessbezogener Regeln und Verfahren, die zur Einhaltung sowohl gesetzlicher Anforderungen als auch der Anforderungen der Umweltpolitik des Unternehmens dienen,

- Identifizierung, Planung Umsetzung und Kontrolle von Maßnahmen zur Erreichung der aus der Umweltpolitik abgeleiteten Umweltschutzziele (Umweltprogramme),

---

59   Vgl. Haasis 2004c.
60   Vgl. Haasis 1999b, S. 421.

■ Dokumentieren der Umweltpolitik, der Umweltorganisation, der Umweltprogramme und der geschäftprozessbezogenen Regeln und Verfahren,

■ Kontinuierliche Verbesserung der Beziehungen des Betriebes zur natürlichen Umwelt."

Diese Aufgaben lassen sich durch interdisziplinäre Projektteams realisieren. Diese sollten bevorzugt mit Mitarbeitern besetzt werden, welche die Abläufe und Verfahren in den verschiedenen Abteilungen gut kennen. Im Vordergrund steht neben der Erstellung von Handbüchern vor allem die Verbesserung der *Geschäftsprozesse* eines Unternehmens.

Wesentliche Rahmenbedingungen eines nachhaltigkeitsorientierten Handelns sind die umweltgesetzlichen Vorgaben. Im Rahmen dieser Vorgaben sind ebenfalls sogenannte *Umweltbeauftragte*[61] zu bestellen. Bei Umweltbeauftragten handelt es sich genau betrachtet um Immissionsschutz-, Abfall-, Gewässerschutz-, Störfall-, Sicherheits- und Strahlenschutzbeauftragte. Die Funktionen dieser Umweltbeauftragten lassen sich zusammenfassen in:

■ Initiativ- und Innovationsfunktion,

■ Überwachungs- und Kontrollfunktion,

■ Informationsfunktion,

■ Berichtsfunktion sowie

■ Vertretungsfunktion.

Managementsysteme

Ein *Nachhaltigkeitsmanagementsystem* steht bislang noch aus. In der Praxis werden jedoch in der Regel betriebliche Umweltmanagementsysteme, etwa nach ISO 14001, als Systeme zum Nachhaltigkeitsmanagement verstanden. Aufgrund des Nichtberücksichtigens der ökonomischen und der sozialen Nachhaltigkeit in diesen Systemen wäre jedoch zu fordern, diese Systeme zumindest als *Integrierte Managementsysteme* auszulegen und insoweit eine Kopplung mit Qualitäts- und Arbeitssicherheitsmanagementsystemen vorzusehen.

Ein betriebliches *Umweltmanagementsystem* setzt sich zusammen aus den Komponenten[62]:

■ Umweltpolitik

■ Umweltmanagementhandbuch

---

[61]   Vgl. Rathje 2003, S. 88 f.
[62]   Vgl. Haasis 1999b, S. 424.

- Umweltverfahrensanweisungen

- Umweltarbeitsanweisungen und

- Mitarbeiter.

In einem *Umweltmanagementhandbuch* werden die betriebliche Umweltpolitik, ihre aufbau- und ablauforganisatorische Umsetzung und die personalbezogenen korrespondierenden Verhaltensregeln beschrieben.

Die praktische Umsetzung eines nachhaltigen Managements in eine nachhaltige Prozessorientierung erfolgt durch das *Prozessmanagement* im Rahmen der Prozessorganisation. Unter Prozessmanagement werden alle planerischen, organisatorischen und kontrollierenden Maßnahmen verstanden, die zur zielorientierten Führung, Steuerung und Kontrolle der Wertschöpfungsketten im Unternehmen dienen. Das Prozessmanagement hat des weiteren zum Ziel, auf die Wiederholbarkeit und die Standardisierbarkeit der Abläufe hinzuwirken, um über diesen Weg Produktivitäts- und Effizienzsteigerung durch kontinuierliche Prozessverbesserungen zu erreichen.

2.4 Entscheidungszusammenhänge in betrieblichen Gestaltungsfeldern

Strategische Positionierung

Auch im Rahmen des nachhaltigen Wirtschaftens müssen strategische Grundsatzentscheidungen[63] getroffen werden. Ausgangspunkt ist die Gegenüberstellung von Chancen und Risiken der unternehmensexternen Einflussfaktoren (wie z. B. aus umweltbezogenen, technologischen, rechtlichen, gesellschaftlichen und marktbezogenen Umfeldbereichen) und den Stärken und Schwächen des Unternehmens. Diese Analyse entspricht einer sogenannten SWOT-Analyse, bei welcher die Strenghts, Weaknesses, Opportunities und Threats zusammengestellt werden.

Treffen umweltbezogene Chancen mit den Stärken eines Unternehmens zusammen, besteht oft die Möglichkeit, die Unternehmenstätigkeit auszuweiten. Es entsteht ein chancenreicher Nachfragesog, die so genannte *Ökologie-Pull-Wirkung*. Im Gegensatz dazu existiert eine *Ökologie-Push-Wirkung*, wenn ein Innovationszwang die Einrichtung umweltorientierter Produkt- und Prozesstechnologien erfordert. Beides muss jedoch frühzeitig durch entsprechende strategische Entscheidungen antizipiert werden. Gefährlich für ein Unternehmen sind Risiken, für deren Bewältigung das Unternehmen in funktionaler oder kapazitiver Hinsicht schwach positioniert ist.

---

63 Vgl. Meffert/Kirchgeorg 1998, S. 148 ff.

Eine *umweltorientierte Portfolioanalyse* dient nicht nur der Vermeidung und Verminderung von Umweltrisiken[64], sondern auch der Realisierung umweltbezogener Chancen (vgl. Abbildung 2-2). Ziel ist die Bestimmung der umweltorientierten Strategieposition von Produkten, Produktgruppen oder strategischen Geschäftsfeldern (SGE). Die strategische Stossrichtung wird ermittelt aus den Stärken und Schwächen sowie den Chancen und Risiken des Marktes. Geschäftsfelder mit umweltbezogenen Wettbewerbsvorteilen sind zu verbessern, umwelt- und erfolgskritische Geschäftsfelder sind zu beseitigen bzw. umzubilden.

Ein strategisches Geschäftsfeld wird innerhalb der zu bildenden Matrix anhand der relativen Vorteile umweltorientierten Verhaltens (Gewinnerhöhung, Marktanteilsverbesserung, Imageerhöhung) und den aus Beschaffung, Produktion, Konsumtion und Entsorgung der Produkte resultierenden Umweltinanspruchnahmen festgelegt. Die dazu benötigten Daten werden aus einer strategischen *Situationsanalyse* des Unternehmens gewonnen[65].

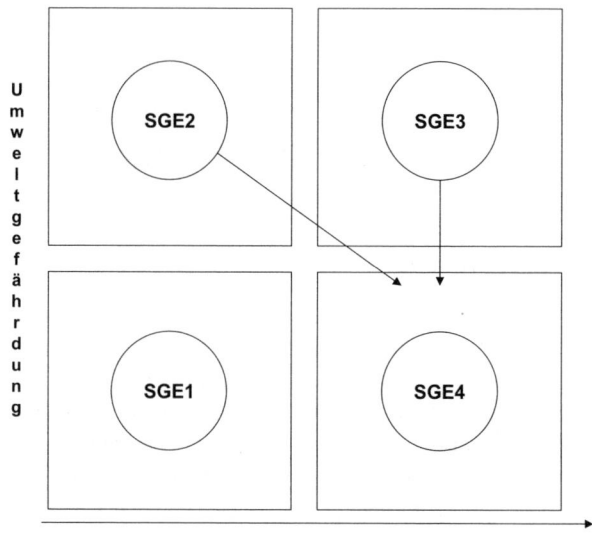

Abbildung 2-2: Umweltorientierte Portfolioanalyse am Beispiel einer Vier-Felder-Matrix (Quelle: angepasst nach Meffert/Kirchgeorg 1998, S. 157)

---

[64] Vgl. Burschel/Losen/Wiendl 2004, S. 368.
[65] Vgl. Müller-Christ 2001, S. 55 f.

Innerhalb der Vier-Felder-Matrix lassen sich folgende Strategiemöglichkeiten positionieren:

- Bei geringer Umweltgefährdung und geringen Vorteilen umweltorientierten Handelns (SGE1) ist eine Fortführung der bisherigen Strategie unter eventueller Anpassung an gesetzliche Umweltschutzanforderungen möglich.

- Bei hoher Umweltgefährdung und geringen Vorteilen umweltorientierten Handelns (SGE2), ist die strategische Geschäftseinheit unter Minimierung der Kosten für die Berücksichtigung umweltbezogener Belange abzusichern. Bei deckungsschwachen Geschäftseinheiten ist unter Umständen ein Rückzug aus dem Marktsegment durchzuführen (gestrichelter Pfeil).

- Geschäftsfelder mit hoher Umweltgefährdung und hohem umweltorientiertem Wettbewerbsvorteil (SGE3) sind durch Intensivierung der Umweltschutzbemühungen abzusichern.

- Bei geringer Umweltgefährdung und hohen Vorteilen umweltorientierten Handelns (SGE4) sind umweltorientierte Strategien zur Profilierung und Differenzierung auszuarbeiten.

Geschäftsprozessgestaltung

Bei einer nachhaltigkeitsorientierten Geschäftsprozessgestaltung sind die Geschäftsprozesse sowohl nach wirtschaftlichen als auch nach umweltbezogenen und sozialrelevanten Treibern zu analysieren und zu optimieren.

Von den neueren organisatorischen Ansätzen kann insbesondere das sogenannte Konzept der *‚lean production'* zur nachhaltigkeitsbezogenen Optimierung der Geschäftsprozesse herangezogen werden.[66] Folgende Ziele stehen dabei im Vordergrund:

- Lagermengenreduzierung durch produktionssynchrone Anlieferung,

- Einsatz umweltfreundlicher Transportmittel,

- Teamarbeit und Übertragung von Verantwortung, um Nachhaltigkeitsprobleme in Eigenverantwortung der Arbeitsgruppen zu identifizieren und zu lösen,

- Kontinuierliche Verbesserungsprozesse (auch Kaizen genannt),

- Kooperation entlang der Wertschöpfungskette (wirtschaftliche Nachhaltigkeitslösungen können im Sinne einer *Produktlebensanalyse* gemeinsam umgesetzt werden).

Wesentlicher Bestandteil einer Produktlebensanalyse ist ein sogenanntes Life-cycle-costing. Im Rahmen des **Life-cycle-costing** (LCC)[67] werden für nachhaltigkeitsorien-

---

[66] Vgl. Haasis 1999b, S. 424 f.
[67] Vgl. dazu auch Siestrup/Haasis 1997, S.161 ff.

tierte *Investitionsentscheidungen*[68] alle Kosten und Erlöse während des gesamten Lebenszyklus des Produktes erfasst. Dazu müssen vorab Prozess- und Leistungsdaten gesammelt, gespeichert und aufbereitet werden. Dies betrifft alle Prozesse von der Rohstoffgewinnung über Produktion, Distribution, Verbrauch bis zur Entsorgung (einschl. Reparatur, Wiederverwendung, Recycling).

Integrierter Umweltschutz

Ein *integrierter Umweltschutz* verfolgt das Ziel, Emissionen, Abwässer und feste Abfallstoffe durch technisch-organisatorische Änderungen in der Produktion und durch Produktmodifikationen zu vermeiden oder zumindest zu vermindern. Dadurch ergeben sich Innovationsbereiche für Unternehmen sowohl in der *Umwelttechnik* als auch im entscheidungsunterstützenden *Umweltmanagement*. Letzteres sollte seinen Niederschlag nicht nur in Handbüchern additiv finden, sondern im Unternehmen durch eine Bereitstellung von Informations- und Entscheidungsinstrumenten und eine entsprechende Geschäftsprozessgestaltung ebenfalls integriert "lebbar" sein.

Unter integriertem Umweltschutz werden je nach Betrachtungsebene ein prozessintegrierter Umweltschutz, ein produktionsintegrierter Umweltschutz und ein produktintegrierter Umweltschutz verstanden.

Zu *prozessintegrierten Umweltschutzmaßnahmen* zählen technische und regelungstechnische Neuerungen von fertigungstechnischen Anlagen und verfahrenstechnischen Prozessen. Diese haben physikalisch-chemische Abhängigkeiten zwischen Einsatzstoffen, Produktionsverfahren und Endprodukt zu berücksichtigen. Exemplarisch seien eine anlageninterne Kreislaufführung von Prozesswasser oder von Kühlschmierstoffen genannt. Im Rahmen der Feuerungstechnik spielen Feuerraummodifikationen und Energieträgersubstitutionen eine wesentliche Rolle. Zu regelungstechnischen Innovationen zählt der Einsatz lernender Informationsverarbeitungsverfahren bei der Prozesssteuerung.

Im Blickfeld eines *produktionsintegrierten Umweltschutzes* liegen technische, logistische und organisatorische Maßnahmen auf Betriebsebene. Technische Maßnahmen gewährleisten etwa recyclingfähige Sekundärstoffqualitäten beispielsweise durch physikalisch-technische Stofftrennung oder chemisch-technische Reaktionsführung. Logistische Maßnahmen haben für wiedereinsetzbare Materialien oder Abwässer ein beschaffungskostenminderndes Stoffstrommanagement zum Ziel. Im Rahmen der Produktionsplanung und -steuerung können Auftragsabläufe durch umweltorientierte Reihenfolge-, Termin- und Kapazitätsplanungen realisiert werden.

Ein *produktintegrierter Umweltschutz* realisiert Kreisläufe auf Produktebene. Dieser bietet den weitesten Gestaltungsspielraum. Er fokussiert auf das Produkt entlang des gesamten Produktlebens, also auf Entwicklung, Herstellung, Vertrieb, Nutzung und

---

[68] Vgl. Cheremisinoff/Bendavid-Val 2001, S. 321 ff.

Rückführung sowie Entsorgung. Produktkreisläufe werden derzeit basierend auf ersten Realisierungen in den 90er Jahren in erster Linie für Automobile sowie für Elektro- und Elektronikprodukte konfiguriert. Voraussetzungen sind deren modularer Aufbau, die Verwendung standardisierter Komponenten, die Möglichkeit des Hochrüstens und die Verarbeitung qualitativ hochwertiger und damit wartungsarmer und langlebiger Teile und Komponenten.

Als Hilfsmittel für die Gestaltung eines produktintegrierten Umweltschutzes[69] gelten die Produkt-Öko-Bilanz, das Produkt-Öko-Audit, die Produkt-Umweltverträglichkeitsprüfung und die Produktlinienanalyse.

Die *Produkt-Öko-Bilanz*[70] bewertet mögliche Umweltauswirkungen von Produkten unter Berücksichtigung des gesamten Lebensweges. Sie gliedert sich in die Bereiche:

- Zieldefinition,

- Sachbilanz,

- Wirkungsbilanz,

- Bilanzbewertung sowie

- Schwachstellen- und Optimierungsanalyse.

In der Sachbilanz[71] werden sämtliche Stoff- und Energieströme des Bilanzraums als Input- und Outputströme sowie alle Umweltbeeinträchtigungen über sämtliche Phasen des Produktlebenszyklus erfasst. In der Wirkungsbilanz werden gemäß ISO 14040 die Ergebnisse der Sachbilanz auf potentielle Umweltwirkungen beurteilt und verschiedenen Umweltwirkungskategorien zugeordnet. Die Ergebnisse werden analysiert, Schlussfolgerungen gezogen und beides zusammen muss dann ausgewertet werden.

Das *Produkt-Öko-Audit*[72] identifiziert die umweltrelevanten Bereiche innerhalb eines Unternehmens und vergleicht die Umweltauswirkungen mit festgelegten produktbezogenen Vergleichsvorgaben.

Die *Produkt-Umweltverträglichkeitsprüfung* bewertet Produkte innerhalb der Produktentwicklung im Hinblick auf umweltbezogene Aspekte. Dieses Modell ist in drei Phasen aufgeteilt: die Voruntersuchung des Produktes, die Beschreibung des Produktes, der Produktionsbedingungen und des Produktionsstandortes sowie die Beurteilung aller Varianten unter Angabe ökologisch vertretbarer Alternativen.

Die *Produktlinienanalyse* teilt sich auf in die Bereiche:

---

[69] Vgl. Blume/Haasis 2000, S. 147 f.
[70] Vgl. Bundesumweltministerium und Umweltbundesamt, S. 297 ff.
[71] Vgl. Pick/Fassbender-Wynands/Seuring 2003, S. 168 f.
[72] Vgl. Blume/Haasis 2000, S. 148.

■ Festlegung der Rahmenbedingungen,

■ Bilanzierung der Stoff- und Energieströme,

■ Analyse der Wirkungen der Stoff- und Energieströme sowie

■ Bewertung und Produktlinienoptimierung.

Hinsichtlich der Struktur bestehen kaum Unterschiede zwischen Produktlinienanalyse und Produkt-Öko-Bilanz. Bei der Produktlinienanalyse werden aber im Gegensatz zu den anderen Ansätzen neben den umweltbezogenen auch wirtschaftliche und gesellschaftliche Aspekte berücksichtigt. Damit erfüllt die Produktlinienanalyse am ehesten die Nachhaltigkeitsanforderungen.

Zuliefererkooperationen

Da das Beschaffungsvolumen im Mittel 60 % des Umsatzes eines Unternehmens in Form von Material (Rohstoffe, Teile, Komponenten), Energie und Investitionsgütern umfasst, ist dieses betriebliche Gestaltungsfeld für nachhaltigkeitsorientierte Kooperations- und Beschaffungsentscheidungen und damit zur Umsetzung von Nachhaltigkeitsstrategien besonders interessant[73]. Die Beschaffung stellt so etwa bereits die Weichen, inwiefern Sekundärstoffe genutzt werden können. Entscheidungen über den geographischen Beschaffungsmarkt, Organisations- und Wertschöpfungsgrad der Vorproduktion, Anzahl der Lieferanten und Kooperationen mit anderen Organisationen bestimmen die spätere Nachhaltigkeit der Produktion.

Eine nachhaltige Beschaffung[74] und Zuliefererkooperation verfolgt als Ziele:

■ Steigerung des Wirkungsgrades von stofflichen und energetischen Ressourcen,

■ Schließen von Stoffkreisläufen und Verminderung von Abfällen,

■ Reduktion von Gefahrstoffen in Produktion und Produkten sowie

■ Verminderung von Emissionen.

Durch Kooperationen in der Beschaffung kann die Kosten- und Ökoeffizienz häufig verbessert werden. Die ökonomische und ökologische Effizienz auf der Versorgungsseite wird durch die *Gestaltung des Zuliefersystems* festgelegt. Häufige Lieferungen mit Kleintransportern, größere Mengen mit Schwerlasttransportern oder Just in Time Belieferungen sind unter umweltbezogenen Aspekten gegeneinander abzuwägen. Umweltrelevante Informationen können zum Beispiel durch Befragung von Lieferanten, Umweltdatenbanken (UMPLIS des Bundesumweltministeriums) oder europaweit durch das European Green Purchasing Network gewonnen werden.

---

[73] Vgl. Bogaschewsky 2004, S. 171 ff.
[74] Vgl. Burschel/Losen/Wiendl 2004, S. 399.

In gemeinsamen Entwicklungsprojekten[75] mit Lieferanten ist es wichtig, kooperativ umweltrelevante und soziale Standards festzulegen (und umzusetzen). Der strategische Einkauf trifft bereits Vorentscheidungen, um gemeinsame Entwicklungsprojekte unter Nachhaltigkeitsgesichtspunkten zu beurteilen und auszuwählen.

Der Aufbau eines adäquaten Beziehungsmanagements und der Aufbau gegenseitigen Vertrauens ist in diesem Zusammenhang besonders wichtig. Eine höhere Chance[76] für die Festlegung und Realisierung von Nachhaltigkeitsstrategien besteht, wenn alle Teilnehmer umweltbezogene und soziale Aspekte mit ihren wirtschaftlichen Zielen verbinden. Umweltbezogene Kriterien erstrecken sich auch auf die Nutzungsphase sowie auf Transport, Lagerung und Fertigung beim Kunden.

Berichterstattung

Die Nachhaltigkeitsberichterstattung untersucht, bewertet und belegt dokumentarisch regelmäßig und umfassend die nachhaltigkeitsbezogene Lage und Leistung des Unternehmens. Dadurch können alle Anspruchsgruppen in die unternehmerischen Entscheidungsprozesse integriert werden. Gründe für eine Nachhaltigkeitsberichterstattung können sein:

- die Erfüllung gesellschaftlicher Ansprüche,

- die Sicherstellung der Glaubwürdigkeit,

- die betriebsinterne Information und Steuerung sowie

- der zwischenbetriebliche Vergleich.

Leitlinien für die *Nachhaltigkeitsberichterstattung* ergeben sich vor allen Dingen aus den Empfehlungen der Europäischen Union zur Berücksichtigung von Umweltaspekten in Jahresabschluss und Lagebericht von Unternehmen, der allgemeinen Diskussion um *Corporate Social Responsibility* (CSR), der *Global Reporting Initiative* (GRI) und der *ISO-Norm 14063* zur Umweltkommunikation[77].

Durch Nachhaltigkeitsberichte werden Informationen für Anspruchsgruppen zur Verfügung gestellt[78], das Vertrauen der Anspruchsgruppen in das Unternehmen durch erhöhte Transparenz gesichert, der Bekanntheitsgrad des Unternehmens und seiner Produkte gesteigert sowie ein internes Planungs- und Kontrollinstrument für Management und Mitarbeiter bereitgestellt. Eine hierauf aufbauende ergänzende Einbeziehung ausgewählter Anspruchsgruppen in geeignete unternehmerische Entscheidungsprozesse kann zudem durch anregende Ideen und Lösungsvorschläge die Wissens- und Informationskapazität des Unternehmens erhöhen sowie frühzeitig negative

---

[75] Vgl. Bogaschewsky 2004, S. 178 ff.
[76] Vgl. Bogaschewsky 2004, S. 178 ff.
[77] Vgl. Herzig/Schaltegger 2004, S. 1.
[78] Vgl. Schulz/Burschel/Losen 2001, S. 34.

Auswirkungen auf das Image und den ökonomischen Erfolg des Unternehmens ver-hindern[79].

Unternehmen, die sich am Nachhaltigkeitskonzept ausrichten und dies frühzeitig in ihrer Berichterstattung dokumentieren, können sich Wettbewerbsvorsprünge sichern. Sie gelten in der Öffentlichkeit als innovativer und langfristig erfolgreicher.

Unternehmensintern wird dadurch die Möglichkeit geschaffen, Verantwortungsbereiche für die Nachhaltigkeit aufzubauen, Abläufe zu analysieren und zu reorganisieren oder ein neues Managementsystem zu implementieren. Durch das interne Identifizieren von Stärken und Schwächen in Nachhaltigkeitsberichten von Wettbewerbern bieten sich dem Unternehmen im Rahmen der strategischen Unternehmensplanung Profilierungs- und Differenzierungsmerkmale[80].

Gemäß den GRI-Leitlinien der *Global Reporting Initiative* umfasst ein Nachhaltigkeitsbericht folgende Elemente[81]:

- Stellungnahme der Geschäftsführung: Kernelemente des Berichts werden beschrieben und sollen einen Rückschluss über die Verpflichtungen des Unternehmens zur Nachhaltigkeit erlauben;

- Profil der berichtenden Organisation: Überblick über die berichterstattende Organisation, wirtschaftliche und rechtliche Eckdaten, Produkte und Produktionsstandorte sowie den Berichtszeitraum;

- Kurzfassung und Kennzahlen: Kurzfassung über nachhaltige Leistungen des Unternehmens sowie Vergleichsmöglichkeiten mittels ökonomischer, ökologischer, sozialer und integrierter Kennzahlen;

- Vision und Strategie: langfristiges Verständnis eines Unternehmens von Nachhaltigkeit und Integration von Nachhaltigkeitsaspekten in unternehmerische Entscheidungsprozesse;

- Unternehmenspolitik, -organisation und -managementsysteme: Gewährleistung einer nachhaltigen Unternehmensführung;

- Leistungen: Katalog an ökonomischen, ökologischen, sozialen und integrierten Leistungskennzahlen zur Erfassung und Bewertung der Auswirkungen auf die Anspruchsgruppen.

Die Nachhaltigkeitsberichterstattung muss glaubwürdig sein. Analog zu den Grundsätzen ordnungsgemäßer Buchführung und Bilanzierung wurden vom Institut der Wirtschaftsprüfer in Deutschland (IDW) die Prüfungsstandards IDW PS 820 "*Grund-*

---

[79] Vgl. Hauth/Raupach 2001, S. 30.
[80] Vgl. Schulz/Burschel/Losen 2001, S. 34 und Herzig/Schaltegger 2005, S. 579.
[81] Vgl. Schulz/Burschel/Losen 2001, S. 37.

sätze ordnungsgemäßer Durchführung von Umweltberichtsprüfungen" aufgestellt[82]. Sie umfassen Klarheit, Vollständigkeit, Verständlichkeit, Relevanz, Vergleichbarkeit und Kontinuität[83].

In Europa steigt die Zahl der Länder, die die Unternehmen zur Umwelt- und Nachhaltigkeitsberichterstattung gesetzlich verpflichten. Dazu zählen Dänemark, die Niederlande, Frankreich, Norwegen und Schweden[84]. In Deutschland müssen Unternehmen nichtfinanzielle Indikatoren im Lagebericht veröffentlichen.

Von der Nachhaltigkeitsberichterstattung[85] ist die Pflichtprüfung von Umweltrisiken durch Wirtschaftsprüfer nach den §§ 316 ff. HGB und die Berücksichtigung von Umweltrisiken innerhalb des Lageberichts nach § 289 HGB abzugrenzen. Aus Sicht der Wirtschaftsprüfer benötigt ein Unternehmen geeignete Informationssysteme und ein Berichtswesen, in dem alle relevanten Daten und Informationen zusammenfließen. Gegenstand der Prüfung ist die Berichterstattung und das zu Grunde liegende Informationssystem. Der Umfang der Prüfung nach IDW PS 820 ist unternehmensindividuell festlegbar. Dabei ist der Grundsatz der Wesentlichkeit und des Fehlerrisikos auf der Grundlage geeigneter Stichproben zu berücksichtigen. Beispielsweise sind bei der Prüfung von Wasser-, Energie- und Materialverbrauch diese mit Messprotokollen, Lieferscheinen und Eingangsrechnungen abzugleichen. Bei der Prüfung von Umweltzielen und Umweltprogrammen sind die Investitionspläne für die Folgejahre der geplanten Umweltvorhaben in Betracht zu ziehen.

Die Erfüllung der Informationsbedürfnisse der Anspruchsgruppen oder Stakeholder wird durch das Internet erleichtert[86]. Finanz-, Sozial- und Umweltberichterstattung können durch Hyperlinks verknüpft werden. Diese erleichtern die spezifische Informationsselektion durch die jeweiligen Stakeholder. Dadurch können Anspruchsgruppen noch stärker in die wechselseitige Kommunikation einbezogen werden.

2.5 Praxisbeispiel: Corporate Responsibility

Als Zukunft gestaltendes Unternehmen[87] beeinflusst die Firma Siemens mit ihren technischen Innovationen und als Infrastrukturanbieter z. B. in den Bereichen Verkehr, Energie, Kommunikation, Gesundheit oder Automatisierung das Leben der Menschen in der Welt von morgen maßgeblich mit. Mit derzeit 461.000 Mitarbeitern ist Siemens

---

82 Vgl. Schulz/Burschel/Losen 2001, S. 38.
83 Vgl. Herzig/Schaltegger 2005, S. 578.
84 Vgl. Herzig/Schaltegger 2005, S. 583 f.
85 Vgl. Wambach/Löhr 2001, S. 62.
86 Vgl. Herzig/Schaltegger 2005, S. 584 f.
87 Vgl. http://www.econsense.de/_CSR_MITGLIEDER/CSR_NACHHALTIGKEITSBERICHTE
    /images/Siemens/Siemens2006.pdf.

in rund 190 Ländern geschäftlich tätig und arbeitet so in nahezu allen Kulturen, Religionen und Gesellschaftsordnungen sowie unter verschiedenen politischen Rahmenbedingungen.

Zusammen mit Performance und Portfolio, operativer Excellenz und Excellenz der Mitarbeiter wurde die Corporate Responsibility zum vierten Aufgabenfeld im internen Aufgabenprogramm „Fit4More" erklärt. Seit November 2003 ist Siemens Mitglied im Global Compact, der Corporate Global Responsibility Initiative des UN-Generalsekretärs, die durch freiwillige Kooperation zwischen Staaten, Wirtschaft und Zivilgesellschaften bessere Lösungen für die Probleme der Welt anstrebt. Mit dem Leitsatz „Für kurzfristige Gewinne verkaufe ich die Zukunft nicht" gründete Werner von Siemens die zeitlos gültige Konstante, in der Gegenwart nicht zu Lasten der Zukunft zu agieren, welches sich in den drei Elementen einer nachhaltigen Unternehmenspolitik ausdrückt:

- verantwortliche, zukunftsgerichtete Unternehmenspolitik,
- wirkungsvoller Umweltschutz sowie
- kontinuierliches Engagement für die Gesellschaft.

Siemens sieht die drei wesentlichen Faktoren Wirtschaft, Umweltschutz und soziale Verantwortung als gleichberechtigte Größen in einem liberalen Welthandel. Angesichts der Tätigkeit in 190 Ländern und der Dynamik des globalen Geschäfts lassen sich alle Corporate Responsibility-Aktivitäten kaum darstellen. Dennoch sollen die folgenden prägnanten Beispiele aufzeigen, wie die Global Compact Prinzipien in die Praxis umgesetzt werden.

Im Rahmen der Global Compact Prinzipien unterstützt Siemens die internationalen Menschenrechte in seinem Einflussbereich und stellt sicher, dass Siemens sich nicht an Menschenrechtsverletzungen beteiligt, die Vereinigungsfreiheit wahrt, das Recht auf Tarifverhandlungen anerkennt, jede Art von Zwangsarbeit und Kinderarbeit abschafft sowie jegliche Art von Diskriminierung bei Anstellung und Beschäftigung beseitigt. Dies beinhaltet insbesondere die materielle Versorgung in Not- und Katastrophenfällen, die Unterstützung und Förderung Benachteiligter und Bedürftiger sowie Bildung für Kinder und Jugendliche.

So wurde etwa Siemens China im September 2005 für „outstanding corporate citizenship" mit dem „Guangming Corporate Citizenship Award" geehrt und unterstützte mit Spenden zwei verarmte Bezirke in der Provinz Yunnan. Siemens USA förderte Spitzenleistungen in Mathematik und Naturwissenschaften besonders unter Minderheiten und in unterrepräsentierten Gebieten. Siemens hat für UNICEF eine Partnerschaft übernommen und einen ActiveHelp Kinderfonds eingerichtet.

Siemens will mit seinen Mitarbeitern in einem weltweiten Netzwerk des Wissens und des Lernens zusammenarbeiten, sie fördern und zu Spitzenleistungen motivieren. Durch permanenten internationalen Know-how-Transfer und interne Konferenzen über Umweltschutz wird das Wissen in Europa, Nordamerika und China ausgetauscht. Das im Unternehmen vorhandene Wissen wird u. a. in Normungsgremien zur Verfügung gestellt. Siemens wirkt beispielsweise im Ausschuss „Environmental Standardization for Electrical and Electronic Products and Systems" und im Advisory Committee on Environmental Aspects (ACIA) der International Electrotechnical Commission (IEC) mit. Siemens will Innovationen vorantreiben und seinen Kunden Wettbewerbsvorteile verschaffen.

Siemens bekennt sich zum Umweltschutz. Bereits bei der Produkt- und Prozessentwicklung werden mögliche Folgelasten für die Umwelt berücksichtigt. Auch über geltende Vorschriften hinaus sollen Umweltbelastungen vermieden oder auf ein Minimum reduziert werden. Für alle neu zu entwickelnden Produkte gilt eine unternehmensweite Norm zur umweltfreundlichen Produktgestaltung. An umweltrelevanten Standorten werden Umweltmanagementsysteme entsprechend der internationalen Norm ISO 14001 aufgebaut. Kontinuierlich soll der Anteil von zur Zeit 65 % der Standorte erhöht werden. Im Unternehmensbereich Transportation Systems wurde bereits vor einigen Jahren ein integriertes Management System für technische Sicherheit, Umwelt-, Arbeits- und Gesundheitsschutz installiert. Dies soll auf den Bereich Medical Solutions ausgeweitet werden. Jeder Unternehmensbereich wird alle drei Jahre von den zentralen Umweltschutzreferaten geprüft. Mit dem „Siemens Environmental Information System" wurde eine weltweite Plattform für umweltrelevante Daten und Fakten aufgebaut. Dieses System ist die Basis für Umweltprogramme in den weltweiten Unternehmensbereichen und Standorten. Durch konzernweite Aktionsprogramme soll die Performance im betrieblichen und produktbezogenen Umweltschutz verbessert werden. Der internationale im Drei-Jahres-Rhythmus stattfindende Wettbewerb „Umweltpreis" soll besonders engagierte Mitarbeiter motivieren und ehren sowie das Umweltbewusstsein der Belegschaft verbessern. An den Standorten sollen Energieeffizienz analysiert und Energiesparmassnahmen dargelegt werden. Geschäftsprozesse werden weltweit standardisiert.

Entsprechend dem Kreislaufgedanken zur optimalen Wiederverwertung werden gebrauchte Medizinsysteme nach einem umfassenden Instandsetzungsprozess in „Proven-Excellenz-Qualität" dem Kunden weltweit angeboten. Für die Entwicklung der Piezo-Einspritztechnik für Diesel- und Benzinmotoren haben die Siemens AG gemeinsam mit der Robert Bosch GmbH den Deutschen Zukunftspreis 2005 erhalten. Mit dieser Technik können Verbrauch und Schadstoffemissionen deutlich verringert werden. Mit dem Umrüsten des Heizkessels auf Erdgas können im Heizkraftwerk Sandreuth 45000 Jahrestonnen Kohlendioxid eingespart werden. Der größte Windpark Norwegens in Smola wurde von Siemens Wind Power A/S aus Dänemark errichtet. 68 Windräder produzieren eine Leistung von 150 Megawatt. Biomasse-Kraftwerke von Siemens erzeugen Energie aus nachwachsenden Rohstoffen. Mit der Universität Tübingen, dem Technologiezentrum Wasser aus Karlsruhe und weiteren Partnern wurde ein System zur Schadstoffüberwachung von Gewässern, das Automated Water Analyser Computer Supported System (AWACSS), entwickelt. Dieses System in der Größe eines

Reisekoffers kann 32 wasserbelastende Stoffe unmittelbar vor Ort nachweisen. Als Unterstützer des „Motor Challenge Programms" der Europäischen Union hat Siemens als Hersteller elektrischer Antriebstechnik den Anteil hocheffizienter Motoren der Klasse EFF 1 und EFF 2 gesteigert. Gegenüber konventionellen Motoren der Klasse EFF 3 wird in Europa jährlich 1 Million Kohlendioxid eingespart. Mit der leistungsstärksten und wirtschaftlichsten Gasturbine im Gas- und Dampfkraftwerk Ingolstadt hat Siemens einen Wirkungsgrad von 58 % erreicht. Angestrebt werden 60 %, und durch die Steigerung von 2 % eine Kohlendioxidsenkung von jährlich 40000 Tonnen Kohlendioxid.

2.6 Übungsaufgaben

1. Worauf fokussiert die Definition von "Sustainable Development" der Brundtland-Kommission?

2. Was versteht man unter schwacher und starker Nachhaltigkeit? Was wird entsprechend einer ausgewogenen Variante der Nachhaltigkeit angestrebt?

3. Nach welchen Leitbildern kann das Nachhaltigkeitsprinzip auf Unternehmensebene umgesetzt werden?

4. Was versteht man unter einer Anspruchsgruppe? In welcher Beziehung stehen diese zu Unternehmen?

5. Erläutern Sie die Grundzüge der SWOT-Analyse.

6. Erläutern Sie die Grundzüge der Portfolioanalyse. Gehen Sie dabei auf die nachhaltigkeitsspezifischen Anwendungen dieses Planungsinstruments ein.

7. Beschreiben Sie die Aufgaben eines Umweltcontrollings.

8. Nennen Sie ökonomische, umweltbezogene und soziale Ziele eines Unternehmens.

9. Was sind typische Aufgaben eines "Umweltbeauftragten"?

10. Was ist ein Umweltmanagementsystem?

11. Was ist im Rahmen einer nachhaltigkeitsorientierten Beschaffung zu beachten?

12. Welche Elemente enthält ein Nachhaltigkeitsbericht entsprechend den GRI-Leitlinien?

2.7 Weiterführende Literatur

Arnold, D./Isermann, H./Kuhn, A. (2004): Handbuch Logistik, Berlin/Heidelberg.

Blank, E. (2001): Sustainable Development, in: Schulz, W.: Lexikon Nachhaltiges Wirtschaften, München/Wien, S. 374-385.

Blume, V./Haasis, H.-D. (2000): Unternehmensübergreifendes Umweltinformationscontrolling innerhalb von Produktionsketten, in: Hilty, L.M./Schulthers, D./Rud, T.F. (Hrsg.): Strategische und betriebsübergreifende Anwendungen betrieblicher Umweltinformationssysteme, Marburg, S. 143-156.

Bogaschewsky, R. (2004): Beschaffung und Nachhaltigkeit, in: Hülsmann, M./Müller-Christ, G./Haasis, H.-D.: Betriebswirtschaftslehre und Nachhaltigkeit, Bestandsaufnahme und Forschungsprogrammatik, Wiesbaden, S. 171-218.

Bullinger, H.-J./Eversheim, W./Haasis, H.-D./Klocke, F. (Hrsg.) (2000): Auftragsabwicklung optimieren nach Umwelt- und Kostenzielen, Berlin u.a.

Bundesumweltministerium, Umweltbundesamt (2001): Handbuch Umweltcontrolling, München.

Burschel, C./Losen, D./Wiendl, A. (2004): Betriebswirtschaftslehre der nachhaltigen Unternehmung, München.

Cheremisinoff, N./Bendavid-Val, A. (2001): Green Profits, The Manager's Handbook for ISO 14001 and Pollution, Butterworth-Heinemann, Burlington.

Claus, T./Kramer, M./Krivanek, T. (2003): Umweltorientierte Beschaffung und Logistik, in: Kramer, M./Strebel, H./Kayser, G.: Internationales Umweltmanagement Bd. III, Operatives Umweltmanagement im internationalem und interdisziplinarem Kontext, Wiesbaden, S. 31-104.

Dyckhoff, H. (2000): Umweltmanagement. Berlin u.a.

Dyckhoff, H./Souren,R. (2007): Nachhaltige Unternehmensführung, Berlin u.a.

Dyllik, T. (2003): Konzeptionelle Grundlagen unternehmerischer Nachhaltigkeit, in: Linne, G./Schwarz, M.: Handbuch Nachhaltige Entwicklung, Opladen, S. 235-243.

Engelfried, J. (2004): Nachhaltiges Umweltmanagement, München.

Fichter, K./Paech, N./Pfriem, R. (2005): Nachhaltige Zukunftsmärkte, Marburg.

Franke, S./Tuma, A./Haasis, H.-D. (2001): Nachhaltiges Wirtschaften auf Ebene der Produktionsdurchführung, in: Sebastian H.-G./Grünert, T. (Hrsg.): Logistik Management – Supply Chain Management und e-Business, Stuttgart, Leipzig, Wiesbaden, S. 183-196.

Geßner, C. (2008): Unternehmerische Nachhaltigkeitsstrategien. Ansätze zur Konzeption und Evaluation, Frankfurt am Main u.a.

Gminder, U. (2006): Nachhaltigkeitsstrategien systemisch umsetzen, Wiesbaden.

Haasis, H.-D. (1994): Planung und Steuerung emissionsarm zu betreibender industrieller Produktionssysteme, Heidelberg.

Haasis, H.-D. u.a. (Hrsg.) (1995): Betriebliche Umweltinformationssysteme, Marburg.

Haasis, H.-D. (1996): Betriebliche Umweltökonomie. Optimieren - Bewerten - Entscheiden, Berlin u.a.

Haasis, H.-D. (1999a): Produktkreislauflogistik, in: Pfohl, H. (Hrsg.): Logistikforschung. Entwicklungszüge und Gestaltungsansätze, Berlin, S. 255-278.

Haasis, H.-D. (1999b): Koordinationskonzepte und Informationssysteme für das Umweltmanagement, in: Corsten, H./Friedl, B. (Hrsg.): Einführung in das Produktionscontrolling, München, S. 415-445.

Haasis, H.-D. (2001): Unternehmensführung und Nachhaltiges Wirtschaften, in: Fischer, H. (Hrsg.): Unternehmensführung im Spannungsfeld zwischen Finanz- und Kulturtechnik: Handlungsspielräume und Gestaltungszwänge, Hamburg.

Haasis, H.-D. (2004a): Produktionsmanagement und Nachhaltigkeit, in: Hülsmann, M./Müller-Christ, G./Haasis, H.-D.: Betriebswirtschaftslehre und Nachhaltigkeit, Wiesbaden, S. 305-310.

Haasis, H.-D. (2004b): Nachhaltige logistische Systeme, in: Schwarz, E. (2004): Nachhaltiges Innovationsmanagement, Wiesbaden, S. 105-118.

Haasis, H.-D. (2004c): Leistungsmessung und Bewertung: Möglichkeiten des Einsatzes von Operations Research und Wissensmanagement, in: Institut der deutschen Wirtschaft Köln (Hrsg.): Betriebliche Instrumente für nachhaltiges Wirtschaften, Köln, S. 35-43.

Haasis, H.-D. (Hrsg.) (2007): Nachhaltige Innovation in Produktion und Logistik, Frankfurt am Main u.a.

Haasis, H.-D./Inderfurth, K./Spengler, T. (Hrsg.) (2001): Operations Research in Environmental Management, Special Issue, OR Spektrum, Heft 1.

Haasis, H.-D./Müller, W./Winter, G. (Hrsg.) (2000): Produktionsintegrierter Umweltschutz und Eigenverantwortung der Unternehmen, Frankfurt am Main u.a.

Haasis, H.-D./Ranze, K. C. (Hrsg.) (1998): Umweltinformatik 98: Vernetzte Strukturen in Informatik, Umwelt und Wirtschaft, Marburg.

Hauth, P./Raupach, M. (2001): Nachhaltigkeitsberichte schaffen Vertrauen, in: Harvard Business Manager Heft 5, S. 24-33.

Heinen, E. (1976): Grundfragen der entscheidungsorientierten Betriebswirtschaftlehre, München.

Herzig, C./Schaltegger, S. (2004): Nachhaltigkeit in der Unternehmensberichterstattung Gründe-Probleme-Lösungsansätze, Diskussionspapier zum Fachdialog des Bundesumweltministeriums, Berlin.

Herzig, C./Schaltegger, S. (2005): Nachhaltigkeitsberichterstattung von Unternehmen in: Michelsen, G./Godemann, J.: Handbuch Nachhaltigkeitskommunikation, München, S. 577-587.

Hey, C./Schleicher-Tappeser, R. (1998): Nachhaltigkeit trotz Globalisierung, Berlin/ Heidelberg.

Hülsmann, M. (2004): Bezugspunkte zwischen Strategischem Management und Nachhaltigkeit, in: Hülsmann, M./Müller-Christ, G./Haasis, H.-D.: Betriebswirtschaftslehre und Nachhaltigkeit, Bestandsaufnahme und Forschungsprogrammatik, Wiesbaden, S. 25-72.

Hülsmann, M./Müller-Christ, G./Haasis, H.-D. (Hrsg.) (2004): Betriebswirtschaftslehre und Nachhaltigkeit, Wiesbaden.

Ivesic, R. (2003): Management kreislauforientierter Entsorgungskonzepte, Berlin/Stuttgart/Wien.

Kagantchouk, V./Haasis, H.-D. (2002): Umweltmanagement im Ausland: Erfahrungen und Entwicklungsperspektiven in Russland, in: Johann, H. P./Preuss, M.: Handbuch für Betriebsbeauftragte Umweltschutz, Kap. 4.2.4.2.5, Köln, S. 1-8.

Kanning, H./Müller, M. (2003): Bedeutung des Nachhaltigkeitsleitbildes für das betriebliche Management, in: Baumast, A./Pape, J.: Betriebliches Umweltmanagement, Theoretische Grundlagen, Praxisbeispiele, Ulmer, S. 13-27.

Kirchgeorg, M. (1999): Marktstrategisches Kreislaufmanagement: Ziele, Strategien und Strukturkonzepte, Wiesbaden.

Klaus, P. (2003): Neuvermessung der Logistik: Die Ausgabe 2003 der "Top 100" Studie zu Marktgrößen, Marktsegmente und Marktführer in der Logistik-Dienstleistungswirtschaft.

Letmathe, P. (1998): Umweltbezogene Kostenrechnung, München.

Maydl, P. (2003): Stahl im Hochbau – ein nachhaltiger Werkstoff?, Vorstudie, Wien/Graz, http://www.stahlbauverband.at/pdf/MAYDL_Vorstudie_Stahl_im_ Hochbau_-_ein_nachhaltiger_Werkstoff.pdf.

Meffert, H./Kirchgeorg, M. (1998): Marktorientiertes Umweltmanagement, Stuttgart.

Müller-Christ, G. (2001): Umweltmanagement: Umweltschutz und nachhaltige Entwicklung, München.

Pfriem, R./Fischer, D. (2001): Anspruchsgruppen, in: Schulz, W. u.a.: Lexikon Nachhaltiges Wirtschaften, München/Wien/Oldenbourg, S. 13-20.

Pick, E./Fassbender-Wynands, E./Seuring, S. (2003): Die Methodik der Ökobilanzierung, in: Baumast, A./Pape, J.: Betriebliches Umweltmanagement, Theoretische Grundlagen, Praxisbeispiele, Ulmer, S. 166-177.

Porter, M. (1997): Wettbewerbsstrategie (Competitive Strategy): Methoden zur Analyse von Branchen und Konkurrenten, Frankfurt.

Rahmeyer, F. (2005): Nachhaltigkeitskosten und Nachhaltigkeitsnutzen in der Abfallwirtschaft, in: Schug, H./Krück, C./Ploetz, C./Zweck, A.: Nachhaltigkeit in der Abfallwirtschaft, Ergebnisband des KIDA-Workshops vom 16. Dezember 2004, Düsseldorf, S. 99-110.

Rathje, B. (2003): Die Organisation des betrieblichen Umweltmanagements, in: Baumast, A./Pape, J.: Betriebliches Umweltmanagement, Theoretische Grundlagen, Praxisbeispiele, Ulmer, S. 79-94.

Rautenstrauch, C. (1999): Betriebliche Umweltinformationssysteme, Berlin u.a.

Rueda, E./Holland, A. (2007): Strategisches Nachhaltigkeitsmanagement, München/Ravensburg.

Schaltegger, S./Kleiber, O./Müller, J. (2002): Nachhaltigkeitsmanagement in Unternehmen, Konzepte und Instrumente zur nachhaltigen Unternehmensentwicklung, Bonn.

Schaltegger, S./Kleiber, O./Müller, J. (2003): Die "Werkzeuge" des Nachhaltigkeitsmanagements, Konzepte und Instrumente zur Umsetzung unternehmerischer Nachhaltigkeit, in: Linne, G./Schwarz, M.: Handbuch Nachhaltige Entwicklung, S. 331-342.

Schaltegger, S./Sturm, A. (2000): Ökologieorientierte Entscheidungen in Unternehmen, Basel.

Scheider, G. C. (2006): Sustainable Innovation im Unternehmen, Saarbrücken.

Schulz, W.F./Burschel, C./Losen, D. (2001): Corporate Responsibility Reporting, in: UmweltWirtschaftsForum, Heft 4, S. 34-39.

Siestrup, G./Haasis, H.-D. (1997): Strategische Planung von Produktkreislaufsystemen, in: Zeitschrift für Planung 8, S. 149-167.

Steuer, R. (2001): Paradigmen der Nachhaltigkeit, in: Zeitschrift für Umweltpolitik und Umweltrecht, 24. Jg., S. 537-566.

Stölzle, W. (1993): Umweltschutz und Entsorgungslogistik, Theoretische Grundlagen mit ersten empirischen Ergebnissen zur innerbetrieblichen Entsorgungslogistik, Berlin.

Strebel, H. (2002): Möglichkeiten und Grenzen nachhaltigen Wirtschaftens im Unternehmen, in: Produktion und Controlling, S. 103-125.

Wambach, M./Löhr, V. (2001): Neue Standards für die Prüfung der Umweltberichterstattung von Unternehmen, in: uwf, Heft 2, S. 61-64.

WBCSD World Business Council for Sustainable Development (1995): Eco-efficient Leadership, Genf.

Wilkens, S. (2007): Effizientes Nachhaltigkeitsmanagement, Wiesbaden.

World Commission on Environment and Development (1987): Our Common Future, Oxford.

3 Unternehmensübergreifende Wertschöpfungsprozesse

3.1 Motivation und Lernziele

Lernziele

Nach der Lektüre dieses Kapitels sollten Sie in der Lage sein:

- Elemente und Aufbau von Supply Chains zu erläutern,

- Möglichkeiten der Gestaltung von Wertschöpfungsprozessen zu beschreiben,

- verschiedene Ansatzpunkte und methodische Hilfsmittel zur Planung von Supply Chains zu nennen,

- Zweck und Vorgehensweise der Erstellung von Simulationsmodellen zu erläutern,

- die Realisierung von Wertschöpfungsprozessen anhand eines konkreten Beispiels zu beschreiben.

Motivation

Die Gestaltung von *Supply Chains* legt einen maßgeblichen Anteil der langfristigen Kostenpositionen der Logistik fest. Vor diesem Hintergrund kommt der Anwendung von Verfahren und unterstützenden Instrumenten für die Planung[88] der unternehmensübergreifenden Wertschöpfungsprozesse hinsichtlich der Logistik eine entsprechend große Bedeutung zu. Die umfassende Gestaltung einer Supply Chain beinhaltet dabei nicht nur makrologistische[89] Entscheidungen, sondern insbesondere auch die

---

88 Unter der Aufgabe der Planung wird hierbei die Ermittlung von geeigneten Maßnahmen bzw. die Lösung des Entscheidungsproblems verstanden, die zur Erreichung des angestrebten Zustands führen (vgl. Klein/Scholl 2004, S. 5).

89 Makrologistik betrachtet die Güter- und Informationsströme zwischen einer Vielzahl von Quellen und Senken einer Region, eines Landes oder rund um den Globus. Mikrologistik hingegen behandelt die Material- und Datenströme zwischen Lieferanten und Abnehmern und in Unternehmen (vgl. Gudehus 2004, S. 11).

Planung der mikrologistischen bzw. der unternehmensinternen Prozesse. Diese vielfältigen Entscheidungen sind vor dem Hintergrund des Netzwerkcharakters von Supply Chains ganzheitlich zu betrachten und im Rahmen eines *Supply Chain Managements* (SCM) bzw. *Supply Chain Designs* aufeinander abzustimmen.

Der Begriff des "*Supply Chain Managements*" wird in der Literatur nicht einheitlich definiert.[90] Trotz der zahlreichen unterschiedlichen Abgrenzungen herrscht jedoch weitgehend Einigkeit darüber, dass im Mittelpunkt des Supply Chain Managements die unternehmensübergreifende Optimierung der Material-, Waren- und Informationsflüsse steht[91], die insbesondere durch eine organisations-, funktions- und instrumentenübergreifende Integration erreicht werden soll.[92] Supply Chain Management ist insoweit eine Ausdehnung des originär einzelunternehmensbezogenen Logistikmanagements auf die gesamte Supply Chain und stellt dieses in einen unternehmensübergreifenden Kontext.[93] In den Bereich des Logistikmanagements bzw. des SCM fallen sämtliche logistikbezogenen Aktivitäten bzw. Prozesse wie etwa Transport, Lagerhaltung, Umschlag, Kommissionierung, Retourenmanagement, Distribution sowie Planung von Mehrwertdiensten. Inderfurth sieht die Schwerpunkte des SCM dagegen pointierter in der Gestaltung der Supply Chain Infrastruktur und insbesondere in der stufenübergreifenden Planung und Steuerung von sämtlichen logistischen und fertigungsbezogenen Prozessen.[94]

Für eine effiziente[95] und effektive Planung der unternehmensübergreifenden Wertschöpfungsprozesse im Rahmen einer Supply Chain ist ein Verständnis des Systems Supply Chain als Netzwerk und der damit einhergehenden Eigenschaften und Verhaltensweisen notwendig. Weiterhin bedarf es der Kenntnis über die unterschiedlichen Planungsphilosophien und grundlegende Verfahren für die Planung von Netzwerken. Ergänzend wird anhand eines Praxisbeispiels die Gestaltung von unternehmensübergreifenden Wertschöpfungsprozessen mittels eines Simulationsverfahrens aufgezeigt.

3.2   Einordnung in die Betriebswirtschaftslehre

Logistik- bzw. Supply Chain-bezogene Entscheidungen betreffen direkt alle an der Supply Chain beteiligten Unternehmen bzw. werden durch diese getroffen. Vor dem Hintergrund der klassischen Einzelunternehmensbetrachtung in der Betriebswirt-

---

90 Für einen Überblick über die unterschiedlichen Definitionen vgl. Bechtel/Jayaram 1997; Cooper/Lambert/Pagh 1997.
91 Vgl. Kajüter 2003, S. 112.
92 Vgl. Pfohl 2004, S. 325 f.
93 Vgl. Norrman/Lindroth 2004, S. 16.
94 Vgl. Inderfurth 2002, S. 400.
95 Vgl. hinsichtlich effizienter Planung von Supply Chains insbesondere Holzkämper 2007.

schaftslehre stellt der Supply Chain Management Ansatz bzw. die Planung der unternehmensübergreifenden Wertschöpfungsprozesse eine Erweiterung auf eine überbetriebliche Ebene dar, die sich über die Grenzen eines Betriebes erstreckt und die Auswirkungen und Wechselwirkungen der einzelbetrieblichen Entscheidungen der Supply Chain Partner betrachtet. In diesem Sinne stellt die Planung von Logistiknetzwerken für alle beteiligten Unternehmen ein komplexes mehr-kriterielles Entscheidungsproblem dar, für dessen Lösung zahlreiche Kriterien parallel zu berücksichtigen sind. Dabei ist nicht (nur) die Optimierung der eigenen Logistikprozesse und die Erreichung der eigenen Ziele ausschlaggebend, sondern ein unternehmensübergreifendes Optimum. Dies setzt jedoch zumindest eine gemeinsame Zielsetzung der an der Supply Chain und den Planungen beteiligten Unternehmen voraus. In Abbildung 3-1 sind die Planungsbereiche für das Einrichten eines Supply Chain dargestellt.

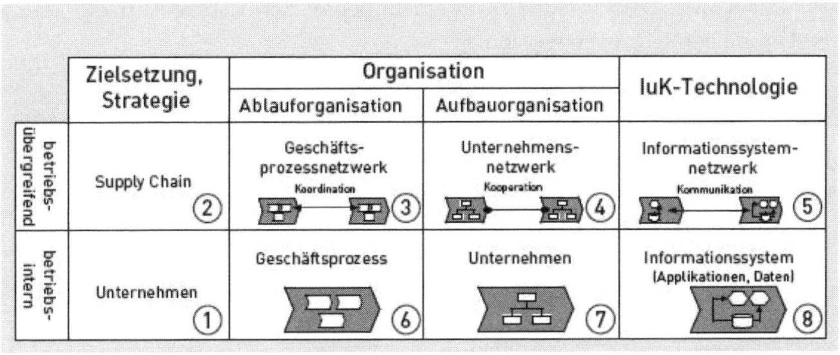

Zielsetzung, Strategie	Organisation		IuK-Technologie
	Ablauforganisation	Aufbauorganisation	
betriebs-übergreifend Supply Chain ②	Geschäfts-prozessnetzwerk Koordination ③	Unternehmens-netzwerk Kooperation ④	Informationssystem-netzwerk Kommunikation ⑤
betriebs-intern Unternehmen ①	Geschäftsprozess ⑥	Unternehmen ⑦	Informationssystem (Applikationen, Daten) ⑧

Abbildung 3-1: Planungsbereiche für das Einrichten einer Supply Chain
(Quelle: Lemm/Riechsteiner/Ulrich 200, S. 60)

Supply Chains können je nach Typ bzw. Kategorie unterschiedliche Ziele zugrundeliegen und bestimmen damit die jeweiligen Ziele eines Supply Chain Managements. Allgemeine Zielsetzungen sind: Wettbewerbsfähigkeit, Bestandsreduktion oder Steigerung der Kundenzufriedenheit. Eine mögliche Kategorisierung der Ziele des Supply Chain Managements stellt Jirik vor.[96] Er unterscheidet dabei in die drei Zielgruppen:

■ Nutzen des Endkunden,

■ Verbesserung des Nutzens und

■ Erhöhung der Geschwindigkeit.

---

96 Vgl. Jirik 1999, S. 547.

Während die erste Gruppe die Zufriedenstellung des Endkunden der Supply Chain als Hauptziel definiert, zählt Jirik zu der *Verbesserung des Nutzens* eine Verringerung der Kapitalbindung und des Ressourcenverbrauchs. Unter der Gruppe *Erhöhung der Geschwindigkeit* werden die Ziele der Beschleunigung bei Planungs- und Prozesszyklen, Durchlaufzeiten, time-to-market und Bearbeitungszeiten genannt.

Alicke unterteilt in zwei Arten von Supply Chains.[97] Die physisch effiziente Supply Chain, bei der die physische Funktion des Produkttransports im Vordergrund steht, hat das Ziel, durch eine effiziente Gestaltung Produktions-, Transport- und Lagerkosten zu minimieren. Bei der responsiven, flexiblen Supply Chain, bei der die Marktintermediärsfunktion die dominante Funktion ist, wird die Minimierung der Reaktionszeit, des Stockouts und unverbrauchter Ware angestrebt. In der Literatur findet sich je nach Ansatz noch eine Vielzahl weiterer Supply Chain Typologien.[98] Aufgrund der hohen Spezifität von Supply Chains können Supply Chain Typologien bzgl. der Supply Chain Ziele jedoch lediglich in einem begrenzten Rahmen für die konkrete Ausgestaltung herangezogen werden.

3.3 Gestaltungszusammenhänge im System Supply Chain

In der Systemtheorie[99] wird ein System als Gesamtheit verstanden, die bestimmte Eigenschaften (Systemeigenschaften) und Verhaltensweisen (Systemverhalten) besitzt.[100] Das System besteht aus Teilen (Systemelementen), die so miteinander verknüpft sind, dass kein Teil unabhängig von anderen Teilen ist und dass das Verhalten des Ganzen vom Zusammenwirken aller Teile beeinflusst wird.[101] Die Systemelemente, die untereinander in Beziehung (Relation bzw. Interaktion) stehen und die Existenz einer Grenze, die das System von seiner Umgebung trennt, sind die konstitutiven Bestandteile des Systems.[102] Ist ein System ein Teil eines übergeordneten Systems, wird es als Subsystem bezeichnet. Zwischen einem System und seinem Umfeld bestehen Wirkungsbeziehungen (äußere Dynamik), so dass ein System sein Umfeld beeinflusst und vice versa vom Umfeld beeinflusst wird.[103] Innerhalb eines Systems spielt sich die Dyna-

---

97 Vgl. Alicke 2003, S. 146 ff.
98 Weitere Typisierungen von Supply Chains und ihren Zielen finden sich z. B. bei Gabriel 2007a; Holzkämper 2006, S. 78 ff.
99 Die Systemtheorie ist ein Erkenntnismodell bzw. eine formale Wissenschaft, welche die Struktur, die Verknüpfungen und das Verhalten komplexer Systeme analysiert (vgl. Ulrich 1970, S. 105). Der Begriff Allgemeine Systemtheorie geht auf Bertalanffy 1949 zurück.
100 Vgl. Isermann 1998, S. 46 f.
101 Vgl. Ulrich/Probst 1988, S. 30 f.
102 Vgl. Isermann 1998, S. 46 f.
103 Vgl. Ulrich 1970, S. 112 f.

mik (innere Dynamik) im interdependenten Verhalten der Systemelemente und Subsysteme ab. Die Zusammenhänge zwischen den Elementen eines Systems lassen sich prinzipiell als Input-Output-Beziehungen interpretieren, durch die die Beziehungsstruktur eines Systems hergestellt wird.[104]

Je nach Sichtweise wird bei stationärer Sicht die *Beziehungsstruktur* und bei dynamischer Sicht die *Prozessstruktur* eines Systems betrachtet. Während unter dem Strukturaspekt Aufbau, Netzwerk, Funktionen, Kapazitäten und Leistungsvermögen eines Systems aus der Sicht eines ruhenden Betrachters (stationär) bestimmt werden, sind unter dem Prozessaspekt die Abläufe und Vorgänge aus der Sicht eines Betrachters, der den Gütern und Daten auf ihrem Weg durch das System folgt, festgelegt.[105] Durch Betonung des Prozesscharakters bei der Betrachtung der Beziehungen zwischen den Systemelementen kommt der Zeit als Systemdimension eine besondere Bedeutung zu.

Logistiksysteme sind spezielle Systeme, die auf eine raum-zeitliche Gütertransformation abzielen. Je nach Art und Umfang der in dem Logistiksystem zu integrierenden Institutionen und güterwirtschaftlichen Funktionen gibt es unterschiedliche Ausprägungen von Logistiksystemen.[106] Mögliche Ausprägungen sind z. B.:

- funktionsbezogene,

- funktionsübergreifende,

- unternehmensbezogene und

- unternehmensübergreifende Systeme.

Die systeminternen Prozesse werden als *Logistikprozesse* bzw. logistikbezogene Prozesse bezeichnet. Nach Pfohl ist das Ineinandergreifen von Bewegungs- und Lagerprozessen charakteristisch für Logistiksysteme.[107] Umfasst ein Logistiksystem insbesondere die logistischen Prozesse zwischen einem Unternehmen und seinen Wertschöpfungspartnern, spricht man von einem *unternehmensübergreifenden Logistiksystem*. Eine **Supply Chain** wird hierbei als die Verknüpfung von logistischen und fertigungsbezogenen Prozessen in einem Kooperationsverbund mehrerer selbständiger Unternehmen definiert.[108] Durch die Ausweitung um fertigungsbezogene Prozesse stellt eine Supply Chain als System damit eine Erweiterung gegenüber dem oben definierten Logistiksystem dar und umfasst somit sämtliche (unternehmensübergreifenden) Wertschöpfungsprozesse. In Abbildung 3-2 ist ein einfaches Modell einer Supply Chain abgebildet.

---

104 Vgl. Pfohl 2004a, S. 26.
105 Vgl. Gudehus 2004, S. 13 f.
106 Vgl. Isermann 1998, S. 48.
107 Vgl. Pfohl 2004a, S. 5.
108 Vgl. Inderfurth 2002, S. 399.

Das System Supply Chain lässt sich in Anlehnung an die Struktur und Dynamik eines Logistiksystems nach Gudehus wie folgt definieren:[109] Das *System Supply Chain* besteht aus Transportnetzen und Leistungsstellen, die von Warenströmen durchflossen werden.[110] Eine Leistungsstelle erzeugt bzw. erbringt nach Aufträgen oder Anweisungen unter Einsatz von Material und Ressourcen, wie Personen, Einrichtungen, Flächen, Räumen, Maschinen und anderen Betriebsmitteln materielle Produkte oder immaterielle Leistungen.[111] Innerhalb der Leistungsstellen laufen dabei (Erzeugungs-)Prozesse ab, die die Abläufe und Vorgänge in ihrer Abfolge und ihrem Zeitbedarf darstellen. In einer Leistungsstelle können ein oder mehrere Prozesse gleichzeitig oder nacheinander ablaufen.

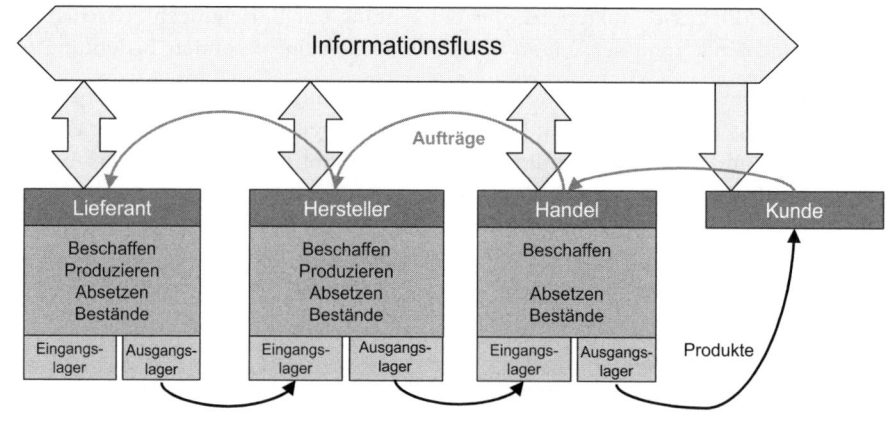

Abbildung 3-2:   Einfaches Modell einer Supply Chain (Quelle: Bruns 2003, S. 106)

Die Transportnetze dienen bei physischen Prozessen der Raumüberbrückung. Die Struktur des Systems Supply Chain wird durch die folgenden Strukturparameter definiert:[112]

■ Anzahl, Standorte und Funktionen der Quellen,

■ Anzahl, Standorte, Funktionen und Zuordnung der Leistungsstellen zwischen den Quellen und Senken, sowie

---

109 Vgl. Gudehus 2004, S. 20 f.
110 Andere Autoren zählen je nach Betrachtungsschwerpunkt neben dem physischen Fluss zu den wesentlichen Objektflüssen einer Supply Chain z. B. auch den Informationsfluss, den Finanzmittelfluss, den Entwicklungsfluss sowie den Rechtefluss (vgl. Stewens 2005, S. 87 ff.).
111 Vgl. Gudehus 2004, S. 15. Klaus differenziert bei seiner systemtheoretischen Betrachtung bzw. seinem Prozessansatz zwischen den Elementen Ressourcennetze, Gewebe von Flüssen und Prozessen und Objekte, die durch die Netze geleitet werden (vgl. Klaus 1998, S. 67 ff.).
112 Vgl. Gudehus 2004, S. 21.

■ Anzahl, Standorte und Funktionen der Senken.

Grundsätzlich rückt beim Systemdenken das Erkennen von Beziehungen zwischen den einzelnen Systemelementen in den Vordergrund. Entsprechend wird die Entscheidung bzgl. eines Elementes (nur noch) unter dem Aspekt seines Beitrags zur Leistung des gesamten Systems getroffen.[113]

Das Systemdenken zwingt dazu, die Wirkungen von Veränderungen in einem (logistischen) Teilsystem (Leistungsstelle) auf die anderen Teilsysteme zu erfassen. Treten Probleme in einem Teilsystem auf, sind die Ursachen nicht nur in diesem Teilsystem, sondern auch in allen anderen Teilsystemen zu suchen. Die durch die Analyse der Beziehungsstruktur erfassten Zusammenhänge zwischen den Teilsystemen machen logistische Entscheidungen unter Berücksichtigung von Prozess- und Ressourceninterdependenzen möglich, so dass Engpass- und Synergieeffekte in die Entscheidungen miteinbezogen werden können. Die Wahl bzw. Ausgestaltung der Struktur und der Prozesse der Supply Chain wird dabei als *Supply Chain Design* bezeichnet.

3.4 Methodische Hilfsmittel zum Supply Chain Design

Bevor auf einige verbreitete unterstützende Verfahren zur Gestaltung von Supply Chains bzw. von unternehmensübergreifenden Wertschöpfungsprozessen eingegangen wird, wird zunächst ein Überblick über unterschiedliche Planungsphilosophien gegeben. In Abbildung 3-3 wird eine Klassifikation von Planungen vorgenommen.

Generell besteht eine *Planungsphilosophie* aus der Koordination des Entscheidungsprozesses und dem Planungsumfang.[114] Bei der Koordination der Entscheidungsprozesse wird zwischen der Simultan- und der Sukzessivplanung unterschieden. Im Rahmen der *Simultanplanung* wird versucht, innerhalb eines einzigen Schrittes eine optimale Lösung für ein Planungsproblem (hierbei einer Supply Chain) inklusive aller Entscheidungsparameter zu finden.[115] Hinsichtlich der Lösbarkeit müssen jedoch (meist weitreichende) Modellvereinfachungen vorgenommen werden. Die *Sukzessivplanung* berücksichtigt durch Aufspaltung des Gesamtproblems in Teilprobleme, die über einen geringeren Komplexitätsgrad verfügen, eine Komplexitätsreduktion. Durch eine Top-Down-Vorgehensweise können so auch komplexe Aufgaben, wie sie sich bei der Planung von Supply Chains stellen, gelöst werden.[116] Der Nachteil besteht darin,

---

113 Vgl. Pfohl 2004a, S. 28.
114 Vgl. Holländer 2004, S. 7 ff.
115 Vgl. Winkler 1977, S. 76 f.
116 Vgl. Vastag 1998, S. 87.

dass die optimale Lösung aller Teilprobleme nicht notwendigerweise das Gesamtoptimum darstellt.

Der Planungsumfang kann ganzheitlich oder hierarchisch sein. Eine ganzheitliche Planung beinhaltet die Integration aller relevanten Einflussfaktoren in einem Gesamtmodell. Diese Gesamtvorschau dient als Basis für die folgende Detailplanung.[117] Im Gegensatz dazu wird bei der hierarchischen Planung bzw. Hierarchisierung eine Einteilung der Entscheidungen hinsichtlich der unterschiedlichen Tragweite und der Revidierbarkeit sowie auch hinsichtlich der für die Entscheidung notwendigen Informationen, die sich in Detaillierungs- und Aggregationsgrad unterscheiden, vorgenommen.[118] Hierbei wird in der Regel in die drei Planungsebenen strategische, taktische und operative Ebene differenziert.

Hinsichtlich der Supply Chains innewohnenden Komplexität aus Sicht der Planungsphilosophie stellt in der Regel eine Kombination aus sukzessiver und hierarchischer Planung die adäquate Vorgehensweise dar.

Für die Gestaltung von Supply Chains steht eine Vielzahl unterschiedlichster **Methoden** zur Verfügung, die auf verschiedenen Ebenen ansetzen. Vor dem Hintergrund, dass das Gesamtproblem zwar nicht vollständig abbildbar und mittels eines bestimmten Algorithmus lösbar ist, stellen die Verfahren jedoch wertvolle Hilfsmittel im Rahmen des Planungsprozesses dar. Welches Verfahren Verwendung finden sollte, hängt von der Fragestellung, den vorgegebenen Bedingungen und der Komplexität des Planungsproblems ab. Den Verfahren ist dabei insgesamt gemeinsam, dass sie alle das im Rahmen der Planung zu lösende Entscheidungsproblem durch ein Modell in vereinfachter Form abbilden. Im Folgenden werden kurz die beiden Modellkategorien "*Modelle in der Ebene*" und "*Netzwerkmodelle*" exemplarisch aufgezeigt, die bei der Planung von Standorten in Supply Chains zum Einsatz kommen können. Anschließend wird ausführlicher auf das Verfahren der *Simulation* eingegangen, welches insbesondere dann verwendet wird, wenn in dem zu untersuchenden System (wie im Praxisbeispiel) Zustandsvariablen auftreten, die sich während des Untersuchungszeitraums zu diskreten Zeitpunkten verändern. Die mit rein statischen Verfahren erhaltenen Lösungen basieren im Gegensatz dazu auf aggregierten Werten und sind lediglich auf Basis der gemachten Vereinfachungen als optimale Lösungen anzusehen. Erst mit Simulationen lassen sich realistische Aussagen bei dynamischem und nicht-determiniertem Systemverhalten treffen.

---

117 Vgl. Ulrich/Probst 1988, S. 221-227.
118 Vgl. Behrendt 1977, S. 369.

Merkmal	Ausprägung		
Dimension des Planungsergebnisses	Mengenpläne		Wertpläne
Fristigkeit und Bedeutung für den Unternehmenserfolg	strategische Planung	taktische Planung	operative Planung
Planungsanstoß	rollierend / periodisch		ereignisorientiert
Berücksichtigung existierender Pläne	Neuaufwurf		Net-Change
Zusammenhang zwischen Planung und Organisationsstruktur	*funktional*: z. B. Absatz-, Beschaffungs-, Produktions-, Versandplan	*objektorientiert*: Unterscheidung der Teilpläne von z. B. Sparten, Divisionen usw.	*prozessorientiert*: Unterscheidung von Teilplänen nach Geschäftsprozessen
Modellumfang	Totalmodell		Partialmodell
Zerlegungsgrad	Simultanplanung		Sukzessivplanung

Anzahl der beteiligten Entscheidungsträger	a)	zentrale Planung	dezentrale Planung	
			parallel bzw. horizontal	hierarchisch
	b)	Einzelentscheidungen	Gruppenentscheidungen	

Abbildung 3-3:   Klassifikation von Planungen (Quelle: Holten 2003, S. 8)

Eine *Planung von Standorten in Supply Chains* kann in einem ersten abstrakten An-satz über eine *Standortbestimmung in der Ebene* erfolgen. Bei diesem sogenannten Stei-ner-Weber-Problem wird zur Bestimmung eines Standorts das Euklidische Entfer-nungsmaß verwendet, bei dem auf einer unbegrenzten, homogenen Fläche n Kunden an den Orten mit den Koordinaten (u_j, v_j) für $j = 1,..,n$ existieren.[119] Die Nachfrage des Kunden j beträgt b_j ME pro Periode. Hierbei möchte ein Unternehmen ein Ausliefe-rungslager an einem bestimmten Punkt mit den Koordinaten (x,y) platzieren, so dass die Transportentfernungen minimiert werden. Unter diesen sehr einfachen Annahmen ergibt sich folgende Formulierung:

$$Minimiere\ F(x,y) = \sum_{j=1}^{n} b_j \sqrt{(x-u_j)^2 + (y-v_j)^2}$$

Die Standortbestimmung in Netzwerken führt zu einem Warehouse-Location-Problem (WLP). Im Gegensatz zu den Modellen in der Ebene sind diese *Warehouse-Location-Probleme* dadurch gekennzeichnet, dass aus einer Menge potenzieller Standorte aus-gewählt wird. Bei dem unkapazitierten, einstufigen WLP liegt folgende Situation vor:

---

119 Vgl. Domschke/Drexl 1996, S. 164 ff. In diesem Fall finden Transportkosten keine Berücksich-tigung.

Ein Unternehmen, das n Kunden beliefert, möchte seine Vertriebskosten senken, indem es Auslieferungslager errichtet und betreibt.[120] Hierfür stehen m Standorte zur Verfügung. Die Nachfrage des Kunden j beträgt wiederum b_j ME (Mengeneinheiten) pro Periode. Die Kosten setzen sich dabei aus den Fixkosten für die Lagerhaltung von f_i GE (Geldeinheiten) pro Periode und den Transportkosten c_{ij} GE zusammen, falls der Kunde j voll (das heißt mit b_j ME) durch ein am Standort i erstelltes Lager beliefert wird. Die Fragestellung, wie viele Lager an welchen potentiellen Standorten errichtet werden sollen, falls die Kundennachfragen vollständig erfüllt und die Vertriebskosten minimiert werden sollen, lässt sich wie folgt formulieren:

$$Minimiere\ F(x,y) = \sum_{i=1}^{m}\sum_{j=1}^{n} c_{ij} x_{ij} + \sum_{i=1}^{m} f_i y_i$$

unter Berücksichtigung der Nebenbedingungen:

$$x_{ij} \leq y_i \qquad \text{für } i = 1,..,m \text{ und } j = 1,..,n$$

$$\sum_{i=1}^{m} x_{ij} = 1 \qquad \text{für } j = 1,..,n$$

$$y_i \in \{0,1\} \qquad \text{für } i = 1,..,m$$

$$x_{ij} \geq 0 \qquad \text{für alle } i \text{ und } j$$

Die Variablen haben dabei folgende Bedeutungen:

$x_{ij} = 1,$ falls Nachfrager j von Lager an Standort i voll beliefert wird

$x_{ij} = 0,$ falls i von j aus nicht beliefert wird

$0 \leq x_{ij} \leq 1,$ falls j von i genau $b_j x_{ij}$ ME erhält

$y_i = 1,$ am Standort i wird ein Lager betrieben

$y_i = 0,$ sonst

---

120 Vgl. Domschke/Drexl 1996, S. 51 ff.

Eine weitere Methode zur Gestaltung von Supply Chains bzw. von Logistiknetzwerken stellt die ***Simulation*** dar. Sie bietet sich insbesondere dann an, wenn Supply Chains gestaltet bzw. untersucht werden, die einer hohen Dynamik und/oder Stochastik unterliegen. Zudem lässt sich das Verfahren der Simulation gut im Anschluss an die aus den oben beispielhaft gewonnenen (strategischen) Planungsalternativen verwenden, um die Alternativen hinsichtlich ihres Verhaltens unter dynamischen Einflüssen zu analysieren und die Prozesse sukzessive zu verfeinern. Die Simulation verfügt dabei durch ihre große Modellierungsmächtigkeit und Flexibilität über eine starke Affinität zur systemtheoretischen Sichtweise und kann eine Kombination aus sukzessiver und hierarchischer Planung unterstützen.

Der Verein Deutscher Ingenieure (VDI) gibt in der VDI Richtlinie 3633, Blatt 1 folgende Definition für Simulation vor: „Simulation ist die Nachbildung eines Systems mit seinen dynamischen Prozessen in einem experimentellen Modell, um zu Erkenntnissen zu gelangen, die auf die Wirklichkeit zurückzuführen sind. Insbesondere werden die Prozesse über die Zeit entwickelt". Bei Simulationen stehen in der Regel Untersuchungen zu Wirkungszusammenhängen in stochastischen Systemen im Mittelpunkt. An die Stelle einer analytischen Lösung eines Problems tritt ein experimentelles „Ausprobieren einer Vielzahl von Möglichkeiten".[121] Das Verfahren der Simulation wird insbesondere dann eingesetzt, wenn analytische Verfahren ungeeignet sind und/oder dynamische (zeitvariante) Sachverhalte untersucht werden.[122]

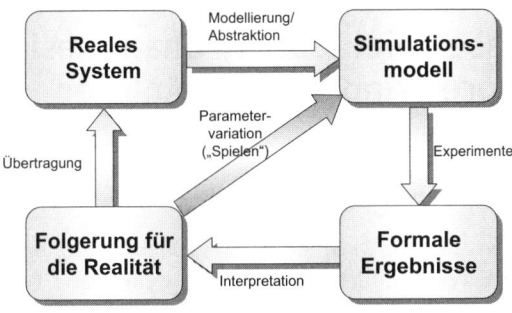

Abbildung 3-4: Anwendung der Simulation (Quelle: in Anlehnung an ASIM 1997)

Das für eine Simulation notwendige ***Simulationsmodell*** wird durch Abstraktion und Reduktion des zu untersuchenden realen Systems gewonnen. Die mittels Experimenten (das heißt Parametervariationen) erhaltenen formalen Ergebnisse müssen

---

121 Vgl. Neumann/Morlock 2002, S. 697
122 Vgl. Kuhn/Wenzel 2004, S. A2-41

dabei entsprechend interpretiert werden und Folgerungen für die Realität gezogen werden (vgl. Abbildung 3-4). Zu beachten ist, dass die Ergebnisse eines Simulationslaufs zunächst nur Aussagen über das Verhalten des Modells und nicht unbedingt über das Verhalten des realen Systems erlauben, da im Normalfall nur ein Teil aller möglichen Eingangsgrößen im Modell berücksichtigt wird.[123]

Beim Verfahren der Simulation handelt es sich demnach nicht um ein Optimierungsverfahren, das beispielsweise gemäß vorgegebener Zielvorgaben und Nebenbedingungen ein optimales *Supply Chain Design* zurückgibt. Im Rahmen der Gestaltung von unternehmensübergreifenden Logistikprozessen stellt die Simulation jedoch ein sehr flexibles Verfahren dar, das die Überprüfung von alternativen Supply Chain Designs bzw. der Auswirkung von Parameteränderungen auf strategischer, taktischer und operativer Ebene ermöglicht bzw. eine sukzessive Annäherung an das Optimum durch Ausprobieren erlaubt.[124]

Trotz ihrer systematischen Vorzüge ist die Simulation in der Praxis eher selten vorzufinden. Dies liegt vor allem an dem hohen Modellierungs- (und teilweise auch Programmierungs-)Aufwand, der mit der Erstellung komplexer Problemabbildungen verbunden ist. Zudem kann die mathematische Abbildung der Wirkungszusammenhänge häufig nur von interdisziplinären Teams vorgenommen werden, die sowohl mit Branchenexperten als auch mit Systemprogrammierern besetzt sind.

3.5 Praxisbeispiel: Supply Chain Design für Offshore-Wind-Energie-Anlagen

Hintergrund

Die deutsche Bundesregierung verfolgt in ihrer Offshore-Strategie das Ziel, bis zum Jahr 2030 25.000 MW Windkraftleistung im Meer (Nord- und Ostsee) zu realisieren. Aufgrund von Naturschutzbestimmungen liegen die potenziellen Standorte für Windparks in der Nordsee in Deutschland überwiegend in der Ausschließlichen Wirtschaftszone (AWZ), so dass, bedingt durch den relativ großen Abstand (30 - 100 km) zur Küste, in einer Wassertiefe von bis zu 40 Metern gegründet werden muss. Offshore-Windparks mit kleineren Anlagen (2 MW) werden bereits seit den 90er Jahren in der Ostsee in geringer Wassertiefe (bis zu 10 m) realisiert. Bei den Multimegawattanlagen für die geplanten Windparks in der Nordsee (WEA der Multimegawattklasse mit einem Rotordurchmesser von mehr als 100 m und Leistungen von 3,6 bis 5 MW)

---

123 Vgl. Scholz-Reiter/Münster/Jakobza 2000, S. 142
124 Vgl. Gabriel 2007a.

kann in den geplanten Wassertiefen auf nahezu keine Erfahrungen zurückgriffen werden.[125]

Diese Parks kennzeichnet eine verteilte Herstellung, bei welcher insbesondere maritime Hafenstandorte von Wertschöpfungsaktivitäten profitieren. Die extremen Ausmaße und Massen der Güter der Supply Chain bedeuten einen hohen logistischen Aufwand bei sämtlichen Prozessen, bei denen Güter bewegt bzw. transformiert werden. Entsprechend müssen Hub- und Transportmittel (u. a. spezielle Kranspezialschiffe und Pontons sowie Hafentransporter) mit hohen Traglasten für Umschlag-, Montage- und Transportprozesse eingesetzt werden.[126] Für den Transport können die Verkehrsträger Straße (Schwertransporte), Binnenwasserweg und Seeweg genutzt werden. Der Verkehrsträger Straße steht jedoch aufgrund der starken räumlichen und verkehrstechnischen Einschränkungen nur begrenzt für diese Transporte zur Verfügung. Für die Montage- und Umschlagprozesse auf See werden derzeit Montageschiffe mit Kränen mit extremer Traglast, Spezialaufbauten und Balasttanks entwickelt und gebaut. Aus logistischer Sicht sind die Parks somit charakterisierbar über sehr schwere und großvolumige Komponenten, hohe Kapitalbindungskosten, eine multimodale Transportkette, kostenintensives Umschlag-, Montage- und Transportgerät sowie insbesondere über einen hohen Einfluss der Wetterbedingungen, da der Transport und die Montage auf See nur bis zu bestimmten Wellenhöhen und Windstärken möglich ist. Zusammen mit den zu erwartenden zeitlichen Verzögerungen bei den Schwerlast- und Binnenwasserstraßentransporten sowie den komplexen Umschlag- und Montageprozessen der Komponenten, wie z. B. Rotorblättern und Gondelgehäusen, unterliegt die Supply Chain hohen zeitlichen Unsicherheiten.

Grundbestandteile eines Offshore-Windparks stellen die Gründungskörper, die Seekabel, der Transformator und die Wind-Energie-Anlagen dar. Im Rahmen dieses Beispiels werden die Produktion der WEA-Komponenten, ihr Transport, die Montage und die Errichtung der WEA als eine separate Supply Chain angesehen. Da die Fertigung der Gründungskörperelemente, ihre Verbringung auf See sowie die Montage bzw. Verankerung eine eigene Supply Chain darstellt und der Beginn der Montage der WEA erst nach abgeschlossener Installation der Gründungskörper möglich ist, kann die Supply Chain für die Errichtung der WEA ohne weitere Einschränkungen getrennt untersucht werden. Entsprechend wird auch die Fertigung und Installation des Transformators sowie des Seekabels von den folgenden Untersuchungen abgegrenzt.

Die Supply Chain für Offshore-WEA lässt sich nach Alicke als eine physisch effiziente Supply Chain einordnen, bei der die physische Funktion des Produkttransports im Vordergrund steht.[127] Die Erreichung einer hohen Flexibilität auf veränderte Marktnachfragen erscheint bei der festgelegten Anzahl von WEA eines Windparks als vernachlässigbar. Die Supply Chain hat nach Alicke das grundsätzliche Ziel, durch eine

---

125 Vgl. Eckhardt/Kafemann/Lehmann et al. 2002, S. 2.
126 Vgl. Gößwein 2004.
127 Vgl. Alicke 2003, S. 146.

effiziente Gestaltung Produktions-, Transport- und Lagerkosten zu minimieren. Nichtsdestotrotz sollte die Supply Chain auf interne oder externe Störungen wie Produktionsausfälle oder Transportstörungen flexibel reagieren können. Bei der Gestaltung bzw. beim Design der Supply Chain für Offshore-WEA werden die Ziele Projektlaufzeit- und Logistikkostenminimierung verfolgt und als gemeinsame Zielsetzung der beteiligten Partner festgelegt. Diese Anforderungen decken sich mit den Ergebnissen aus Gesprächen mit Vertretern der Offshore-Windenergie-Branche aus den Bereichen Projektplanung und Versicherung, die sich mit den aktuellen Planungen von Offshore-Windparks befassen und die zu ihren verfolgten Zielen bei der Planung, insbesondere hinsichtlich der Logistik, befragt wurden. Neben dem grundsätzlichen Ziel möglichst geringer Anfangsinvestitionen bzw. entstehender Logistikkosten im Rahmen der Errichtung eines Windparks wurde insbesondere hinsichtlich der zu erwartenden hohen Anfangsinvestitionssumme eine möglichst kurze Errichtungszeit als Ziel genannt. Eine schnelle Betriebsfähigkeit des Parks und die damit verbundene Möglichkeit der früheren Stromerzeugung bedeuten einen früheren Rückfluss einer Stromvergütung. Diese Cash Flows machen sich in der Erzielung einer höheren Rendite des Projektes bemerkbar.

Für die Montage der Hauptkomponenten und den Aufbau auf See wird derzeit eine Vielzahl von unterschiedlichen Logistikkonzepten diskutiert.[128] Diese unterscheiden sich im Kern dadurch, bis zu welchem Grad einzelne Komponenten wo vormontiert und anschließend transportiert werden. Die einzelnen Konzepte hängen dabei unmittelbar von den eingesetzten Transportmitteln, ihren Ladekapazitäten sowie Funktionalitäten ab und bestimmen maßgeblich die möglichen Strukturen der Supply Chain Alternativen. Derzeit werden die in Abbildung 3-5 dargestellten Grundkonzepte diskutiert:

Bei **Konzept A** werden die einzelnen Komponenten mit Hilfe von Pontons (oder Seeschiffen) zu der Baustelle auf See verbracht. Dort werden mit Hilfe einer Kran-Hubinsel (Jack-up Plattform) die angelieferten Komponenten zu einer Anlage verbaut. Die Pontons (oder Seeschiffe) können dabei die Baustelle von unterschiedlichen Häfen aus anlaufen.

Bei **Konzept B** nimmt ein Kranschiff, wie z. B. die M/V Sea Power von A2SEA, sämtliche Komponenten (vormontierte Gondel, Turmsegmente und Rotorblätter) einer WEA an Bord und transportiert sie, ohne dass weitere Transportschiffe notwendig sind, zu der Baustelle auf See. Dort wird die Anlage mit Hilfe des Bordkrans auf den Gründungskörper montiert. Aufgrund der hohen Betriebskosten eines solchen Spezialschiffs werden dabei sämtliche Komponenten in einem Basishafen vorgehalten und nicht während eines Rundlaufs bei mehreren Häfen aufgenommen.

Bei **Konzept C** wird die WEA bereits im Basishafen komplett montiert und anschließend mit einem Spezialschiff zur Baustelle transportiert.[129] Dort muss die Anlage le-

---

128 Vgl. Herman 2002, S. 13 ff.

diglich mit dem Fundament verbunden werden. Wie in Konzept A wird nur ein Basis-hafen benötigt.

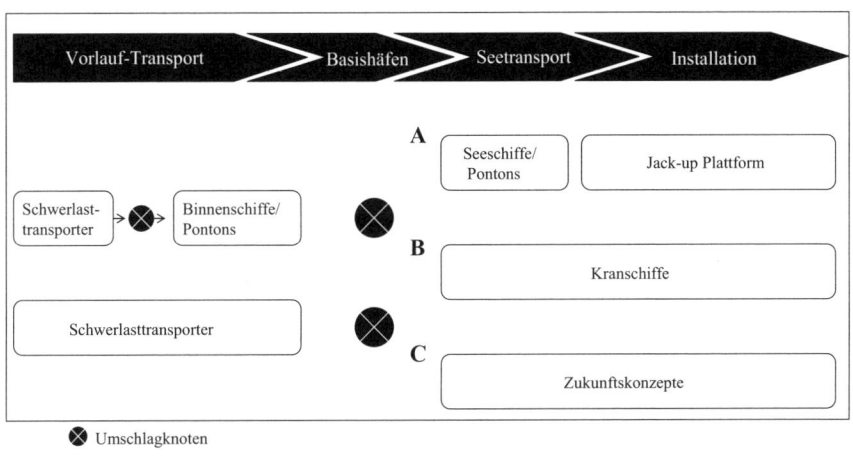

Abbildung 3-5: Logistikkonzepte für Offshore-WEA in Deutschland
(Quelle: in Anlehnung an POWER 2006, S. 44)

Die Struktur der Supply Chain für Offshore-WEA besteht aus den folgenden Trans-portnetzen und Leistungsstellen und den in und zwischen ihnen ablaufenden Prozes-sen:

- Transportnetze: Straße, Binnenwasserstraße, See
- Leistungsstellen: Produzent (Quelle), Montage, Lager, Umschlagplatz, Windpark (Senke).

Szenarien

In den beiden Abbildungen 3-6 und 3-7 werden mögliche Szenarien der Konzepte A und B dargestellt, so wie sie heute realisiert werden könnten[130]. Maßgeblich sind hierbei be-reits bestehende Produktions- und Hafenstandorte, die als Nebenbedingungen in die Planungen einfließen.

---

129 Vgl. hierzu z. B. das Errichtungskonzept "Floapod" der Maierform Maritime Technology GmbH.
130 Vgl. zu der gesamten Untersuchung Gabriel 2007a.

Das **Szenario 1** stellt eine Supply Chain Variante des Konzepts A dar, bei der ein speziell ausgerüstetes Kranschiff sämtliche Komponenten in Bremerhaven von einem Lagerstandort aufnimmt und bei dem Windpark *He dreht* montiert. Zudem wird in Bremerhaven in einem Montagestandort die Gondel aus Gondelgehäuse, Antriebsstrang und Rotorwelle montiert. Die fertigen Gondeln werden innerhalb Bremerhavens mit einem Hafentransporter transportiert. Rotorwelle sowie Antriebsstrang werden jeweils

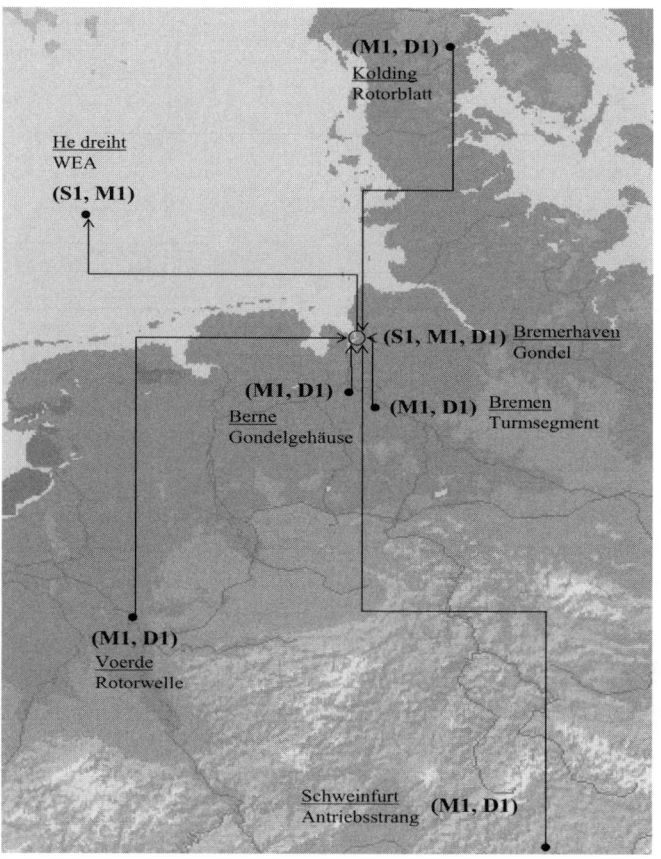

Abbildung 3-6: Darstellung des Untersuchungsszenarios 1 auf SCOR-Basis (S1 – Source Sto- cked Product, M1 – Make-to-Stock, D1 – Deliver Stocked Product) (Quelle: Gab- riel 2007a, S. 149)

in Voerde (Niederrhein) und Schweinfurt, Gondelgehäuse in Berne, Turmsegmente in Bremen und Rotorblätter in Kolding (Dänemark) gefertigt. Die Anlieferung der Antriebsstränge und der Rotorwellen an den Montagestandort in Bremerhaven wird mit LKWs durchgeführt. Der Transport der Gondelgehäuse nach Bremerhaven erfolgt mit einem Binnenponton. Rotorblätter werden mit Schwerlasttransportern und Turmsegmente mit Binnenpontons nach Bremerhaven transportiert.

Der Montage- und der Lagerstandort sind in Bremerhaven in einem Standortnetzwerk (Industriegebiet Luneort) angeordnet, dem eigene Ressourcen zugeordnet sind, die sämtlichen angesiedelten Leistungsstellen in einem Ressourcenpool zur Verfügung stehen und je nach Bedarf von den Leistungsstellen belegt werden. Abbildung 3-6 stellt das Szenario und seine *SCOR* (Supply Chain Operations Reference)-*Prozesse*[131] der zweiten Ebene dar.

Das **Szenario 2** stellt eine Supply Chain Variante des Konzepts B dar, bei der die Hauptkomponenten Gondel, Rotorblatt und Turmsegment jeweils getrennt von den Standorten Emden, Esbjerg (Dänemark) und Bremen per Seeponton zu dem Windpark *He dreiht* transportiert und dort mit Hilfe einer Jack-up-Plattform montiert werden. Die Antriebsstränge sowie die Rotorwellen werden dabei per LKW von Voerde (Niederrhein) bzw. Schweinfurt und die Gondelgehäuse per Binnenschiff von Berne nach Emden transportiert und dort zur fertigen Gondel montiert. Die Rotorblätter werden von Kolding nach Esbjerg mit einem Schwerlasttransporter transportiert. Der Ponton mit den Gondeln verbleibt dabei solange an dem Windpark, bis drei Mal ein Ponton mit Rotorblättern sowie ein Ponton mit Turmsegmenten ihre Komponenten zum Windpark geliefert haben. Das Szenario und seine SCOR-Ebene 2-Prozesse zeigt Abbildung 3-7.

Für die Analyse und Gestaltung der Supply Chains wurde auf das Verfahren der *Simulation* zurückgegriffen. Dies ist zum einen damit zu begründen, dass mit den beiden Szenarien bereits erste (Vor-)Entscheidungen bzgl. der Grobstruktur der Supply Chain Alternativen vorliegen und somit bspw. keine Standortplanungsverfahren angewendet werden müssen. Zum anderen sollen im Rahmen der Simulationsexperimente insbesondere die (Fein-)Gestaltung der Prozesse wie der Transport-, Umschlag- und Montageprozesse vorgenommen und deren potenzielle zeitliche Varianz analysiert werden. Hinzu kommt der hohe Einfluss des Unsicherheitsfaktors Wetter, der eine Untersuchung des Systems aus dynamischer Sicht notwendig macht.

Das Simulationsmodell kann dabei zur Modellierung und Überprüfung der beiden Supply Chain Varianten für die Errichtung von WEA in Offshore-Windparks eingesetzt werden. Die Projektbeteiligten können damit beim Design der Supply Chain, das heißt bei der Planung und Gestaltung ihrer logistischen Netzwerke und ihrer Standortstrukturen bzw. bei der Konfiguration sämtlicher Prozesse innerhalb und zwischen den Leistungsstellen bzw. Standorte, unterstützt werden. Besonderes Augenmerk wurde bei der Modellentwicklung auf die Umschlag-, Produktions- und Montagepro-

---

131 Vgl. Supply Chain Council SCC 2005.

zesse gelegt, die detailliert über Teilprozesse mit ihrem Zeit- und Ressourcenbedarf (Inputfaktoren) beschrieben werden können.

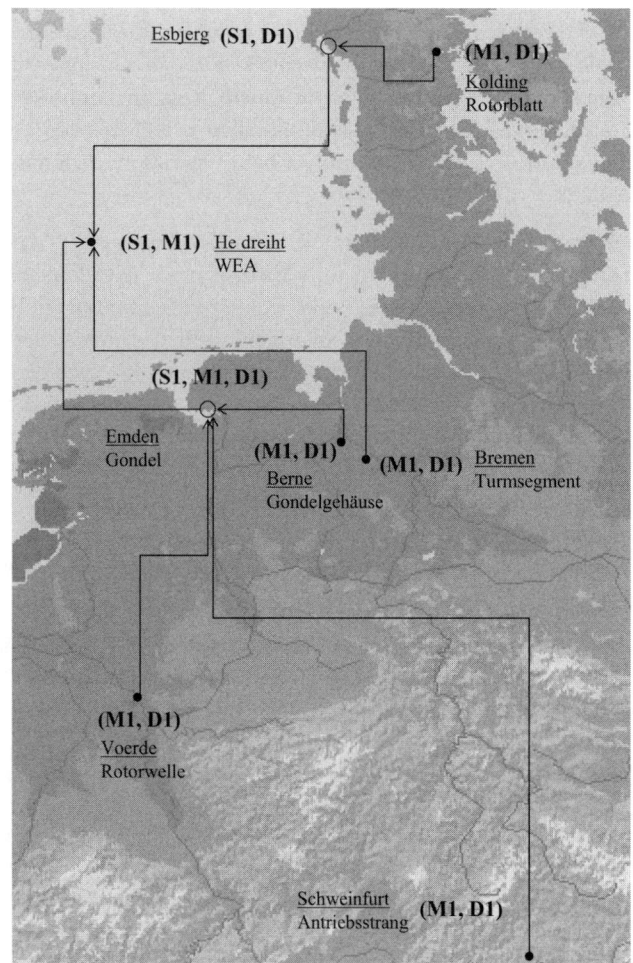

Abbildung 3-7: Darstellung des Untersuchungsszenarios 2 auf SCOR-Basis (S1 – Source Sto-cked Product, M1 – Make-to-Stock, D1 – Deliver Stocked Product) (Quelle: Gab-riel 2007a, S. 150)

Modellparameter

Das Simulationsmodell ermöglicht dem Benutzer auch die Modellierung unterschiedlich konfigurierter Supply Chains bzgl. der

- Definition und Parametrisierung der WEA-Komponenten und Zulieferteile,

- Standortwahl und -parametrisierung,

- Definition und Parametrisierung der Ressourcen,

- Definition der logistik- und fertigungsbezogenen Prozesse,

- Auftragsvergabe.

Je nach den zu untersuchenden WEA-Typen und der zu modellierenden Fertigungstiefe können (als die in dem Simulationsmodell fließenden Logistikobjekte) WEA-Komponenten und Zulieferteile definiert und über ihren Wert parametrisiert werden.

Bei der Erstellung einer Supply Chain müssen den Supply Chain Leistungsstellen (im Weiteren Bausteine genannt) Zulieferer, Hersteller, Umschlagplatz, Lager, Offshore-Basishafen sowie Windpark entsprechende Standorte in dem in der Simulation hinterlegten Wege- bzw. Standortnetzwerk zugeordnet werden. Zudem muss jeder neu eingerichtete Baustein parametrisiert werden. Je nach Baustein sind u.a. die Kapazitäten und Kosten des Eingangs- und des Ausgangslagers sowie die Ressourcenausstattung zu bestimmen. Abhängig von der Funktion des Bausteins können zuvor baustein- und komponentenspezifische Prozesse angewählt werden, die in dem Baustein ausgeführt werden.

Die Ressourcen bzw. Potenzialfaktoren teilen sich in die Gruppen Personal und Arbeitsmittel auf. Ihnen können Schichtpläne sowie fixe und variable Kosten zugeordnet werden. Falls eine Ressource der Gruppe Arbeitsmittel im Bedarfsfall angemietet werden soll, müssen fixe und variable Leihkosten festgelegt werden.

Bei den Transportmitteln, die für den Logistikprozess Transport eingesetzt werden und somit nicht einem Baustein zugeordnet sind, sind die durchschnittliche Geschwindigkeit, die Verteilungsparameter der zeitlichen Verspätung ihrer Bereitstellung und gegebenenfalls die maximal zulässige Windstärke und Wellenhöhe zu bestimmen, bei denen sie eingesetzt werden können.

Die logistik- und fertigungsbezogenen Prozesse, die in den Bausteinen ausgeführt werden, werden über ihre Teilprozesse und deren jeweiligen Ressourcen- und Zeitbedarf definiert. Der jeweilige Zeitbedarf eines Teilprozesses kann durch eine stochastische Verteilung und deren Parameter beschrieben werden. Zu den bausteinbezogenen Prozessen gehören die Umschlagprozesse sowie die Produktions- bzw. Montageprozesse. Die Montage- und Umschlagprozesse im Windpark können wie die Verkehrsmittel Wellenhöhen- und Windstärkenrestriktionen unterworfen werden.

Die Auftragsvergabe erfolgt über einen zentralen Auftragsmanager, in dem sämtliche Produktions- bzw. Montageaufträge sowie Transportaufträge terminiert und von dort ausgelöst werden.

Der Einfluss des Wetters wird durch ein separates Wettermodul determiniert. Auf Grundlage von über einen Zeitraum von einem Jahr von der Forschungsstation Fino I aufgezeichneten Wetterdaten bzw. der Wellenhöhe (Seegang) und der Windstärke erzeugt das Wettermodul in halbstündigen Abständen zufällig generierte Ausprägungen der aktuellen Wellenhöhe und der Windstärke, die gegebenenfalls die Ausführung von Transport- und Montageprozessen beeinflussen.

Die Simulationszeit kann dabei in beliebige Zeitintervalle aufgeteilt werden, in denen die jeweils verwendeten Parameter im Wettermodul angepasst werden. Die Parameter beinhalten die durchschnittliche Wellenhöhe und Windstärke, die Varianz der Wellenhöhen- und der Windstärkedifferenz zwischen zwei aufeinander folgenden Werten sowie die jeweils maximale und minimale Wellenhöhe bzw. Windstärke. Die jeweilige Wetteränderung ist dabei eine gemäß den Parametern normalverteilte Zufallsvariable, um die die vorherige Wetterausprägung unter bestimmten Nebenbedingungen erhöht bzw. erniedrigt wird. Hierbei wird gewährleistet, dass die Differenz zwischen zwei aufeinander folgenden Ausprägungen der Wellenhöhe und der Windstärke eine bestimmte Toleranzbreite nicht überschreitet und somit unrealistisch hohe kurzfristige Schwankungen vermieden werden.

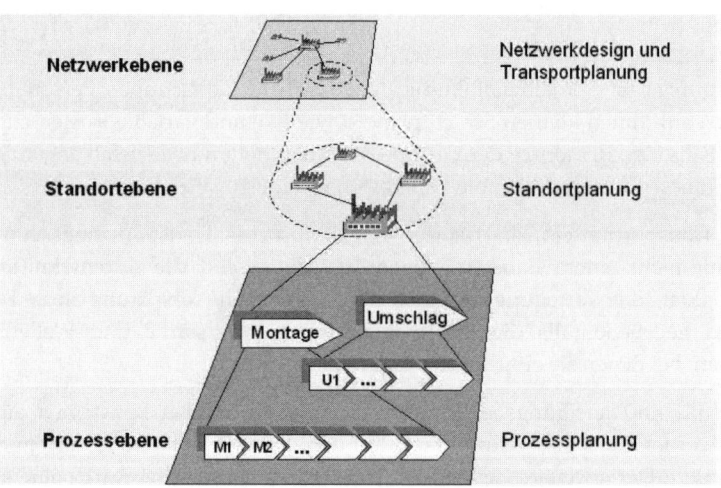

Abbildung 3-8: Ebenen des Simulationsmodells (Quelle: Gabriel/Boll 2006, S. 114)

Aufbau der Simulation

Das *Supply Chain Modell* teilt sich in drei Ebenen auf (vgl. Abbildung 3-8). Die Netzwerkebene beschreibt die räumliche Zuordnung der Bausteine bzw. ihre Position innerhalb des hinterlegten Wegenetzwerkes und damit die Struktur des zu modellierenden Systems Supply Chain. Dementsprechend findet in dieser Ebene das räumliche Netzwerkdesign bzw. die Transportplanung statt. Dies schließt die Gestaltung der Transportprozesse (also die Wahl der Transportwege, Transportmittel usw.) ein. Durch die Unterebene Standortebene besteht die Möglichkeit, innerhalb eines Offshore-Basishafens ein eigenes Unternetzwerk aus Bausteinen zu erstellen. Analog zu der (Haupt-)Netzwerkebene können auch hier Bausteine innerhalb eines Wegenetzwerkes räumlich angeordnet werden. Die Prozessebene beschreibt die Planung der bausteinspezifischen Prozesse.

Auswertung der Simulation

Zur Bewertung eines Simulationslaufs einer Supply Chain können die entstandenen Logistikkosten (Transport-, Umschlag- und Lagerkosten), die Wartezeiten der Produktions-, Montage- und Transportaufträge sowie die Auslastung der Ressourcen berechnet werden. Entsprechend können unterschiedliche Supply Chain Konfigurationen verglichen und Engpässe u.a. bzgl. der Lagerkapazitäten sowie der Ressourcenausstattung identifiziert werden. Des Weiteren können unterschiedliche Wetterszenarien getestet und ihre Auswirkungen auf die Performance der Supply Chain bewertet werden. Damit bietet sich das Modell insbesondere auch für die simulative *Risikoanalyse* möglicher Supply Chains[132] an.

Bei den beiden konkreten Szenarien ergab sich bspw. für den Aufbau von 84 WEA durch die Simulationsexperimente, dass sich ohne den Einfluss von stochastischen Einflüssen Szenario 2 bzgl. der Gesamterrichtungszeit bei in direktem Vergleich unerheblich höheren Logistikkosten geringfügig günstiger verhält. Unter dem Einfluss von Unsicherheiten wie insbesondere dem Wetter zeigte es sich jedoch, dass sich unter den getroffenen Annahmen Szenario 1 sowohl bzgl. der Gesamterrichtungszeit als auch bzgl. der Logistikkosten insgesamt günstiger verhält und somit insgesamt zu bevorzugen ist.

Die große Modellierungsmächtigkeit und die damit einhergehende Flexibilität der Methode Simulation ermöglicht vor dem Hintergrund der Problemstellung der optimalen Gestaltung der Supply Chain für Offshore-WEA mit der Zielsetzung einer möglichst geringen Gesamterrichtungszeit und möglichst niedrigen Logistikkosten einen – lediglich durch den Aufwand für die Daten- und Modellgenerierung sowie die Auswertung beschränkten – beliebigen Detaillierungsgrad der Untersuchungen und Gestaltung. Je nach gewünschtem bzw. notwendigem Detaillierungsgrad der Prozesse und Struktu-

---

[132] Vgl. Gabriel 2007a.

ren konnte in dem Praxisbeispiel der jeweils adäquate Abstraktionsgrad für die Darstellung in dem Simulationsmodell gewählt werden. So wurden z. B. die Prozesse, die innerhalb der Leistungsstellen ablaufen, in einem hohen Detaillierungsgrad über ihre Teilprozesse und ihren Zeit- und Ressourcenbedarf abgebildet, während hingegen die Transportprozesse relativ einfach ohne weitere Aufteilung in Teilschritte lediglich über ihren Gesamtzeitverbrauch abgebildet wurden.

Mit dem Verfahren der Simulation konnten so im Rahmen dieses Praxisbeispiels unterschiedliche Gestaltungsvarianten des Systems Supply Chain auf Basis einer systemtheoretischen Betrachtungsweise untersucht und analysiert werden.

3.6 Übungsaufgaben

1. Worauf ist bei der Planung überbetrieblicher Wertschöpfungsprozesse zu achten?

2. Beschreiben Sie die Supply Chain aus Sicht der Systemtheorie. Bei welchen Fragestellungen bietet sich diese Sichtweise an? Welche anderen Betrachtungsweisen gibt es?

3. Wie charakterisieren sich die unterschiedlichen Planungsphilosophien? Welche Vor- und Nachteile weisen diese auf?

4. Was unterscheidet die genannten unterstützenden Planungsverfahren voneinander, und wie lassen sie sich den Planungsphilosophien zuordnen?

5. Beschreiben Sie das Verfahren der Simulation! Wann sollte das Verfahren angewendet werden? Wo liegen seine Grenzen?

3.7 Weiterführende Literatur

Alicke, K. (2003): Planung und Betrieb von Logistiknetzwerken, Berlin u.a.

ASIM (1997): Leitfaden für Simulationsbenutzer in der Produktion und Logistik, A-SIM-Mitteilungen aus den Arbeitskreisen, Heft Nr. 58.

Bechtel, C./Jayaram, J. (1997): Supply Chain Management: A Strategic Perspective, in: The International Journal of Logistics Management, Vol. 8, No. 1, S. 15-34.

Behrendt, W. (1977): Die Logistik der multinationalen Unternehmung: eine systemorientierte und verhaltenswissenschaftliche Analyse, Diss. Techn. Univ. Berlin.

Bertalanffy, L. v. (1949): Zu einer allgemeinen Systemlehre, in: Biologia Generalis, Bd. 19, Heft 1, S. 114-129.

Bruns, A. (2003): Übung zu Grundzüge der Wirtschaftsinformatik I, im Internet unter: http://www.wim.uni-koeln.de/fileadmin/alt/lehre/ws2003/Grundzuege_WI_1_Ueb/Uebung_GzWI-5.Sitzung-ab2_4FpS.pdf

Cooper, M. C./Lambert, D. M./Pagh, J. D. (1997): Supply Chain Management: More Than a New Name for Logistics, in: The International Journal of Logistics Management, Vol. 8, No. 1, S. 1-14.

Domschke, W./Drexl, A. (1996): Logistik: Standorte, 4. überarb. und erw. Aufl., München u.a.

Eckhardt, V./Kafemann, R./Lehmann, K.-P. u.a. (2002): Offshore Windenergie – Chancen und Herausforderungen im Überblick –, unter http://lag.lineas.de/www/pics/presse_fpresse/2002_05_offshore_artikel. pdf, Zugriff am 23.10.2006.

Gabriel, S. (2007a): Prozessorientiertes Supply Chain Risikomanagement, Frankfurt am Main.

Gabriel, S. (2007b): Supply Chain Simulation, in: Haasis, H.-D. (Hrsg.): Nachhaltige Innovation in Produktion und Logistik, Frankfurt am Main, S. 99-106.

Gabriel, S./Boll, C. (2006): Simulation der Supply Chain für Offshore-Windenergie-Anlagen, in: Haasis, H.-D./Kopfer, H./Schönberger, J. (Hrsg.): Operations Research Proceedings 2005, Berlin u.a., S. 111-116.

Gößwein, J. (2004): Konzepte für Transport und Montage hinsichtlich Wirtschaftlichkeit und Verfügbarkeit. Offshore Windenergie, 3. Tagung, 10. Mai 2004, Hamburg.

Gudehus, T. (2004): Logistik, Berlin u.a.

Herman, S. A. (2002): Offshore Wind Farms - Analysis of Transport and Installation Costs, unter http://www.ecn.nl/library/reports/2002e/i02002.html, Zugriff am 01.02.2005.

Holzkämper, C. (2006): Gestaltung kundenindividueller Supply Chains, Diss. Univ. Bremen, Frankfurt am Main.

Holzkämper, C. (2007): Effizienzorientierte Planung und Steuerung von Supply Chains, in: Haasis, H.-D. (Hrsg.): Nachhaltige Innovation in Produktion und Logistik, Frankfurt am Main, S. 33-42.

Inderfurth, K. (2002): Risikomanagement in der Supply Chain. Wissenschaftssymposium Logistik der BVL 2002, Magdeburg.

Isermann, H. (1998): Grundlagen eines systemorientierten Logistikmanagements, in: Isermann, H. (Hrsg.): Logistik: Gestaltung von Logistiksystemen, Landsberg/Lech, S. 21-60.

Jirik, C. T. (1999): Supply Chain Management: Gestaltung und Koordination der Lieferkette, in: WiSt, Bd. 28, Heft 10, S. 547-550.

Kajüter, P. (2003): Instrumente zum Risikomanagement in der Supply Chain, in: Stölzle, W./Otto, A. (Hrsg.): Supply Chain Controlling in Theorie und Praxis, Wiesbaden, S. 108-135.

Klaus, P. (1998): Jenseits einer Funktionenlogistik: Der Prozessansatz, in: Isermann, H. (Hrsg.): Logistik, Landsberg/Lech, S. 61-78.

Klein, R./Scholl, A. (2004): Planung und Entscheidung, München.

Kuhn, A./Wenzel, S. (2004): Simulation logistischer Systeme, in: Arnold, D./Isermann, H./Kuhn, A. u.a. (Hrsg.): Handbuch Logistik, Berlin u.a., S. A2-41 - A2-61.

Lemm, R./Riechsteiner, D./Ulrich, H. (2007): Supply Chain Management für eine wettbewerbsfähige Produktionskette Rohholz, in: Blickpunkt KMU 2/2007, S. 57-64.

Liebetruth, T. (2005): Die Informationsbasis des Supply-Chain-Controllings, Köln.

Liu, Y./Deng, A./Haasis, H.-D. (2004): The Enlighten from the Advanced Style and Method of the Supply Chain in Germany, in: Sun, L./Notteboom, T. (eds.): Proceedings of the First International Conference on Logistics Strategy for Ports, Dalian, S. 344-348.

Müller, M. (2005): Informationstransfer im Supply Chain Management, Wiesbaden.

Neumann, K./Morlock, M. (2002): Operations Research, München u.a.

Norrman, A./Lindroth, R. (2004): Categorization of Supply Chain Risk and Risk Management, in: Brindley, C. (Hrsg.): Supply Chain Risk, Aldershot u.a., S. 14-27.

Pfohl, H.-C. (2004a): Logistikmanagement, Berlin u.a..

Pfohl, H.-C. (2004b): Logistiksysteme: betriebswirtschaftliche Grundlagen, Berlin u.a.

Scholz-Reiter, B./Münster, C./Jakobza, J. (2000): Supply Chain Simulation für kleine und mittlere Unternehmen, in: Lawrenz, O./Hildebrand, K./Nenninger, M. (Hrsg.): Supply Chain Management: Strategie, Konzepte und Erfahrungen auf dem Weg zu E-Business Networks, Wiesbaden, S. 133-143.

Seuring, S.A. (2001): Supply Chain Costing, München.

Siestrup, G./Batowiak, J./Haasis, H.-D. (2007): Simulation-based Design of Sequencing Processes in Automotive Supply Chains, in: Pawar, K. S.; Lalwani, C. S.; Muffato, M. (eds.): Developing Sustainable Collaborative Supply Chains, Nottingham, S. 120-125.

Siestrup, G./Tuma, A./Haasis, H.-D. (1996): Stoffstrombilanzierung und -management durch Anwendung der Fuzzy-Petri-Netz-Simulation, in: Scheer, A.-W. u.a. (Hrsg.): Computergestützte Stoffstrommanagement-Systeme, Marburg: Metropolis, S. 39-48.

Stewens, M. (2005): Gestaltung und Steuerung von Supply Chains, Diss., Techn. Univ. Chemnitz, Köln.

Stölzle, W. (2002): Supply Chain Controlling und Performance Management - Konzeptionelle Herausforderungen für das Supply Chain Management, in: Logistik Management, Heft 3, S. 10-21.

Stölzle, W./Otto, A. (2003): Supply Chain Controlling in Theorie und Praxis, Wiesbaden.

Supply Chain Council SCC (2005): Supply Chain Operations Reference Model - Version 7.0 - March 2005, Pittsburgh.

Ulrich, H. (1970): Die Unternehmung als produktives soziales System: Grundlagen der allgemeinen Unternehmungslehre, Bern.

Ulrich, H./Probst, G. J. B. (1988): Anleitung zum ganzheitlichen Denken und Handeln: ein Brevier für Führungskräfte, Bern u.a.

Vastag, A. (1998): Konzeption und Einsatz eines Verfahrens zur Distributionsstrukturplanung bei intermodalen Transporten, Dortmund.

Westhaus, M. (2007): Supply Chain Controlling, Wiesbaden.

Winkler, H. (1977): Warenverteilungsplanung, Wiesbaden.

4 Produktpolitik: Mass Customization und Design for Assembly

4.1 Motivation und Lernziele

Lernziele

Am Ende dieses Kapitels sollten Sie in der Lage sein:

- die Produktpolitik als Gegenstand der strategischen Planung zu erläutern,
- einzelne Phasen des Produktlebenszyklus als Anlass für betriebliche Entscheidungen zu beschreiben,
- die Bedeutung des Produktportfolios für die Unternehmensstrategie zu verstehen,
- "Economies of scope" und "Economies of scale" zu erläutern,
- Ansätze der operativen Produktpolitik gegeneinander abzugrenzen,
- Auswirkungen der technologischen Entwicklung auf die Produktpolitik zu beschreiben.

Motivation

Die Produktpolitik befasst sich mit dem Angebotsprogramm der Unternehmung. Hierbei steht die betriebliche Wertschöpfung im Mittelpunkt. Dabei kann es sich sowohl um physische Güter als auch um immaterielle Güter, vor allem Dienstleistungen, handeln. Angebotene Güter werden auch als Produkte bezeichnet. Das Angebotsprogramm ist im weitesten Sinne als das gesamte Spektrum nutzenstiftender Wertschöpfung einer Unternehmung zu verstehen. Dies steht nicht im Widerspruch zur Tatsache, dass einige Unternehmen ausschließlich Vor- und Zwischenprodukte (z.B. in Form von zu bearbeitenden Halbzeugen oder Teilkomponenten sowie Rohstoffen bei der Urproduktion) erstellen: Diese Wertschöpfung ist von der Erstellung von Gütern für den Endkunden abgeleitet. Der Begriff der Güter ist in Abbildung 4-1 genauer systematisiert.

Die Bewertung einer Gütererstellung in einem marktwirtschaftlichen Wirtschaftsgefüge findet durch die (in Form der Marktnachfrage aggregierten) Kundenwünsche statt, so dass die Orientierung an den Kundenwünschen maßgeblich für die Ausrichtung der Wertschöpfung eines Unternehmens ist. Daher bildet die marktorientierte Gestaltung und Ausrichtung der Produktpolitik – als Kernprozess der unternehmerischen Tätigkeit – den Schwerpunkt dieses Kapitels.

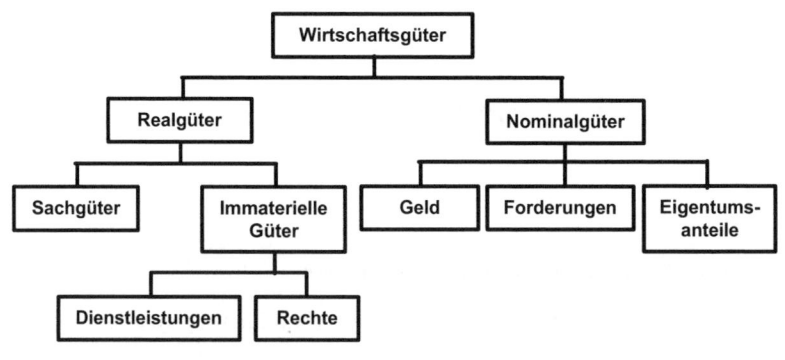

Abbildung 4-1: Systematik der Güter (Quelle: Nieschlag/Dichtl/Hörschgen 2002, S. 579)

Für die Gestaltung einer industriellen Produktpolitik sind besonders die Realgüter in Form von Sachgütern von Interesse. Damit verbunden sind aber vielfältige Dienstleistungen (beispielsweise Wartungsarbeiten für Kunden) und Rechtsaspekte. So ist die Frage, ob man über Patente als Alleinanbieter neu entwickelter Produkte am Markt auftreten kann oder ob beispielsweise durch Ablauf eines Patentschutzes Wettbewerber in den Markt eintreten, wesentlich für die Gestaltung von Produktionskonzepten.

4.2   Einordnung in die Betriebswirtschaftslehre

Die Auswahl von Produkten und die Festlegung ihrer Eigenschaften ist gleichbedeutend mit der Gestaltung des Angebotsspektrums von Unternehmen am Markt. Darüber hinaus hat die Auslegung von *Produkteigenschaften* Rückwirkungen auf technische Anforderungen des Produktionssystems und damit auf die *Technologiewahl* sowie auf den Ablauf von Prozessen in Produktion und Logistik, wodurch sie im erheblichen Maße die Wertschöpfung eines Unternehmens beeinflusst.

Dieses zeigt sich deutlich bei der Realisierung einer *kundenindividuellen Massenfertigung*, also einem sogenannten Mass Customization. *Mass Customization* ist eine Produktpolitik und eine technisch-organisatorische Produktionsform, in welcher einerseits die Vorzüge der Massenproduktion durch Modulbildung genutzt werden, andererseits dem wachsenden Wunsch des Kunden nach Individualisierung seines Produktes Rechnung getragen wird.

Nachhaltiges Wirtschaften am Standort Deutschland hängt wesentlich von Technologien ab, die eine effiziente und nachhaltige Fertigung kundenindividueller Produkte ermöglichen – auch bei hoher Produktdiversifikation und kurzen Produktlebenszyklen. Hierzu werden unter anderem, insbesondere für die Mehrzahl der kleineren und mittleren Betriebe, flexible ressourceneffiziente Produktions- und Logistikeinrichtungen benötigt, wie zum Beispiel auch im Zusammenhang mit einer Low-Cost-Automatisierung und der Realisierung von Produktdienstleistungsstrategien. Diese flexiblen Einrichtungen sind in kooperative Systeme entlang der Wertschöpfungskette einzubinden. Die entsprechende wissensorientierte Systemintegration von Technologie, Organisation und Mensch hat Anforderungen hinsichtlich mehrerer Kriterien an Produktion und Logistik zu berücksichtigen:

- Mass Customization ist verbunden mit kleineren Produktions- und Liefermengen, erhöhten Lieferfrequenzen, kürzeren Zeitfenstern;

- Globalisierung der Märkte bedeutet weitere Transportentfernungen, steigender Pufferbedarf, wachsende Logistikkosten, steigende Kundenanforderungen;

- zunehmende Systemlieferungen erfordern größere Transportvolumina, höhere Transportgutwerte, weniger Zulieferer.

Produkte und technisch-organisatorische Produktionsformen sind durch technischen Fortschritt Veränderungen unterworfen und beeinflussen durch einen Angebots- und Prozesswandel die Unternehmensentwicklung. Daher hat die betriebliche Produktpolitik – aus Perspektive der entscheidungsorientierten Betriebswirtschaftslehre[133] – zwei Aufgaben:

1. Im Rahmen von Entscheidungskalkülen sind Bewertungsgrundsätze zur Wahl und zur Gestaltung von Produkten zu formulieren sowie

2. dezentrale und einer Wechselwirkung unterliegende Entscheidungen sind im Rahmen der Produktpolitik mit der Technologiepolitik und den Oberzielen des Unternehmens abzustimmen.[134]

In der traditionellen Betriebswirtschaftslehre ist das Produkt häufig Ausgangspunkt strategischer Überlegungen. Die darauf abgestimmte Technologiewahl wird eher als derivatives Entscheidungsfeld angesehen. In der neueren Betriebswirtschaftslehre

---

[133] Vgl. Heinen 1971.
[134] Vgl. Corsten 2007, S. 44.

richtet sich das Interesse jedoch stärker auf die relativen Kernkompetenzen als Ausgangspunkt der Strategieformulierung. Diese können nun beispielsweise im Produktbereich, im technologischen Bereich oder im Servicebereich liegen. Hieraus ergeben sich gleichermaßen Rückschlüsse auf Produkt- und Technologiepolitik. In diesem Kapitel werden strategische Entscheidungszusammenhänge und operative Gestaltungsmöglichkeiten der Produktpolitik jeweils aus produktionswirtschaftlicher Sicht vorgestellt.

4.3   Strategische Produktpolitik

Wettbewerbsstrategien

Produktpolitische Entscheidungen fallen nicht nur bei der Gründung eines Unternehmens an. Vielmehr besteht ein fortlaufender Anpassungsbedarf bei der Gestaltung von Produkten, denn Kundenwünsche und damit Sachgüter und Dienstleistungen unterliegen einem ständigen Wandel. Im Gegensatz beispielsweise zu Grundstücken, die über Jahrzehnte gestalt- und wertstabil bleiben können. Ursachen für den Wandel können unterschiedlicher Art sein:

- Diffusion von Innovationen (technische Neuerungen),

- Veränderungen des Zeitgeistes (Moden und Weltanschauungen) oder

- Eintritt von Wettbewerbern (mit neuen oder besseren Produktideen).

Abbildung 4-2 zeigt mögliche *Wettbewerbsstrategien* eines Unternehmen sowohl für die Erstentscheidung als auch für die Neuausrichtung bei der Festlegung des Angebotsprogramms:

- Kostenführerschaft

- Differenzierung

- Fokussierung.

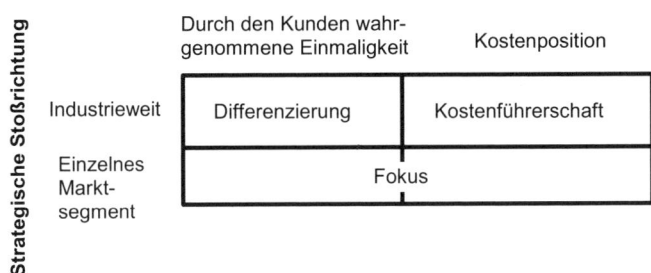

Abbildung 4-2: Drei generische Wettbewerbsstrategien (Quelle: Porter 1980, S. 39)

Kostenführerschaft impliziert eine auf große Stückzahlen ausgerichtete Herstellung standardisierter Güter für einen Massenmarkt. Dagegen bezieht sich die *Differenzierung* auf die Erstellung von Produkten in geringer Stückzahl, deren Produktion teurer als die Massenproduktion ist, aber aus Kundensicht ein Alleinstellungsmerkmal bietet (einen Zusatznutzen wie z.B. eine höhere Qualität oder zusätzliche Serviceleistungen). Dadurch wird ein höherer Verkaufspreis gerechtfertigt, und die Erstellung trotz höherer Selbstkosten wird ebenfalls wirtschaftlich.

Diese genannten Strategien sind zunächst auf den Markt als Ganzes ausgerichtet – und somit auf einen hohen Marktanteil. Allerdings ist es ebenfalls möglich, gezielt nur ein Teilsegment des Marktes zu bearbeiten und durch speziell auf dieses Marktsegment zugeschnittene Produkte eine hohe Gewinnmarge zu erzielen (*Fokussierung*). Denkbar ist, dass ein abgegrenzter Teil der Kunden ein spezielles Produkt nachfragt, für das der Anbieter einen besonderen Differenzierungsvorteil oder eine relative Kostenführerschaft aufbaut. So könnte sich im Markt für Diabetiker-Nahrungsmittel ein Anbieter auf Lebensmittel für Allergiker spezialisieren und hierfür einen Preisaufschlag bei den Kunden erzielen. Oder er könnte im Diabetiker-Segment eine (wenn auch nicht auf alle Nahrungsmittel bezogene, so dann doch für das Marktsegment geltende) Kostenführerschaft übernehmen. In einer solch skizzierten Marktkonstellation würden (z.B. aufgrund spezifischer Herstellungsverfahren) erhebliche Hürden für den Eintritt von konventionellen Nahrungsmittelerzeugern in den Markt für Diabetiker-Lebensmittel bestehen, so dass sich Nischenanbieter von einem intensiven Verdrängungswettbewerb abschirmen können.

Dass eine Nischenproduktion mitunter aus wirtschaftlicher Sicht lukrativere Gewinnchancen bieten kann als eine Präsenz auf dem Massenmarkt, lässt sich beispielsweise anhand des Marktes für Milchprodukte in Deutschland zeigen. Es ist noch nicht allzu lange her, dass die Marktpreise für Milch aufgrund eines Angebotsüberhangs auf der einen Seite und einem intensiven Wettbewerb im Lebensmitteleinzelhandel andererseits dauerhaft auf das Niveau der Herstellungskosten (bzw. auch darunter) gefallen sind.[135]

Porter weist darauf hin, dass für den Erfolg eines Unternehmens eine klare Ausrichtung auf eine der in Abbildung 4-2 aufgezeigten Strategien nötig ist. Da das Unternehmen bei einer gemischten Strategie weder überdurchschnittliche Gewinne durch niedrige Kosten, noch ein Preispremium durch hohe Differenzierung realisieren kann, wird es dann im Wettbewerb von kostengünstigeren Unternehmen bzw. von Unternehmen mit klarer Kundennutzenorientierung verdrängt. Eine solche Konstellation kennzeichnet Porter als strategische Falle des "stuck in the middle".[136]

Der Beitrag von Porters Ansatz liegt darin, dass er auf die Notwendigkeit der klaren Ausrichtung hinweist, um nicht ein Produkt zu erstellen, das allen Anforderungen genügt, aber keine voll erfüllt. Ebenso postuliert der Ansatz implizit, dass ein Unternehmen mit seiner Strategiewahl keine Produktionsstrukturen annimmt (Ausrichtung auf Differenzierung oder niedrige Produktionskosten bzw. Massenmarkt oder Marktsegmente), welche miteinander unvereinbar sind. In letzterer These spiegeln sich allerdings die technischen Produktionsverhältnisse der Industrialisierung wider, die bis in die achtziger Jahre des zwanzigsten Jahrhunderts vorherrschend waren. Porters Thesen sind damit nicht mehr eins zu eins auf die heutige Zeit übertragbar. Durch eine seither aufgrund des technischen Fortschritts mögliche stärker flexibilisierte Produktions- und Fertigungstechnologie können immer mehr Produkte kundenindividuell mit den Kostenstrukturen eines Massenproduktes erstellt werden, ohne dass ein "stuck in the middle" vorliegt.

Produktlebenszyklus

Die richtige Wahl der aufgezeigten Wettbewerbsstrategien ist nicht statisch, sondern variiert mit dem Wandel des Wettbewerbumfeldes und dem Reifegrad der erstellten Produkte. Im Zeitablauf wandelt sich die Absatzstruktur eines Produktes. Abbildung 4-3 stellt einen idealtypischen Umsatz- und Gewinnverlauf dar.

Der Lebenszyklus des Produktes lässt sich dabei wie folgt charakterisieren: Während der *Einführungsphase* eines Produktes sind die Absatzzahlen noch gering und das Produkt wird nur durch eine kleine Menge von Pionieren gekauft ("early adopters"). Die allerdings sind bereit, einen vergleichsweise hohen Preis für das Produkt zu zahlen.[137]

---

[135] Die Entwicklungen auf dem Markt gingen soweit, dass der Gesetzgeber in Deutschland den Verkauf von Lebensmitteln unter Einstandspreis verboten hat, um einen – aus Sicht des Gesundheits- und Verbraucherschutzes – unerwünschten negativen Qualitätswettbewerb zu unterbinden; vgl. dazu das bundesdeutsche Gesetz zur Bekämpfung von Preismissbrauch im Bereich der Energieversorgung und des Lebensmittelhandels.

[136] Vgl. Porter 1980, S. 41 ff.

[137] So wurden die ersten tragbaren Mobiltelefone in Deutschland (C-Netz) 1988 zu einem Stückpreis von umgerechnet rund 5.000 € verkauft.

Durch seinen Auftritt als Alleinanbieter kann das Unternehmen hier noch eine Quasi-Monopolrente erzielen, mit der die Aufwendungen für die Produktentwicklung (zumindest zum Teil) kompensiert werden.

Sofern sich das Produkt durchsetzt, steigt in der *Wachstumsphase* die Marktdurchdringung weiter an und die Käuferzahl erfährt ein beschleunigtes Wachstum. In dieser Phase wächst der Umsatz des Unternehmens an und durch eine erhöhte Ausbringungsmenge können Stückkostenreduzierungen durch Skaleneffekte erzielt werden. Allerdings werden auch zunehmend Konkurrenten auf die Innovation aufmerksam, die nun ähnliche Leistungen anbieten, um am wachsenden Markt teilzuhaben, was wiederum den Käuferzuwachs für das Unternehmen langsam abschwächt.

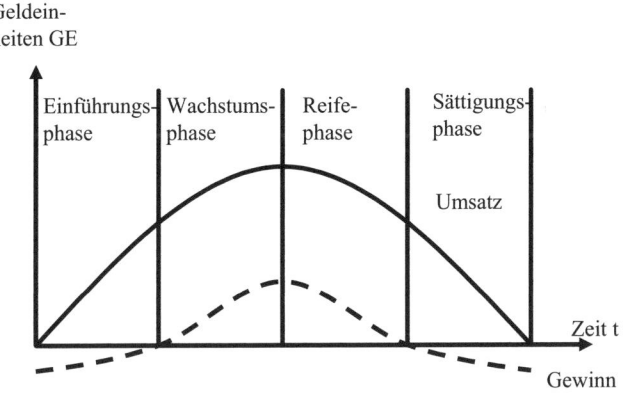

Abbildung 4-3: Das Produktlebenszyklusmodell nach Levitt (1965, S. 81)

In der anschließenden *Reifephase* schwächt sich das Umsatzwachstum ab und aufgrund des Markteintritts einer Vielzahl von Wettbewerbern kann es zunehmend zu Marktanteilseinbußen kommen. Diese Phase mündet dann schließlich in die *Sättigungsphase*, in der es zu einem intensiven Wettbewerb kommt. Marktanteile können dann hauptsächlich nur noch durch Abwerben von Kunden der Konkurrenz gewonnen werden. Charakteristisch für diese Phase sind Preissenkungen mit dem Ziel, die Kaufbereitschaft von preissensitiven Käufersegmenten zu aktivieren und durch einen Verdrängungswettbewerb Konkurrenten mit höheren Stückkosten zum Marktaustritt zu bewegen. Ebenso können die verschiedenen Anbieter versuchen, sich durch Differenzierung ein Alleinstellungsmerkmal zu erarbeiten, um sich gegenüber dem Kunden von der Konkurrenz abzuheben. Als Ausprägung der Fokusstrategie, kann ein Anbieter als Reaktion auf einen scharfen Verdrängungswettbewerb in eine Marktnische abweichen, sofern er sein Produkt so weiter entwickeln kann, dass es sich aus Kundenperspektive von den Produkten des Massenmarktes abhebt.

Ursache für ein Abebben der Nachfrage können auch im Wandel von Werten und des Zeitgeistes (Moden, Geschmäcker etc.) liegen. Wichtiger noch ist der technische Fortschritt, wodurch ein Produkt von einer neuen Erfindung verdrängt wird. Ein auf Schumpeter zurückgehendes verwandtes Innovationskonzept charakterisiert den Produktlebenszyklus mit drei technischen Entwicklungsphasen:[138] Einem Produktlebenszyklus voran geht eine *Invention* (grundlegende Erfindung, wie bei der Erstellung eines Patents), die schrittweise zur Marktreife entwickelt wird (*Innovation* im engeren Sinne) und über den Produktlebenszyklus eine zunehmende *Imitation* durch Wettbewerber erfährt. Dies setzt sich fort, bis es zu einer neuen technischen Entwicklung kommt, die das ursprüngliche Produkt ablöst und somit einen neuen Produktlebenszyklus begründet. Dieses Ereignis bezeichnet Schumpeter als schöpferische Zerstörung oder disruptive Innovation. Somit steht ein Produktlebenszyklus nicht nur für sich allein, sondern ist eingereiht in eine Folge von Produktlebenszyklen, die aufeinander aufbauen oder aber auch nur eine geringe Gemeinsamkeit aufzeigen können (beispielsweise die Entwicklung der Fortbewegungsmittel Sänfte – Kutsche – Automobil).

Bei dem Produktlebenszyklusmodell handelt es sich um ein idealisierendes Modell, dessen Vorzug darin liegt, dass es die Betrachtung der dynamischen Entwicklung eines Produktes und die Entwicklung des Wettbewerbumfeldes über die Zeit verbindet. Allerdings muss auch eingewendet werden, dass dieses Modell nicht auf alle Güter anwendbar ist: so unterliegen Immobilien und Markenrechte regelmäßig nicht einer zeitlich bedingten Werterosion. Auch gewöhnliche Verbrauchsgüter müssen nicht einer solchen Entwicklung unterworfen sein – beispielsweise im Lebensmittelbereich gibt es eine Vielzahl von Produkten, die seit Jahrzehnten weltweit auf dem Markt etabliert sind und keinen Rückgang der Nachfrage aufweisen.

Produktportfolio

Die Annahmen des Produktlebenszyklusmodells basieren auf der impliziten Annahme, dass die produktbezogene Gewinnsituation unter anderem vom Marktanteil des Produktes abhängt. Dieser (positive) Zusammenhang konnte in PIMS-Studien[139] auch empirisch nachgewiesen werden. Ein Modell, welches das Produktportfolio, das heißt die umfassende Produktpalette des Unternehmens bzw. das Angebotsprogramm, unter dem Gesichtspunkt des Marktanteils bewertet, ist die *Produktportfolio-Matrix*, zurückgehend auf Barry Hedley von der Boston Consulting Group. In Abbildung 4-4 sind die verschiedenen Produktkategorien abgebildet.

---

[138] Vgl. Brozen 1951, S. 239.

[139] PIMS bedeutet "Profit Impact of Market Strategy", eine ab 1972 bei General Electric durchgeführte und später auf weitere Branchen ausgeweitete Studie zum statistischen Zusammenhang von verschiedenen Kenngrößen des Unternehmenserfolges.

Der relative Marktanteil ergibt sich hierbei aus dem eigenen Marktanteil (mit dem betrachteten Produkt) dividiert durch den Marktanteil des Anbieters mit dem höchsten Marktanteil.

In dieser Zuordnung sind "Stars" mit einem hohen relativen Marktanteil in Märkten mit einer hohen Wachstumsdynamik die am positivsten zu bewertenden Produkte, da hohe Umsätze in Zukunftsmärkten erzielt werden. Ebenfalls positiv zu bewerten sind "Cash Cows": hier werden hohe Umsätze in reifen Märkten erzielt, die ohne die Notwendigkeit weiterer Investitionen von dem Unternehmen abgeschöpft werden können. Allerdings ist bei stagnierenden oder schrumpfenden Märkten langfristig zu erwarten, dass diesen Produkten die Absatzbasis wegbrechen wird. Daher sollte ein Unternehmen einen Teil der durch "Cash Cows" erzielten Deckungsbeiträge in Produkte in wachsenden Märkten investieren ("Question Marks"). Da sich die hier befindlichen Produkte erst noch etablieren müssen, bedarf es einer Investitionstätigkeit schon vor Ablauf des Lebenszyklus der "Stars" und "Cash Cows". Die "Dogs" sind Produkte mit geringem Marktanteil in stagnierenden oder schrumpfenden Märkten. Für diese Produkte ist ein Rückzug aus dem Markt zu prüfen, damit Kapazitäten für vielversprechendere Produkte frei gemacht werden können.

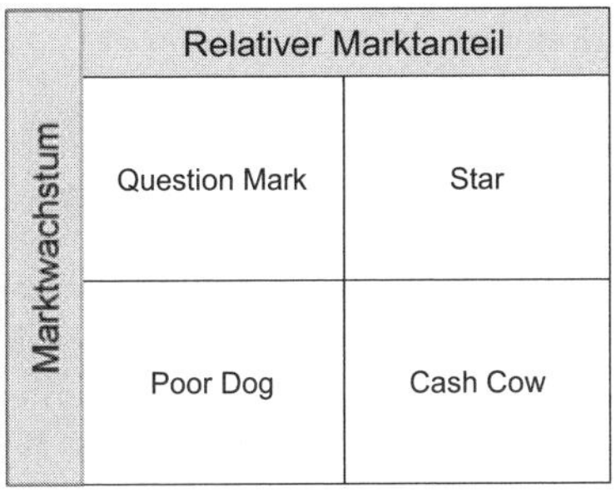

Relativer Marktanteil	
Question Mark	Star
Poor Dog	Cash Cow

(Marktwachstum — vertikale Achsenbeschriftung)

Abbildung 4-4: Produktportfolio-Matrix nach der Boston Consulting Group
(Quelle: Hedley 1977, S. 10)

Die Produktportfolio-Matrix rückt die Bedeutung von Produktgruppen in unterschiedlichen Reifestadien für die strategische Positionierung und insbesondere die Investitionspolitik von Unternehmen in den Mittelpunkt. So werden Produkte nicht nur nach ihrem Umsatz- und Deckungsbeitrag zu einem bestimmten Zeitpunkt bewertet, sondern es findet eine dynamische Betrachtung der Produkte statt. Dadurch wird beispielsweise verhindert, dass aufstrebende Produkte aus dem Angebotsprogramm gestrichen werden, die noch keinen wesentlichen Beitrag zum Unternehmensergebnis erbringen.

Darüber hinaus lassen sich aus der Produktportfolio-Matrix weitere Handlungsempfehlungen ableiten: Wenn die Umsätze eines Unternehmens im wesentlichen mit Produkten aus der Kategorie "Cash Cows" erwirtschaftet werden, besteht die Gefahr, dass diese mit Auftreten von neuen Konkurrenzprodukten zu "Dogs" werden und damit die Umsätze des Unternehmens einbrechen. Daher ist es langfristig im Interesse des Unternehmens, auch Produktentwicklungen zu fördern, die sich anfangs aufgrund von Investitionen in Forschung und Entwicklung negativ auf den Unternehmenserfolg niederschlagen, aber langfristig eine gute Perspektive bieten. Ebenso lassen sich Desinvestitionsentscheidungen mit der Produktportfolio-Matrix fundieren: Produkte, die nur einen geringen Marktanteil und geringe Wachstumschancen bieten, sollten aus dem Angebotsprogramm gestrichen werden.

Der Erkenntnisgewinn aus der Produktportfolio-Matrix ist allerdings auf ein sehr geringes Niveau beschränkt. Wechselwirkungen zwischen Produktgruppen werden nicht betrachtet. Auch ersetzt das Modell keine differenzierten Entscheidungen zur (Wieder-)Belebung oder Nischensuche im Produktlebenszyklus. Zum Beispiel kann die Klassifizierung von Produkten als "Dogs" nicht alleinige Grundlage für die Entscheidung des Marktaustritts dieses Produktes sein. Der Absatz dieser Produkte könnte vielmehr in Bezug zum Verkaufserfolg anderer Produkte stehen, insbesondere wenn Kunden ihre Kaufentscheidung vom Vorhandensein eines vollständigen Sortiments abhängig machen (Verbundeffekt).

Ein weiterer Kritikpunkt bezieht sich darauf, dass die Entwicklung des Unternehmens hin zu einem Nischenanbieter – wie von Porter im Zusammenhang mit der Fokussierungsstrategie bei der Geschäftstätigkeit in einem Nischenmarkt aufgezeigt – grundsätzlich nach der Analyse mit der Produktportfolio-Matrix zu verwerfen wäre. Aufgrund der Spezialisierung würde dies einen Rückzug aus dem Massenmarkt und daher zunächst eine Verringerung des Marktanteils bedeuten. Dass dieses Vorgehen dennoch im Einzelfall eine rationale Strategie sein kann zeigt sich, wenn nach einer Übergangzeit der für die Abbildung in der Produktportfolio-Matrix relevante Markt neu abgegrenzt werden würde. Der relative Marktanteil bezieht sich nun auf das Teilsegment des Marktes und nicht mehr auf den Gesamtmarkt. Dadurch kann das Produkt im neuen relevanten Marktsegment eine marktbeherrschende Stellung einnehmen. Allerdings muss vorausgesetzt werden, dass sich das Produkt von den Massenprodukten soweit abhebt, dass es von den Kunden im relevanten Marktsegment als anderes Produkt akzeptiert und nicht einfach substituiert werden kann.

Economies of Scale und Economies of Scope

Der Annahme, dass eine vergleichsweise hohe Produktions- und Absatzmenge positive wirtschaftliche Folgewirkungen für das Unternehmen bedeuten, liegen zwei Kategorien von Effekten zugrunde: *Mengeneffekte* (Economies of scale) und *Verbundeffekte* (Economies of scope).

Bei *Economies of scope* werden Effizienzvorteile durch eine Erhöhung der Leistungsbreite oder Leistungstiefe erzielt.[140] Im Gegensatz zu Economies of scale können nicht nur Kostenvorteile, sondern auch mögliche Umsatzzuwächse realisiert werden. So fallen beispielsweise in der chemischen Industrie bei der Produktion von Chemikalien Abfallprodukte an, aus denen wiederum andere Produkte hergestellt werden. In einem solchen Fall wird von einer *Kuppelproduktion* gesprochen. Bei gegebener Produktion des Ausgangsproduktes können hierdurch Kosten für die Entsorgung von anfallenden Nebenerzeugnissen eingespart werden und zudem ohne zusätzlichen Aufwand für den Einkauf der entsprechenden Rohstoffe oder Vorprodukte weitere Produkte vermarktet werden. Ebenfalls können sich auch Bedarfsverbünde im Sortiment ergeben: Kunden kaufen verstärkt ein anerkanntes Produkt, weil ein komplementär passendes Produkt zusätzlich angeboten wird.

Economies of scale liegen vor, wenn für eine proportionale Erhöhung der Ausbringungsmenge die dafür benötigte Menge an Einsatzgütern nur unterproportional erhöht werden muss.[141] Demnach sind hier Kostenvorteile im Fokus, die durch Ausweitung der Produktionsmenge entstehen. Diese Kostenvorteile entstehen entweder aus einem *Fixkostendegressionseffekt* oder aus einem *Produktivitätseffekt*[142]. Ein Fixkostendegressionseffekt liegt vor, wenn die unabhängig von einer tatsächlichen Produktivitätsaktivität anfallenden laufenden Kosten der Betriebsbereitschaft auf eine größere Zahl von Produkten umgelegt werden, so dass die Fixkosten pro Stück niedriger ausfallen.

Eine Variante ist der Wechsel zu einer effizienteren Produktionsform. Mit wachsender Stückzahl ist beispielsweise der Einsatz von automatisierten Fertigungsstraßen wirtschaftlich, welche eine Einzelstückfertigung ersetzt. Durch Spezialisierung und eine erhöhte Arbeitsteilung können Maschinen und Mitarbeiter einer einzelnen Aufgabe gewidmet werden, wodurch sie produktiver werden (beispielsweise weil Laufwege zwischen zwei Tätigkeitsstätten oder Rüstzeiten zum Umstellen von Maschinen bei Produktwechsel in der Fertigung entfallen). Und durch stochastische Glättungseffekte werden weniger Ressourcen zur Vorsorge gegen betriebliche Risiken gebunden. So gleichen sich "Ausreißer" im Sinne außerordentlicher Schwankungen – wie beispielsweise Bedarfe in der Kundennachfrage – bei einer größeren Grundgesamtheit gegenseitig aus.

---

[140] Vgl. Lindstädt/Hauser 2004, S. 21 f.
[141] Vgl. Lindstädt/Hauser 2004, S. 12 f.
[142] Vgl. ebd.

Obwohl oftmals in der Betriebswirtschaftslehre angenommen wird, dass eine Ausweitung der Produktionsmenge zur stetigen Realisierung positiver Skaleneffekte führt, muss dies nicht zwingend der Fall sein. So können Economies of scale unstetig nur bei Überschreitung von Schwellenwerten auftreten oder es kommt gar zu Diseconomies of scale, das heißt bei einer Mehrproduktion steigen die Produktionskosten. Auch bei Economies of scope sind negative Verbundeffekte denkbar. Dennoch bieten die unter Economies of scale und Economies of scope zusammengefassten Effekte eine Fundierung für die Annahme, dass eine hohe Produktions- und Absatzmenge ein wichtiger Erfolgsfaktor zur Erlangung einer Kostenführerschaft ist.

Erfahrungskurven

Neben den oben dargelegten statischen Effekten werden Economies of scale auch durch dynamische Lerneffekte erzielt. Diese wurden erstmals 1925 im Flugzeugbau entdeckt[143] und ab 1966 von der Boston Consulting Group als Erfahrungskurvenkonzept ausformuliert. Aussage des *Erfahrungskurvenkonzepts* ist, dass bei einer Verdoppelung der kumulierten Ausbringungsmenge eines Produktes die inflationsbereinigten Stückkosten aufgrund eines Lerneffektes um 20 bis 30 % sinken.

Der Beitrag dieses Konzeptes liegt darin, dass es aufzeigt, in wie weit mit Mengenausweitungen kostenbezogene Wettbewerbsvorteile erzielt werden können. Allerdings ist das Erzielen von Kostenvorteilen durch Vergrößerung der Produktionsmengen nicht notwendigerweise gegeben. Das Konzept zeigt nur generelle Einsparpotentiale auf, die durch das Sammeln von Erfahrungen erzielt werden können. Werden Verbesserungen nicht aktiv von der Unternehmensleitung etwa durch ein betriebliches *Wissensmanagement* gefördert, so kann nicht davon ausgegangen werden, dass sie sich von selbst einstellen.

Zusammen mit den zuvor aufgezeigten statischen Mengeneffekten, bietet das Erfahrungskurvenkonzept eine Fundierung für die These, dass der Unternehmenserfolg vom relativen Marktanteil abhängt: Je größer die Ausbringungsmenge im Vergleich zu den Wettbewerbern ist, desto eher lassen sich relative Kostenvorteile erzielen. Denn durch eine höhere Produktionsmenge wird ein Erfahrungsvorsprung erzielt. So kann es in einem von intensivem Wettbewerb geprägtem Umfeld rational sein, die Verkaufspreise bis auf das Niveau der Stückkosten zu senken, wenn man dadurch eine Ausweitung der Nachfrage erwarten kann, welche wiederum Stückkostensenkungen ermöglicht.

Dieses Konzept wurde bereits von Henry Ford angewandt. Ford produzierte beinahe 20 Jahre lang nur eine standardisierte Version des Modells T in seinen Fabriken. Durch massive Preissenkungen konnte er seine Verkaufszahlen erheblich bis zur Marktführerschaft steigern und in der Folge durch Economies of scale die Kostenführerschaft in

---

[143] Vgl. Wright 1936.

der Branche übernehmen.[144] Allerdings lässt sich an der Geschichte von Ford auch die langfristige Gefahr einer einseitig mengenbasierten Kostenstrategie aufzeigen: Als die Kunden immer stärker verlangten, aus einer Produktpalette an verschiedenen Automobilen eine Auswahl treffen zu können, geriet Ford unter erheblichen Druck durch Wettbewerber, besonders durch General Motors, die ein breiteres Sortiment anboten. Durch seine Fokussierung auf eine reine Kostenstrategie wurden die Produktionsstrukturen sehr unflexibel für die Erstellung anderer Varianten. Ford konnte erst nach langer Verzögerung neue Autos entwickeln und nach einem Produktionsanlauf von einem halben Jahr das neue Modell A auf den Markt bringen. Im Zuge der Produktumstellung mussten drei Viertel aller Werkzeuge und Maschinen der Fabriken ersetzt oder umgebaut werden, weil sie ausschließlich auf die Produktion standardisierter Teile für das Modell T spezialisiert waren.[145] Somit liegt in der Anwendung des Erfahrungskurvenkonzeptes auch die Gefahr strategischer Inflexibilität.

4.4 Operative Produktpolitik

Die Produktentwicklung zählt zum Kernbereich der Geschäftstätigkeit jedes Unternehmens. Sie erhält mit der weiterhin fortschreitenden Tendenz von sich verkürzenden Produktlebenszyklen und schnelleren Entwicklungszeiten eine zunehmende Bedeutung. Antworten auf diese produktpolitischen Herausforderungen werden durch den Einsatz unterschiedlicher Entwicklungs- und Gestaltungsinstrumentarien gegeben.

Simultaneous engineering

Unter *Simultaneous engineering* wird die Synchronisation und Parallelisierung der Produktentwicklung verstanden. Anstelle einer streng abgegrenzten Abfolge einzelner Entwicklungsschritte werden Arbeitspakete des Projektes gleichzeitig bearbeitet. Damit Teilergebnisse der Entwicklungstätigkeit in arbeitsteiligen Projektteams vorab an andere Projektteams weitergegeben werden können, bedarf es der Standardisierung inner- und außerbetrieblicher Abläufe, einschließlich der Integration von Entwicklungsressourcen von Zulieferern. Eine herausragende Rolle innerhalb der entwicklungsbegleitenden Integration hat die frühzeitige und umfassende Orientierung an den Bedürfnissen des Absatzmarktes. Das Endprodukt muss sich an den Kundenwünschen ausrichten. Wichtig für den Markterfolg ist vor allem die Vermeidung eines "over-engineering". Nicht das technisch Mögliche soll die Eigenschaften des Endproduktes vorgeben, sondern nur die aus Kundensicht relevanten Merkmale eines Produktes

---

[144] Vgl. Wilson 1995, S. 62.
[145] Vgl. Wilson 1995 S. 63.

sollen bei der Entwicklung berücksichtigt werden. Dies kann beispielsweise dadurch erreicht werden, dass die Zahlungsbereitschaft der Kunden für einzelne Produkteigenschaften als Vorgabe für die Kostenobergrenze des Produktes genommen wird und die Kostenanteile verschiedener Komponenten des Produkts entwicklungsbegleitend aus den Vorgaben abgeleitet werden (*"Target costing"*).

Die Vorteile des Simultaneous Engineering liegen in einer früheren Erkennung von entwicklungsbedingten Problemen bei der Produktherstellung und -vermarktung sowie einer besseren Nutzung von Synergieeffekten (z.B. durch Zugriff auf gemeinsames Wissen), durch integrierte Zusammenarbeit mehrerer Entwicklungsteams und in der Verkürzung der Gesamtentwicklungszeit durch Parallelisierung der Entwicklungstätigkeiten.

Eversheim und Schuh fassen die Ziele des Simultaneous engineering wie folgt zusammen:[146]

- Die Frist von der Produktidee bis zur Einführung des Produkts (*"Time-to-market"*) wird verkürzt.

- Entwicklungs- und Herstellungskosten werden verringert.

- Die Produktqualität im Sinne eines "Total Quality managements" wird verbessert.

Beim Simultaneous Engineering werden Prozessschritte in der Produktentwicklung parallelisiert, die für gewöhnlich nacheinander bearbeitet wurden. Insofern beginnen einzelne Phasen des Projektes zu einem Zeitpunkt, wo vorangehende Projektteile nur vorläufige oder unvollständige Informationen weitergeben können. Dadurch können mitunter später – aufgrund einer sich nachträglich ändernden Ausgangslage – Nachbearbeitungen erforderlich werden. In diesem Fall würde die Bearbeitung einzelner Arbeitsschritte durch die Parallelisierung vermutlich länger dauern als bei einer konventionellen Entwicklungsplanung. Da sich bei Anwendung des Simultaneous engineering die Arbeitspakete aber zeitlich überlappen, kann die gesamte Entwicklungszeit eines Produktes ("Time-to-market") typischerweise deutlich verringert werden. Zugleich steht dem Nachteil eines mitunter doppelten Abstimmungsaufwandes für Fehlentwicklungen aufgrund nur vorläufiger Entwicklungsdaten der Vorteil gegenüber, dass Fehlentwicklungen früher erkannt werden können. In der Regel sind Fehlentwicklungen und neu aufgedeckte Anforderungen am Ende des Entwicklungsprozesses – oder gar kurz vor der Auslieferung an den Kunden – nur noch mit wesentlich mehr Aufwand zu beheben, als wenn sie frühzeitig erkannt werden. Daher lassen sich die zu erwartenden Entwicklungskosten durch den Einsatz von Simultaneous engineering insgesamt verringern. Je früher die Notwendigkeit einer Konstruktionsänderung aufgedeckt wird, desto geringer fallen die Folgekosten aus.

---

[146] Vgl. Eversheim/Schuh 1999, S. 7-125.

Zudem können durch eine verkürzte Entwicklungszeit Wettbewerbsvorteile erzielt werden, indem neue Produkte schneller auf den Markt gebracht werden und damit ein Markt mit neuen Produkten noch vor der Konkurrenz besetzt wird.

Release engineering

Produktentwicklungen fallen nicht mehr nur zur Auflage eines vollkommen neuen Produktes an, sondern auch im Laufe eines Produktlebenszyklusses sind Anpassungen und Produktaktualisierungen erforderlich, um im Wettbewerb zu bestehen. Bei einem Release engineering werden in der Zeit zwischen zwei Neuentwicklungen einer Produktlinie im Rahmen einer Release-Einheit Modellpflegemaßnahmen getroffen. Schuh definiert das Konzept der Release-Einheiten wie folgt:

"Unter einer Release-Einheit wird die Zusammenfassung mehrerer Komponenten oder Module verstanden. Eine Release-Einheit bildet eine konfigurierte Einheit von Komponenten, deren modellzyklusbegleitende "Updates" zusammenhängend entwickelt, getestet und in die Produktionsumgebung überführt werden."[147]

Die Komponenteninnovationen werden dabei als Gesamtheit geplant und entwickelt. Sie erfolgen im Rahmen von Modellpflege-Intervallen, um die Produkte aus Kundensicht aufzuwerten und einer schnellen Veraltung von Produkten vorzubeugen.

Beim Release engineering wird der Lebenszyklusansatz unter dem Gesichtspunkt technischer Entwicklungen weiterentwickelt. Es trägt der Tatsache Rechnung, dass viele Produkte immer komplexer werden und eine lange Entwicklungsdauer benötigen, wobei Konkurrenzanbieter vielfach in der Zeit zwischen zwei grundsätzlichen Neuentwicklungen einer Produktlinie mit neuen Produkten am Markt auftreten und einen technischen Vorsprung erzielen können. Um die Entstehung eines solchen Wettbewerbsvorsprungs zu verhindern, sind regelmäßig Release-Einheiten einzuplanen und ggf. zu realisieren.

Solche Release-Einheiten können kurz vor dem Auslaufen eines Produktes (aufgrund der Einführung eines Nachfolgeproduktes) einen Beitrag dazu leisten, dass die Kundennachfrage unmittelbar vor einem Produktwechsel nicht vollständig einbricht. Dies ist häufig dann der Fall, wenn Kunden schon eine Produktaktualisierung erwarten und ein Produkt auf dem neuesten Stand erwerben wollen. Außerplanmäßige Produktionsstillstände können so vermieden werden.

Weiter ist durch das Release engineering eine gezielte Steuerung des Innovationscharakters von Produkten innerhalb eines Produktlebenszyklus möglich. So können kleinere technische Verbesserungen berücksichtigt werden, um einen Preisverfall im Lebenszyklus durch ständige Leistungsverbesserung zu verhindern. Allerdings besteht

---

[147] Vgl. Schuh 2005, S. 113.

die Gefahr, dass bei zu häufiger Modellpflege der Kunde den Überblick über die aktuellen Produkteigenschaften verliert und aus Verunsicherung von einem Kauf absieht.

Planned obsolescence

Während das Konzept des Release engineering darauf abzielt, den Produktlebenszyklus zu verlängern, kann es auch im Interesse eines Unternehmens sein, den Produktlebenszyklus zu verkürzen. So kann das Unternehmen die Produktnutzungsdauer durch den Kunden etwa mit Hilfe von Sollbruchstellen oder der vorzeitigen Einstellung von durch den Hersteller erbrachten Wartungsservices verkürzen. Besonders dann, wenn Kunden keine Konkurrenzanbieter vorfinden oder sich nicht über den Einsatz von *Planned obsolescence* bewusst sind, lassen sich hierdurch unmittelbar die Wiederkaufsrate und damit der Verkaufsumsatz erhöhen. Zugleich lässt sich die Forschungs- und Entwicklungstätigkeit eines Unternehmens besser steuern. Wenn der Wiederbeschaffungsbedarf einer großen Zahl von Kunden durch Planned obsolescence zeitlich eingegrenzt werden kann, ist eine zielgerichtetere Planung von Neuentwicklungen möglich. Denn eine Einführung neuer Produkte – insbesondere in gesättigten Märkten – wird in der Regel erst dann realisiert, wenn ein hoher Neubeschaffungsbedarf zu erwarten ist.

Folgende Möglichkeiten bestehen für einen Entwickler oder Hersteller, die Lebens- und Nutzungsdauer vorsätzlich gering zu halten:[148]

- *Physische Obsoleszenz*: vorzeitiges Ende der Verwendungstüchtigkeit im ursprünglichen Zweck, beispielsweise verursacht durch den Einsatz von Soll-Bruchstellen oder indirekten Verschleiß (eine (Teil-)Komponente lässt eine andere schneller verschleißen)

- *Technisch-funktionelle Obsoleszenz*: Inkompatibilität im Zeitablauf; fehlende Unterstützung von technischen und sicherheitsrelevanten Standards

- *Ästhetische Obsoleszenz*: Verringerung der Repräsentativität ("aus der Mode")

Neben den bereits angesprochenen Sollbruchstellen und der Einstellung von Wartungsleistungen eignen sich beispielsweise Mikrochips als Verschleißteile. So „motivieren" beispielsweise Softwareentwickler ihre Kunden üblicherweise nach mehreren Jahren dazu, ein neues Betriebssystem zu kaufen, allein schon weil die Sicherheits-Updates für die alten Versionen nicht mehr bereitgestellt werden.

Wenn durch den Einsatz von Planned obsolescence eine erhebliche Verkürzung der Produktlebensdauer eintritt, führt dies in der Tendenz zu Kundenabwanderungen, da die Kunden verstärkt die Produkte der Konkurrenz wählen. Allerdings sind Kundenabwanderungen nicht zu erwarten, wenn alle Konkurrenten am Markt im selben Maße

---

[148] Vgl. Plöger 2007, S. 131.

von Planned obsolescence Gebrauch machen, der Anbieter eine Monopolstellung inne hat oder Informationsasymmetrien bezüglich der Eigenschaften der erbrachten Leistungen bestehen, die auch nach dem Erwerb nicht vom Kunden ausgeräumt werden können. Dies ist beispielsweise der Fall bei Vertrauensgütern, wo der Kunde mangels vergleichbarer Produkte nicht die Nutzungsdauer des Produktes ohne Sollbruchstellen ergründen oder ein aufgrund von Planned obsolescence unbrauchbares Gut nicht von einem natürlich verschlissenen Produkt unterscheiden kann.[149] Allerdings ist abzuwägen, ob die Gefahr von schweren Imageschäden bei Bekanntwerden des Einsatzes von Planned obsolescence durch höhere Umsätze aufgrund einer höheren Kauffrequenz aufgewogenen wird.

Ein weiterer Kritikpunkt lässt sich aus ethischen und umweltorientierten Gesichtspunkten heraus formulieren. Da Planned Obsolescence die Lebensdauer von Produkten verkürzt und über eine Ausweitung des Ersatzbedarfes zu einem Mehrverbrauch an Fertigungsmaterial und mehr Abfall führt, ist dies aus umweltbezogener Sichtweise unerwünscht. Dieser Kritikpunkt ist allerdings zu relativieren, da es bei der Nutzung langlebiger Gebrauchsgüter, die wiederum ebenfalls Ressourcen verbrauchen, gesamtgesellschaftlich rational sein kann, diese vor ihrem technischen Ausfall obsolet werden zu lassen. Dies gilt insbesondere dann, wenn zwischenzeitig wesentlich effizientere Produkte oder Anlagen entwickelt wurden (z.B. energieeffizientere Haushaltsgeräte).[150]

Mass Customization

Mass Customization ist ein Oxymoron aus den Begriffen "Mass Production" und "Customization", das zunächst in der Bekleidungsindustrie aufkam und 1993 von Joseph Pine geprägt wurde.[151] Mass Customization steht zunächst im Widerspruch zu traditionellen Fertigungskonzepten, die entweder die Ausprägung einer kostengünstigen Produktion standardisierter Massengüter in Großserien oder nach Kundenspezifikationen gefertigte Produkte in Kleinserie anstreben.

Entgegen der Wettbewerbsthese von Porter handelt es sich hierbei aber nicht um ein orientierungsloses "stuck-in-the-middle" im Sinne eines Produktionskonzeptes ohne strategische Stoßrichtung, sondern um ein "Outpacing"-Konzept.[152] Hierzu ist jedoch zu bedenken, dass zu der Zeit als Porter seinen Ansatz der generischen Wettbewerbsstrategien formuliert hat, noch nicht in dem Maße wie heute flexible Fertigungssysteme verfügbar waren. Die Zielsetzung ist, durch technische und organisatorische Maßnahmen zugleich die Vorteile einer Differenzierungs- und Kostenführerschaftsstrategie umzusetzen. Der wichtigste Aspekt ist, dass bei Mass Customization durch Modu-

---

[149] Vgl. Plöger 2007, S. 131.
[150] Vgl. Plöger 2007, S. 135 f.
[151] Vgl. Pine 1993, S. 7 f.
[152] Vgl. Gilbert/Strebel 1987, S. 61 ff.

larisierung der Produkte nur eine begrenzte Vielfalt von Teilen erstellt wird und Skaleneffekte auf Modulebene erzielt werden.[153] Austauschbare Komponenten erlauben es, die Module eines Endproduktes als großvolumiges Massengut zu produzieren, während die aus verschieden Kombinationen von Modulen resultierenden Endprodukte eine hohe Varietät aufweisen. Unter Modulen werden dabei funktional abgegrenzte Teilebündel eines Gesamtproduktes verstanden.

Eine kundenindividuelle Varietät kann grundsätzlich in zweierlei Weise erzielt werden:

1. durch Einbezug von Kundenspezifikationen beim Entwurf der Komponenten bzw. durch Neudimensionierung von Produkten nach Kundenwünschen,

2. durch den Entwurf von standardisierten Modulen, welche eine wechselseitige Austauschbarkeit von Merkmalsträgern und mehrere Wahlmöglichkeiten erlauben, wobei verschiedene Produkte einen hohen Anteil von gleichen Elementen aufweisen (Plattformstrategie, Gleichteileansatz).[154]

Bei Mass Customization findet unter Kostengesichtspunkten in erster Linie der zweite Ansatz Anwendung, wodurch Skaleneffekte für die Produktion jeweils standardisierter Module erzielt werden. Nach diesem Verständnis wird die Standardisierung von Gütern vom Produkt als Ganzes auf einzelne Baugruppen verlagert.

Historisch gesehen waren Entwicklungen in der Produktstandardisierung maßgebliche Treiber für die industrielle Entwicklung (vgl. Abbildung 4-5). Ausgangspunkt war dabei die vorindustrielle Einzelfertigung, bei der in handwerklicher Manufaktur die (Nach-)Bearbeitung und Einpassung von Rohstoffen und Vorprodukten vor dem Verbau von Komponenten standen. Um eine industrielle Großserien- oder Massenfertigung zu ermöglichen, bedurfte es allerdings aus technischer und wirtschaftlicher Sicht eines arbeitsteiligen Verbaus von weitgehend montagebereiten Vorprodukten. Hierfür notwendig ist vor allem eine normierte – das heißt auf allgemeingültigen Spezifikationen beruhende – Bauteilherstellung. Sie muss so wenig Toleranzen aufweisen, dass auch aus unterschiedlichen Produktionsdurchläufen (Chargen) oder auch von verschieden Herstellern bezogene Vorprodukte und Bauteile so kompatibel sind, dass Bauteile generell ohne Nacharbeiten montiert oder gefügt werden können. Bauteile generell ohne Nacharbeiten montiert oder gefügt werden können. Die erste Umsetzung eines solchen *Austauschbaukonzepts* im industriellen Maßstab ist erstmals beim Fabrikanten Whitney dokumentiert.[155] Dieses Standardisierungskonzept ist die

---

[153] Vgl. Duray 2002, S. 316.

[154] Vgl. Duray 2002, S. 321.

[155] Eli Whitney hat das Austauschbaukonzept für die massenhafte Herstellung von Musketen bereits um 1799 umgesetzt, wodurch er die Herstellungsdauer für eine Muskete von 21 auf neun Manntage reduzierte. Für die Uhrenmanufaktur sind Austauschbaukonzepte schon beim Schweden Christopher Polhem um 1720 nachweisbar; vgl. Woodbury 1960, S. 243 ff.

Grundlage für jede Form der modernen arbeitsteiligen Massenproduktion,[156] ohne die die Herstellung von komplexen Produkten über eine werkstattorientierte Einzelfertigung (Manufaktur) hinaus nicht denkbar wäre.

Ein weiterer Schritt auf dem Pfad der industriellen Entwicklung ist die Standardisierung von Modulschnittstellen und -verbindungen, durch die erst eine modulare Produktarchitektur wirtschaftlich umsetzbar ist. Hierzu werden Komponenten in anpassbare Produktplattformen gegliedert. Schuh definiert dabei Produktplattformen als „[...] Zusammenfassung derjenigen Komponenten, Schnittstellen und Funktionen, die über eine ganze Produktfamilie vereinheitlichbar, d.h. zeitlich stabil sind."[157]

Beim Mass Customization findet daher eine kundenindividuelle Konfiguration durch Anpassung von Produktplattformen statt. Somit gilt das Prinzip der beschränkten Flexibilität (als Gegensatz zur Einzelmanufaktur). Das Ziel der Produkterstellung mit im Vergleich zu Massenprodukten wettbewerbsfähigen Preisen wird so durch Skaleneffekte bei der Massenproduktion standardisierter Module und eine nachfolgende standardisierte Montage realisiert. Damit zeigt Mass Customization einen Weg auf, gleichzeitig höheren Anforderungen durch zunehmende Kundenwünsche zu begegnen und ohne Verzicht auf eine wettbewerbsfähige Kostenposition Differenzierungsstrategien zu verfolgen.

Mit der Wahl eines Mass Customization-Fertigungskonzepts sind auch Auswirkungen auf die Ressourcenbindung und Umweltverträglichkeit von Produkten im Produktlebenszyklus verbunden: Da für ein großes Spektrum von Endprodukten nur eine geringe Zahl an gemeinsamen Plattformen vorgehalten werden muss, ergeben sich Einsparungen bei den in einem Unternehmen gebundenen Ressourcen. Zugleich erlaubt eine modularisierte Produktarchitektur, dass Verschleißteile zu Baugruppen zusammengefasst werden und dadurch das Produkt bei Funktionsversagen nicht als Ganzes entsorgt werden muss, sondern nur einzelne Module ersetzt werden müssen. In diesem Zusammenhang kann auf die Anforderungen des Kreislaufwirtschafts- und Abfallgesetzes hingewiesen werden. Analoges gilt für die Produktaktualisierungen ("Updates"), die ggf. ebenfalls nur auf einzelne Module bezogen werden und damit die Nutzungsdauer eines Teils des Produkts verlängern. Insgesamt werden bei der Entsorgung von Produkten durch konsequente Modularisierung die Kreislaufführung und eine Demontage erleichtert.

---

[156] Obwohl die Produktivitätsvorteile der Austauschbarkeit und Standardisierung seither bekannt waren, setzte es sich erst mit Verzögerung im Laufe des zwanzigsten Jahrhunderts im Zuge der Erfindung der Fließbandmontage durch Henry Ford ab 1913 durch, vgl. Wilson 1995, S. 60.

[157] Vgl. Schuh 2005, S. 133.

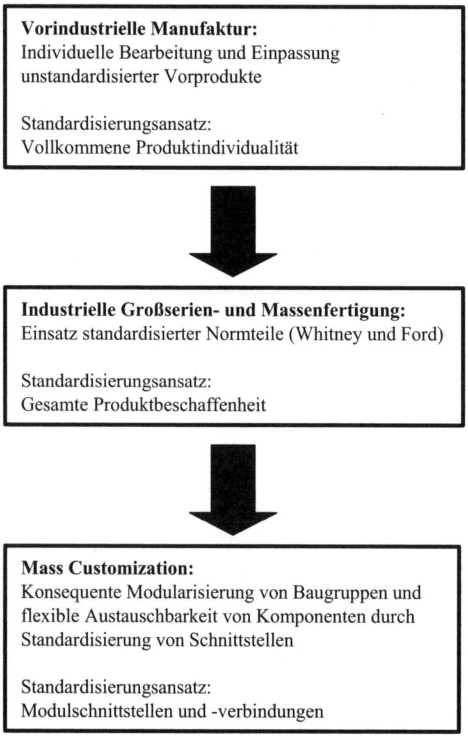

Vorindustrielle Manufaktur:
Individuelle Bearbeitung und Einpassung
unstandardisierter Vorprodukte

Standardisierungsansatz:
Vollkommene Produktindividualität

Industrielle Großserien- und Massenfertigung:
Einsatz standardisierter Normteile (Whitney und Ford)

Standardisierungsansatz:
Gesamte Produktbeschaffenheit

Mass Customization:
Konsequente Modularisierung von Baugruppen und
flexible Austauschbarkeit von Komponenten durch
Standardisierung von Schnittstellen

Standardisierungsansatz:
Modulschnittstellen und -verbindungen

Abbildung 4-5: Historische Entwicklung der industriellen Fertigung

Das Aufkommen von Mass Customization ist erst mit dem Aufkommen flexibler Fertigungssysteme möglich geworden, die die Montage verschiedener Plattformen in großen Mengen zulassen. Durch das Prinzip der beschränkten Flexibilität bei der kundenindividuellen Konfiguration lassen sich Skaleneffekte erzielen, die zu mit der Massenproduktion vergleichbaren Stückkosten führen sollen. Allerdings stellen sich Kostenvorteile nicht automatisch ein, sondern bedürfen einer Berücksichtigung der Fertigungs- und Montageverfahren, damit eine modulare Produktarchitektur ohne Zusatzkosten realisiert werden kann.

Design for manufacturing and assembly

Zu dem Konzept des *Design for manufacturing and assembly* gehören mehrere verwandte Produktentwurfs- und Entwicklungsansätze, die im Folgenden vorgestellt werden.

Unter **Design for Manufacturing** werden Gestaltungsmaßnahmen am Produkt verstanden, die eine möglichst einfache Fertigung ermöglichen. Das heißt, es findet eine Gestaltoptimierung hinsichtlich der zur Bearbeitung eingesetzten Fertigungsverfahren statt (so z.B. bei der gieß- und schmiedegerechten Gestaltung von Blenden oder im Hinblick auf eine automatisierungsgerechte Fertigung mit CNC-Maschinen). Weiterhin soll der Produktentwurf so weit wie möglich:

- Toleranzen bei der Fertigung erlauben,

- den Einsatz von einfacheren Prüfverfahren ermöglichen,

- die Notwendigkeit von Werkzeugwechseln minimieren (z.B. durch Standardisierung bisheriger Varianten oder Vereinheitlichung der Fertigungsverfahren pro Bauteil bzw. Verringerung von Umspannvorgängen) sowie

- zu einem verringerten Ausschuss bzw. verringertem Nachbearbeitungsbedarf führen.

Gestaltungsdimensionen für die fertigungsgerechte Konstruktion sind dabei der Produktaufbau, die Produktgeometrie und die verarbeiteten Werkstoffe.[158] Die Hauptziele des Design for manufacturing sind:[159]

- Vereinfachung des Fertigungsprozesses bzw. Ermöglichen eines einfacheren Fertigungsverfahrens,

- Erhöhung der Prozesssicherheit zur Reduzierung der Fehleranfälligkeit und

- Erhöhung des Automatisierungsgrades.

Unter *montage- bzw. demontagegerechter Konstruktion* wird der Entwurf einer hinsichtlich der manuellen oder automatisierten Montage bzw. Demontage optimierten Produktgestaltung inklusive des Produktaufbaus verstanden.[160] **Design for assembly** dient der Vermeidung von Komponenten und Merkmalen, die ein Produkt unnötig teuer machen – sowohl hinsichtlich der Materialkosten, als auch hinsichtlich der Aufwendungen für Montageprozesse.[161]

Hierzu gibt es zwei Strategien der Komponentenauslegung.[162] Bei der *Differenzialbauweise* werden die Funktionskomponenten in mehrere Anbauteile zerlegt, wodurch eine

---

[158] Vgl. Seliger 2005, S. 98.
[159] Vgl. Eversheim/Schuh 1999, S. 7-38.
[160] Vgl. Eversheim/Hartmann/Katzy 1992.
[161] Vgl. Boothroyd/Dewhurst 1988, S. 42.
[162] Vgl. Schuh 2005, S. 125 f.

Erhöhung des Gleichteileumfangs erreicht wird, d.h. ähnliche Teile werden durch Gleichteile ersetzt. Dies führt sowohl zu Skaleneffekten bei den eingesetzten Einzelteilen als auch bei Verbau und Montage selbst. Bei der *Integralbauweise* hingegen wird die Teilevielfalt durch Zusammenlegung von mehren Einzelteilen zu einem Werkstück reduziert, um Montageschritte einzusparen.

Für eine Integralbauweise haben Boothroyd und Dewhurst ein systematisches Vorgehen entwickelt, mit dem der Konstruktionsentwurf nach verschiedenen Aspekten analysiert wird.[163] Den bei der Fertigung erforderlichen Vorgängen werden Montagezeiten zugeordnet, die sich aus Basiszeiten und Multiplikatoren ergeben. Neben der Montagemethode (manuell oder automatisch), fließt die Komplexität der Handhabungs- und Fügevorgänge sowie Zahl und Geometrie der Werkstücke in das Kalkül mit ein. Auf dieser Grundlage kann jeweils die theoretisch mögliche minimale Teilezahl und Montagezeit als Sollwert ermittelt und mit den aktuellen Ist-Werten verglichen werden. Eine vollständige Auflistung der Komponenten und ihrer Teileanzahlen wird mit einer ergänzenden Erläuterung versehen, ob es eine technische Notwendigkeit gibt, das Werkstück von den anderen Bauteilen zu separieren. Daraus können Schlüsse gezogen werden, ob es jeweils des Bauteiles bedarf. Anschließend wird eine kostenmäßige Bewertung vorgenommen, um abzuschätzen, ob sich signifikante Kosteneinsparungen erzielen lassen. Hierfür kann auch auf Relativkostenkataloge zurückgegriffen werden. So machen etwa bei einem Getriebe die Kosten für das Gehäuse und die Rad- bzw. Ritzelwellen durchschnittlich bereits 75 % der gesamten Herstellkosten aus.[164]

Ein verwandtes Modell zur montageorientierten Analyse von Bauteilen ist die um 1980 bei Hitachi entwickelte *Assemblability Evaluation Method* (AEM). Die Montage wird in elementare Prozesse zerlegt, die je nach Aufwand mit Kennzahlen zum zeitlichen Aufwand der Montage gewichtet werden.[165]

Bei erfolgreicher Umsetzung von Design for Assembly werden die Stückkosten reduziert, es können mehr Produkte bei gegebener Produktionskapazität produziert werden und die Qualität und Zuverlässigkeit der Produkte wird erhöht. Zugleich resultieren aus der Reduzierung der verbauten Teile wiederum Einsparungen von Lager- und Kapitalbindungskosten sowie Platzeinsparungen durch reduzierte Pufferflächen und eingesparte Montagestufen. Hauptziele des Design for assembly sind:[166]

- Reduzierung der Teileanzahl, z.B. durch ein Integralbauteil, um Arbeitsgänge zu vermeiden,

- Reduzieren der erforderlichen Anzahl von Füge- bzw. Trennrichtungen,

---

[163] Vgl. Boothroyd/Dewhurst 1988, S. 43.
[164] Vgl. VDI-Richtlinie 2235: Wirtschaftliche Entscheidungen beim Konstruieren; Methoden und Hilfen.
[165] Vgl. Eversheim/Schuh 1999, S. 7-41.
[166] Vgl. Eversheim/Schuh 1999, S. 7-38.

- Standardisieren von Bauteilschnittstellen,

- Vermeiden von biegeschlaffen Bauteilen (wie Kabeln, vor allem bei Automatisierung),

- Bilden von auftrags- und kundenunabhängigen Vormontagebaugruppen,

- Begrenzung der Auswirkungen von Produktvarianten auf wenige Baugruppen,

- Ergänzung um Positionier- und Justierhilfen (z.B. Fasen) und um Sollbruchstellen,

- Vermeidung von Anpassaufgaben.

Allerdings können sich Montagegerechtheit und Demontagegerechtheit widersprechen: Kleben oder Montieren mit Schnappverbindungen ist zwar montagefreundlich, aber auf diese Art befestigte Teile lassen sich schlecht demontieren. Die Möglichkeit einer zerstörungsfreien Demontage sollte daher bei der Planung berücksichtigt werden. Für eine demontage- sowie recycling- und entsorgungsgerechte Konstruktion sollten daher folgende Hauptziele des Design for disassembly berücksichtigt werden[167]:

- demontagegerechter Produktaufbau,

- Verbau einer möglichst geringen Anzahl verschiedener Werkstoffe,

- Auswahl leicht entsorgbarer Werkstoffe,

- Vermeidung (bzw. Ermöglichung des leichten Entfernens) von Schadstoffen,

- Identifikationsmöglichkeiten für Produktkomponenten (z.B. durch Herstellerkennzeichnung).[168]

Weiterhin ist bei der Auslegung des Produktes auf einen geringen Ressourcenverbrauch beziehungsweise eine geringe Umweltinanspruchnahme (z.B. durch Emissionen) zu achten, sowohl für den Betrieb als auch für Herstellung, Recycling (Wieder- oder Weiterverwendung) und Entsorgung des Produktes. So können insbesondere Verschleißteile in einer Baugruppe zusammengefasst werden, so dass nahezu verschleißfreie Teile beim Austausch funktionsuntüchtiger Komponenten erhalten bleiben. Durch die Berücksichtigung dieser Aspekte würde ein *Design for sustainability* umgesetzt werden, mit dem nachhaltige Kriterien bei der Produktentwicklung berücksichtigt werden. Ein Design for sustainability hat insbesondere in den frühen Phasen der Produktentwicklung einen positiven Effekt auf die Nachhaltigkeit von Pro-

---

167 Vgl. Eversheim/Schuh 1999, S. 7-43.
168 So wie es bspw. für Elektro- und Elektronikgeräte nach § 7 des Gesetzes über das Inverkehrbringen, die Rücknahme und die umweltverträgliche Entsorgung von Elektro- und Elektronikgeräten gesetzlich vorgeschrieben ist.

dukten, da 80 % der Umweltinanspruchnahme eines Produktes (wie auch der Produktkosten) in der Konstruktionsentwurfsphase festgelegt werden.[169]

Ziel des *Design for logistics* ist es, den Bedarf an Transport- und Handhabungsvorgängen über den gesamten Produktlebenszyklus zu verringern. So ist für Transport und Lagerung eine palettierbare Gestaltung von Bauteilen bzw. des gesamten Produktes oder die Integration von Transporthilfen anzustreben.

Design for logistics beruht sehr wesentlich auf geeigneten Informationen von Zulieferern und Kunden. Allerdings bedeutet die Integration einer Vielzahl von unternehmensinternen und -externen Akteuren in den Produktentwicklungsprozess (wegen der Zunahme der bei der Entwicklung zu berücksichtigenden Kriterien) auch ein Anwachsen der Komplexität.[170] Dennoch konnte in einer Studie empirisch bewiesen werden, dass sich eine frühe Einbindung der Logistik in Produktentwicklungsprojekte sowohl positiv auf den Entwicklungsprozess als auch auf die späteren produktbezogenen Logistikprozesse auswirkt.[171] Hauptansatzpunkte sind unter logistischen Gesichtspunkten die Variantenzahl und der Umfang der Teilevielfalt[172].

Die Einbindung der Logistik kommt dabei besonders bei der Berücksichtigung der Versandbedingungen zum Tragen. So ist zu berücksichtigen, dass das Produkt beim Versand Feuchtigkeit, Vibrationen, Temperatur, Staub, Hitze und anderen Umwelteinflüssen ausgesetzt sein kann. Zudem muss der Handlingaufwand gering gehalten werden, wenn beim Produktstart eine große Zahl von Produkten an eine Vielzahl von Orten transportiert werden soll bzw. die Distributionskosten einen wesentlichen Teil der Gesamtkosten des Endproduktes ausmachen. Ein weiteres vielversprechendes Anwendungsfeld für die Integration logistischer Aspekte in neue Produktideen ist die Teilekonfiguration zur Erhöhung der Zuverlässigkeit, Lagerung und zur Beschleunigung der Inbetriebnahme nach der Distribution.[173]

Hauptziele des Design for logistics sind:[174]

■ Vermeidung biegeschlaffer Produkte (vor allem bei automatisierter Fördertechnik),

■ Vermeidung sehr schwerer oder nicht mit Normbehältnissen kompatibler Produkte,

■ Vermeidung von Verwechselbarkeit in Form und Lage,

■ Vermeidung von verletzungsträchtigen Produkten (z.B. durch Klemmgefahr).

---

[169] Vgl. Seuring 2004, S. 310.
[170] Vgl. Zacharia/Mentzer 2007, S. 83 ff.
[171] Vgl. Zacharia/Mentzer 2007, S. 98 f.
[172] Vgl. Zäpfel 1991, S. 211.
[173] Vgl. Zacharia/Mentzer 2007, S. 88.
[174] Vgl. Eversheim/Schuh 1999, S. 7-42.

Design for service berücksichtigt die Zeit nach der Fertigstellung und Auslieferung des Produktes an den Kunden. Ziel dabei ist es, die Servicetauglichkeit bezüglich Wartung (präventiv) und Reparatur von Produkten in der Nutzungsphase zu vereinfachen. Die Berücksichtigung dieser Kriterien ist insbesondere dann von Bedeutung, wenn es sich bei dem verkauften Produkt um ein langlebiges und/oder verschleißanfälliges Gut handelt.

Hauptziele des Design for service sind:[175]

■ Trennung von Funktions- und Verschleißteilen, wobei der Verschleiß auf wenige Teile beschränkt werden soll,

■ modulare Bauweise mit standardisierten Schnittstellen zum einfachen Ersatz von defekten und verschlissenen Komponenten,

■ Vorsehen von Möglichkeiten zur schnellen Bestimmung defekter Komponenten bei Funktionsausfällen,

■ Ermöglichung der automatischen Diagnose des Produktstatus,

■ Funktionserhalt durch konstruktive Vorkehrungen (z.B. automatischer Stand-by-Betrieb).

Das Ziel der Design for manufacturing and assembly-Konzepte und der verwandten Ansätze ist es, unter anderem durch Verringerung des Arbeits- und Montageaufwands, Kostenreduktionen über den Lebenszyklus eines Produkts zu erzielen, bei gegebenen Kapazitäten die Produktionsmenge auszuweiten und durch eine geringere Raumbindung die Fertigung zu rationalisieren.

Anlässe für die Verfolgung solcher Konzepte können sowohl bei wachsenden, als auch schrumpfenden Märkten rational sein – wenn auch aus unterschiedlichen Gründen. So kann in wachsenden Märkten die Nachfrage so sprunghaft ansteigen, dass eine Produktionsausweitung nötig ist, ohne dass es Spielräume für Kapazitätsausweitungen gibt (z.B. weil das Werksgelände bereits voll bebaut ist). In schrumpfenden Märkten hingegen wird regelmäßig ein Preiswettbewerb der Ausgangspunkt für Bemühungen zur Kostenreduzierung sein.

Die größte Wirkung wird erzielt, wenn die vorgestellten Konzepte von Beginn einer Produktentwicklung an berücksichtigt werden. Aber auch zwischen größeren Produktentwicklungsprojekten sind die "Design for..."-Ansätze im Rahmen der Modellpflege anwendbar.

---

[175] Vgl. Eversheim/Schuh 1999 S. 7-42.

Die Vorteilhaftigkeit dieser Konzepte hängt allerdings von zahlreichen Anwendungs-voraussetzungen ab. Zum Beispiel können mit Einsparungen am Produkt (z.B. einer verringerten Teilezahl) auch Mehrkosten beim Personal oder Investitionen in neue Werkzeuge anfallen, wenn die neuen Teile eine sorgfältigere Handhabung erfordern. Auch ist bei der Produktgestaltung abzuwägen, ob zusätzliche Zielkonflikte entstehen. So könnte beispielsweise statt einer Teileverringerung der Verbau von zusätzlichen Teilen (wie Halterungen zum besseren Greifen) die Bearbeitbarkeit von Werkstücken ergonomisch erleichtern, so dass in der Gesamtschau eine Erhöhung der Teilezahl kos-tengünstiger wird. Des weiteren kann eine Integralbauweise im Konflikt mit der Mög-lichkeit zur Modularisierung von Produkten stehen und somit den Einsatz von ande-ren flexiblen Fertigungskonzepten (insbesondere Mass Customization) erschweren.

4.5 Praxisbeispiel: Design for assembly bei Hypertherm Inc.

Die Hypertherm Inc. ist ein internationales Unternehmen, das Plasmaschneidesysteme für die Metallindustrie entwickelt und baut. Um die Kostenführerschaft in der Branche zu übernehmen, hat die Unternehmensleitung entschieden, ein Kostensenkungspro-jekt aufzulegen. Die Vorgabe wurde auf "Einsparungen in Material- und Lohnkosten um 50 %" gesetzt. Dieses Praxisbeispiel basiert auf einem Beitrag von Mike Shipulski für das International Forum on Design for Manufacture and Assembly 2006.

Das Projektteam setzte sich neben Angehörigen der Entwicklungsabteilung auch aus einem Mitglied der Geschäftsführung (als weisungsbefugter Promotor von Entschei-dungen) und fachlichen Spezialisten der Fertigungsabteilung zusammen.

Bei der Kick-off-Sitzung wurden seitens der Mitarbeiter erhebliche Zweifel an der Rea-lisierbarkeit der Zielvorgaben geäußert. Der Projektleiter entgegnete dem, dass bei der Produktumgestaltung ein *Design for assembly*-Konzept Anwendung finden soll und in anderen produzierenden Unternehmen Einsparungen in Größenordnung der Zielvor-gaben erzielt werden konnten. Mangels alternativer Vorschläge einigte man sich, eine Produktneugestaltung mit Design for assembly umzusetzen .

Innerhalb der Hypertherm Inc. wollte man zunächst die Skepsis innerhalb der Ent-wicklungsabteilung gegenüber den erreichbaren Einsparpotenzialen in der Produkt-montage abbauen. Daher wurden Entwicklungsingenieure in die Fertigung geschickt, um sie dort grundlegende Produktkomponenten montieren zu lassen. Ziel der Projekt-leitung war es, durch persönliche Erfahrung ein Bewusstsein dafür zu schaffen, dass in der Fertigung kein idealtypisches Umfeld wie im Labor herrscht, und es auch bei aus-gefeilten Produktentwicklungen aus Fertigungssicht noch erhebliche Verbesserungs-potenziale gibt. Die Geschäftsleitung war überzeugt, dass durch mündliche Beschreibungen aus der Fertigungsabteilung allein dieses Problembewusstsein nicht geschaffen werden kann. Erst als die Entwickler darauf angewiesen waren, allein mit den in der Fertigung vorhandenen Maschinen unter Einhaltung der Produktionsvorschriften und der Restriktion begrenzter Belegungsfenster für verteilte Fertigungsstraßen zu montieren, konnte das nötige Problembewusstsein für die Notwendigkeit von Teilereduktion und -standardisierung sowie ergonomische Montagevereinfachungen geschaffen werden.

Darauf aufbauend wurde innerhalb der Projektteams eine Stückliste aller Einzelteile erstellt und mit Erläuterungen zu den Bauteilen ergänzt. Anschließend konnten die Entwickler alle montagerelevanten Komponenten in verschiedene Kategorien einteilen (z.B. Verschlüsse, Verbindungen, Verbindungsblenden, Hauptkomponenten und Aufkleber), um später alle Teile den verschiedenen Kategorien zuzuordnen. Mit der Aufzählung aller nötigen Komponenten nach Kategorien wurde somit eine objektiv mess- und zählbare Größe für die Komplexität eines Produktes erhoben.

Dies war nun der Ausgangspunkt zur Verringerung der Komplexität des Produktes. Die Hypertherm Inc. stellte bei einer solchen Erhebung fest, dass 80 % der Teile ihrer Produkte aus Verbindungen oder Verschlüssen bestanden, so dass diese Kategorien zunächst bei der Reduzierung der Teile im Mittelpunkt standen. Insgesamt kam das Projektteam zu dem Schluss, dass 50 % der Teile eingespart werden müssen, um durch einen verringerten Montageaufwand, Erhöhung der Prozesseffizienz und Einsparungen bei der verbauten Teilemenge die Stückkosten des Gesamtproduktes um 50 % zu reduzieren. Weitere Einsparungen sollten durch Reduzierung des indirekten Personalaufwandes bei der Verfolgung einer großen Zahl von Teilen, Ausfüllen von Teileanforderungsformularen, Verwaltung einer Vielzahl von Teileprofilen, Inventuren und betriebsinternen Materialtransporten realisiert werden.

Für ein als Ausgangspunkt gewähltes Basisprodukt betrug die erhobene Komponentenzahl 1.000 Teile, so dass nun das konkret innerhalb des Unternehmens kommunizierbare Ziel der zukünftig verbauten Teile bei 500 lag. Im Laufe eines Projekttreffens wurde bezweifelt, dass ein Produkt so viele redundante Teile aufweisen könne.

Dennoch, die ersten auf Anhieb als entbehrlich identifizierten Teile wurden aus der Konstruktion entfernt. Dann wurde den Teilen aus besonders oft verwendeten Kategorien (bezogen auf ihre Funktion für Montageprozesse) ein besonderes Augenmerk gewidmet. Im Laufe dieser Aktivitäten kristallisierten sich immer mehr Komponenten heraus, deren Reduktion einerseits die Teileanzahl verringern, andererseits aber die Montagedauer für das Fertigungspersonal verlängern würde. Um bei diesem Zielkonflikt die weitere Stoßrichtung des Projektes festzulegen, wurde ein Controller um eine Kalkulation gebeten. Es stellte sich heraus, dass Bauteile einen Kostenanteil am Gesamtprodukt von 72 % hatten, 24 % der Kosten aus Verwaltungskosten herrührten und lediglich weitere 4 % direkte Personalkosten waren. So wurde der Schwerpunkt der weiteren Maßnahmen auf die Teilereduktion gelegt. Befürchtete Personalmehrkosten aufgrund des teilweise induzierten Montagemehraufwands sind nicht eingetreten, da aufgrund der verringerten Teilezahl auch nicht-wertschöpfende Prozesse (wie die Materialverwaltung) reduziert wurden.

So konnten in der Gesamtschau nicht nur Kosteneinsparungen erzielt, sondern auch die Quellen der Kosteneinsparungen mit objektiv messbaren Kenngrößen identifiziert werden. Die Hypertherm Inc. hat ihre geplanten Kostenreduzierungen umgesetzt und zwischen 47 und 63 % der verbauten Teile eingespart. Des weiteren kann aufgrund einer langfristig höheren Kundenzufriedenheit mit positiven Folgeeffekten gerechnet werden. Insbesondere führt eine Verringerung der Produktkomplexität dazu, dass mögliche Fehlerquellen bei der Produktherstellung reduziert werden, die Wartung von Produkten vereinfacht wird und die Produktqualität sowie -zuverlässigkeit zunimmt.

4.6 Übungsaufgaben

1. Erläutern Sie anhand eines selbstgewählten Beispiels einen Produktzyklus und zeigen Sie auf, welche Produktmaßnahmen Hersteller treffen können, um in einem intensiven Wettbewerbsumfeld zu bestehen.

2. Wie kann die Motivation zu Design for assembly aus Sicht der Wettbewerbsstrategien nach Porter verstanden werden? Gehen Sie dabei auch auf die Möglichkeit der Schaffung von Differenzierungsspielräumen (z.B. Kapazitätseffekte in der Produktion) und Strategien zur Übernahme einer Kostenführerschaft ein.

3. Entwerfen Sie Kenngrößen, mit denen die Verwirklichung von nachhaltigkeitsorientierten Zielen (d.h. die Berücksichtigung von umweltbezogenen, sozialen und wirtschaftlichen Aspekten) durch eine Produktumgestaltung im Sinne eines nachhaltigen Mass Customization oder eines Design to sustainability abgebildet werden kann.

4. Erläutern Sie ein Sustainable Mass Customization und nennen Sie Beispiele seiner Umsetzung.

5. Erläutern Sie die Effekte einer Economies of Scale und einer Economies of Scope.

6. Unterscheiden und beschreiben Sie unterschiedliche Formen des Design for Manufacturing and Assembly.

4.7 Weiterführende Literatur

Boothroyd, G./Dewhurst, P. (1988): Product Design for Manufacture and Assembly, in: Manufacturing Engineering, Nr. 4, S. 42-46.

Brozen, Y. (1951): Invention, Innovation, and Imitation, in: The American Economic Review, Nr. 2, S. 239-257.

Bullinger, H.-J./Eversheim, W./Haasis, H.-D./Klocke, F. (Hrsg.) (2000): Auftragsabwicklung optimieren nach Umwelt- und Kostenzielen, Berlin u.a.

Corsten, H. (2007): Produktionswirtschaft. Einführung in das industrielle Produktionsmanagement, München.

Duray, R. (2002): Mass customization origins: mass or custom manufacturing, in: International Journal of Operations & Production Management, Nr. 3, S. 314-328.

Eversheim, W./Hartmann, M./Katzy, B. (1992): Zukunftspotential Produktgestaltung, in: Montage und Demontage, Düsseldorf, S. 1-25.

Eversheim, W./Schuh, G. (1999): Produktmanagement, Heidelberg.

Gilbert, X./Strebel, P. (1987): Strategies to Outpace the Competition, in: Journal of Business Strategy, Nr. 1, S. 28-36.

Haasis, H.-D. (2005): Mass Customization in International Logistics, in: Blecker, T./ Friedrich, G. (Eds.): Mass Customization. Concepts – Tools – Realization, Berlin, S. 189-193.

Haasis, H.-D. (Hrsg.) (2007): Nachhaltige Innovation in Produktion und Logistik, Frankfurt u.a..

Haasis, H.-D./Juechter, H. (2007): Strategisches Flexibilitätsmanagement, in: Industrie Management, Heft 6, S. 59-62.

Hedley, B. (1977): Strategy and the "Business Portfolio", in: Longe Range Planning, Nr. 1, S. 9-15.

Heinen, E. (1971): Der entscheidungsorientierte Ansatz der Betriebswirtschaftslehre, in: Zeitschrift für Betriebswirtschaftslehre, Nr. 7, S. 429-440.

Levitt, T. (1965): Exploit the Product Life Cycle, in: Harvard Business Review, Nr. 3, S. 81-94.

Lindstädt, H./Hauser, R. (2004): Strategische Wirkungsbereiche des Unternehmens. Spielräume und Integrationsgrenzen erkennen und gestalten, Wiesbaden.

Nieschlag, R./Dichtl, E./Hörschgen, H. (2002): Marketing, Berlin.

Piller, F. T. (2006): Mass Customization. Ein wettbewerbsstrategisches Konzept im Informationszeitalter, Wiesbaden.

Pine II, J. (1993): Mass Customization – The New Frontier in Business Competition, Boston.

Plöger, M. (2007): Planned Obsolescence in Closed Loop-Logistics – Ein angebotspolitisches Instrument zur Koordination von Kreislaufwirtschaftssystemen, in: Haasis, H.-D. (Hrsg.): Nachhaltige Innovation in Produktion und Logistik, Frankfurt/ M. u.a., S. 129-140.

Porter, M. E. (1980): Competitive Strategy. Techniques for Analyzing Industries and Competitors, New York et al..

Schuh, G. (2005): Produktkomplexität managen: Strategien – Methoden – Tools, München.

Seliger, G. (2005): Montage und Demontage, in: Grote, K.-H./Feldhusen, J. (Hrsg.): Dubbel. Taschenbuch für den Maschinenbau, Berlin/Heidelberg/New York, S. 96-102.

Seuring, S. (2004): Industrial ecology, life cycles, supply chains: differences and interrelations, in: Business Strategy and the Environment, Nr. 2, S. 306-319.

Wilson, J. M. (1995): Henry Ford's just-in-time system, in: International Journal of Operations & Production Management, Nr. 12, S. 59-75.

Woodbury, R. S. (1960): The Legend of Eli Whitney and Interchangeable Parts, in: Technology and Culture, Nr. 3, S. 235-253.

Wright, T. P. (1936): Factors effecting the cost of airplanes, in: Journal of the Aeronautical Sciences, Nr. 3, S. 122-128.

Zacharia, Z. G./Mentzer, J. T. (2007): The role of Logistics in new product development, in: Journal of Business Logistics, Nr. 1, S. 83-110.

Zäpfel, G. (1991): Produktionslogistik. Konzeptionelle Grundlagen und theoretische Fundierung, in: Zeitschrift für Betriebswirtschaft, Nr. 2, S. 209-235.

5 Kooperation in der multimodalen Supply Chain

5.1 Motivation und Lernziele

Lernziele

Nach der Lektüre dieses Kapitels sollten Sie in der Lage sein:

- Multimodalität als Funktion logistischer Systeme abzugrenzen,

- multimodale Verkehre hinsichtlich ihres Aufbaus, ihrer Eigenarten sowie ihrer Vor- und Nachteile zu erklären,

- die wichtigsten Verkehrsträger in bezug auf ihre Einsatzbereiche und Umschlagtechniken zu beschreiben,

- die Grundgedanken von Kooperationen in der Supply Chain zu erläutern,

- verschiedene Formen von Kooperationen und ihre typischen Einsatzgebiete in der Supply Chain zu beschreiben.

Motivation

Logistik ist ohne Kooperationen in einer weltweit vernetzten Wirtschaft nicht vorstellbar. Heute stehen nicht mehr einzelne Transporte im Vordergrund, sondern Komplettlösungen für ein komplexes Zusammenwirken von Waren, Informationen und Mehrwertdiensten. Zeit, Kosten, Qualität und Risiko sind Entscheidungskriterien, die bei verschiedenen Verkehrsträgern und Verkehrskorridoren unterschiedlich gut ausgeprägt sind. Durch Vernetzung können Synergien ausgeschöpft und Spezialisierungsvorteile erreicht werden.

In diesem Kapitel erhalten Sie einen Überblick über unterschiedliche Möglichkeiten, Techniken und Qualitätsmerkmale verschiedener verkehrswirtschaftlicher Logistiksysteme. Dabei stehen insbesondere multimodale Supply Chains im Vordergrund. Besonderes Augenmerk liegt auf der Handhabung von Schnittstellen zwischen Verkehrs-trägern, aber auch zwischen logistischen Akteuren.

5.2 Einordnung in die Betriebswirtschaftslehre

Bei Multimodalität handelt es sich um Ausprägungsformen innerhalb der Verkehrs-wirtschaft bzw. der verkehrswirtschaftlichen Logistik. Diese Ausprägungsformen charakterisieren die Nutzung mehrerer Verkehrsträger entlang der logistischen Kette bzw. der Supply Chain. Im Gütertransport erfolgt ein Wechsel von einem Verkehrsmodus zu einem anderen. Gerade aus Nachhaltigkeitsgesichtspunkten ist es hierbei wün-schenswert, einen Wechsel von Straßen- zu Bahn- oder Binnenschifftransport zu errei-chen. Dieses gelingt wirtschaftlich jedoch nur bei geeigneter Auslastung der auf Grö-ßendegression ausgelegten Verkehrsträger und einem qualifizierten Übergang zwi-schen den Verkehrsträgern.

Aus regional- und volkswirtschaftlicher Sichtweise steht die Verkehrswirtschaft im Vordergrund, das heißt die Bereitstellung von Verkehrsinfrastruktur und die verkehr-liche Erschließung von Regionen. Aus betriebswirtschaftlicher Sicht interessieren die Gestaltung wirtschaftlicher Übergänge, die Auswahl geeigneter Organisationsformen und Kooperationen, das der Multimodalität zugrundliegende Geschäftsmodell sowie die Ausgestaltung der notwendigen Informationslogistik.

Kooperationen spielen damit in der multimodalen Supply Chain eine wesentliche Rol-le, einerseits bezüglich der Schnittstellengestaltung, andererseits bezüglich der Sicher-stellung einer wirtschaftlichen Auslastung der Verkehrsträger. Sie sind allerdings erst ernsthaft seit der Diskussion um die Umsetzung von Nachhaltigkeitsstrategien im Transportwesen in den Vordergrund der betriebswirtschaftlichen Betrachtung gerückt. Es zeigt sich, dass für erfolgreiche Kooperationen neben wirtschaftlichen messbaren Kriterien auch gerade sogenannte „weiche" Faktoren ausschlaggebend sind.

Gerade für die Optimierung grenzüberschreitender Transporte bedarf es aus unter-nehmerischer Perspektive neben technischer vor allem organisatorischer Innovationen und der Bereitschaft und Fähigkeit zur Zusammenarbeit. Hierzu zählen ein ausgewo-genes Risikomanagement, hinreichende Entwicklungsbudgets und ein abgestimmter Ertragsausgleich. Wirtschaftlich tragfähige Konzepte mit einem anforderungsgerech-ten Leistungsportfolio haben synergetische Effekte entlang der gesamten Supply Chain zu nutzen und somit entstehende Vor- und Nachteile ganzheitlich auszuglei-chen. Interessenkonflikte bedürfen flexibler Lösungen sowie einer Minimierung der Transaktionskosten für alle Beteiligten. Während für die Harmonisierung der nationa-len Bestimmungen sowie die Standardisierung der technologischen Vielfalt eine eher langfristige Zeitspanne zu berücksichtigen ist, können kurz- bis mittelfristige Umsetzungen, welche die Vorteile des multimodalen Transportes zum Tragen bringen, durch betriebswirtschaftlich-logistische Ansätze realisiert werden.

5.3 Gestaltungszusammenhänge multimodaler Supply Chains

In der Logistik und in der Verkehrswirtschaft steht beim Transport der Ortswechsel einer Ware im Mittelpunkt. Dabei geht es darum, ein Objekt mit einem oder auch mehreren Verkehrsträgern von einem Versandort (Quelle) zu einem Empfangsort (Senke) zu befördern. Hierfür stehen unterschiedliche *Formen multimodalen Verkehrs* zur Verfügung. Zum einen als *unimodaler Verkehr* bei dem ein direkter Transport der Ware von der Quelle zur Senke mit nur einem Verkehrsträger erfolgt. Im Gegensatz dazu findet bei *multimodalen Verkehren* der Ortswechsel unter Verwendung von mindestens zwei unterschiedlichen Verkehrsträgern statt.

Im Rahmen des multimodalen Transportes gibt es unterschiedliche Unterteilungen. *Intermodale, kombinierte* und *gebrochene Verkehre* sind die Formen des Transports eines Gutes bei Verwendung mehrerer Verkehrsträger.

"*Gebrochener Verkehr*" ist der multimodale Transport, bei dem jeder Beförderer die Vertragspflichten nur für seinen Beförderungsabschnitt übernimmt. Die Transporte einer Ladeeinheit (Palette oder Behälter) erfolgen mit Unterwegsumschlag und Unterwegsauflösung.[176]

"*Intermodaler Verkehr*" bezeichnet den Transport von Gütern in ein und derselben Ladeeinheit oder demselben Straßenfahrzeug mit zwei oder mehreren Verkehrsträgern, wobei ein Wechsel der Ladeeinheit, aber kein Umschlag der transportierten Güter selbst erfolgt.[177]

Unter "*Kombinierter Verkehr*" versteht man die intermodalen Verkehre, bei denen der überwiegende Teil der in Europa zurückgelegten Strecke mit der Eisenbahn, dem Binnen- oder Seeschiff bewältigt und Vor- sowie Nachlauf auf der Straße so kurz wie möglich gehalten wird.[178]

Allerdings werden die Begriffe Multimodaler Verkehr, Intermodaler Verkehr und Kombinierter Verkehr in der Fachsprache häufig als Synonym verwendet, ohne dass dabei eine direkte Unterscheidung vorgenommen wird.

---

[176] Vgl. Pfohl 2004, S. 78 ff.; HGB § 413, Abs. 1e.
[177] Vgl. United Nations 2001, S. 17.
[178] Vgl. United Nations 2001, S. 18.

Intermodale Verkehre basieren auf dem Wechsel der Verkehrsträger, ohne dass die Waren ihren Ladungsträger im Transport verlassen. Ein Wechsel zwischen den Verkehrsträgern erfolgt dabei an bestimmten Umschlagpunkten, an denen die Infrastrukturen unterschiedlicher Verkehrsträger zusammen laufen und die über die notwendigen technischen Bedingungen zum Verladen der Ladeeinheiten zwischen diesen verfügen. Daher zeichnet sich eine normale Transportkette im intermodalen Verkehr durch mehrere Einzelprozesse aus, die untereinander koordiniert werden müssen. (vgl. Abbildung 5-1).

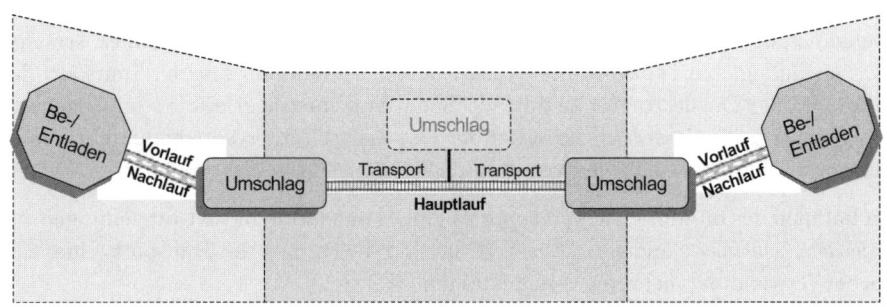

Abbildung 5-1: Intermodale Transportkette am Beispiel Bahn

Die Ladeeinheiten werden im kombinierten Verkehr von den verschiedenen Quellen zu jenem Umschlagpunkt gebracht, an dem der Hauptlauf startet. Dieser Prozess stellt in der intermodalen Transportkette den Vorlauf dar. Der Umschlagprozess am Terminal für den Hauptlauf erfolgt dann für alle im Rahmen des Transportauftrages angelieferten Ladeeinheiten auf den entsprechenden Hauptlaufverkehrsträger. In den meisten Fällen sind dies die Bahn oder das Binnenschiff. Der Hauptverkehrsträger übernimmt den Hauptanteil der Transportstrecke zum Umschlagterminal in der Nähe der Zieldestinationen. Hier erfolgt wieder ein Umschlag auf den bzw. die Verkehrsträger für den endgültigen Transport zu den jeweiligen Zieldestinationen. Ebenfalls möglich ist auf einer Hauptlaufstrecke der Umschlag zwischen Hauptlaufträgern, z.B. von Binnenschiff auf Bahn oder vice versa, unter anderem bei Warenströmen zwischen Seehäfen und binnenwasserstraßenfreiem Hinterland.

Beim *Vorlauf* werden grundlegend die beladenen Ladeeinheiten an der Quelle in Empfang genommen und zum nächstgelegenen Umschlagterminal gebracht. In der Regel gilt: je kürzer die Vorlaufentfernung, um so wirtschaftlich effizienter ist die gesamte Transportkette. Der Vorlauf zeichnet sich dadurch aus, dass von unterschiedlichen Quellen Ladungsträger eingesammelt werden, die dann auf dem Hauptlaufverkehrsträger für einen Transport konsolidiert werden. In den meisten Fällen ist der Vorlauf straßengebunden, was daran liegt, dass die meisten Unternehmensstandorte auf eine Lkw-Be- bzw. Entladung ausgerichtet sind und nicht über Gleis- oder gar Wasserstraßenanschlüsse verfügen.

Im *Hauptlauf* wird der größte Teil der Transportstrecke zurückgelegt. Beim kombinierten Verkehr geht man davon aus, dass im allgemeinen Strecken erst ab 300 km wirtschaftlich rentabel sind. Überwiegend lassen sich die höheren Kosten- und Zeitaufwendungen der Umschläge im Vergleich zum reinen Straßengüterverkehr erst bei größeren Entfernungen kompensieren. Kürzere Hauptlaufstrecken können jedoch bei hohen Kapazitätsauslastungen und paarigen Transporten realisiert werden, wobei die Art der Waren ebenfalls von Bedeutung ist.

Der Verlauf des Hauptlaufs zwischen Startterminal und Zielterminal wird durch die Infrastruktur bzw. die gewählten Verkehrsträger und die zur Verfügung stehende Streckenführung festgelegt. Die technischen und strukturellen Bedingungen auf den Strecken beeinflussen die Dauer der Transporte sowie die technischen Anforderungen an die Verkehrsträgereinheiten. Beides hat Auswirkungen auf Fixkosten sowie dispositive Aufwendungen des Transports.

Solche Einflussfaktoren stellen beim Schienentransport zum Beispiel das Trassenzeitfenster und gegebenenfalls anfallende Rangierzeiten bei Fahrtrichtungswechseln bzw. bei einem Lokwechsel dar. Erforderlich ist stets eine Gesamtbetrachtung. Die Lichtraumprofile der einzelnen Trassen etwa müssen zu den eingesetzten Waggons und Ladeeinheiten passen. Zugleich bestimmen Trasseneigenschaften wie Energieversorgung und Steigungen die technischen Anforderungen an die einzusetzenden Lokomotiven.

Im Binnenschiffstransport beeinflusst vor allem die Fahrtrichtung die aufzubringende Zeit für den Transport. Eine Fahrt gegen den Strom (Bergfahrt) dauert natürlich länger als eine Fahrt mit dem Strom (Talfahrt). Zusätzlich müssen noch die Schleusenzeiten je nach Fluss und Anzahl bei der Berechnung der Transportdauer berücksichtigt werden. Je nach Brückenhöhen sowie Wasserpegel variieren die Kapazitätsgrenzen für die Beladung.

Im *Nachlauf* übernimmt ein Verkehrsträger die Ladeeinheiten am Zielterminal des Hauptlaufes und liefert sie an den vorgegebenen Empfangsdestinationen ab. Dieser Transport ist ebenso wie der Vorlauf in den häufigsten Fällen straßengebunden (aus den gleichen Gründen wie im Vorlauf). Auch andere Bedingungen ähneln denen des Vorlaufs, so müssen hier ebenfalls mehrere Destinationen mit unterschiedlichen Entfernungen bedient werden und kürzere Distanzen in gleicher Weise den wirtschaftlichen Effizienzgrad der Transportkette beeinflussen.

Wie beschrieben werden in intermodalen Verkehren nur die Ladeeinheiten von einem Verkehrsträger auf einen anderen umgeschlagen. Dieses erfolgt in Abhängigkeit von der verwendeten Ladeeinheit. Man unterscheidet dabei zwei wesentliche *Techniken des intermodalen Verkehrs*.

Im begleiteten kombinierten Verkehr werden die Sattelzüge über die sogenannte „*Rollende Landstraße*" befördert (vgl. Abbildung 5-2). Hierbei fährt der gesamte Lkw inklusive Anhänger über eine Rampe auf den ihm zugewiesenem Niederflurwaggon eines Zuges. Die Fahrer begleiten den Transport in einem Liegewagen, da sie aus sicherheitstechnischen Gründen nicht im Lkw bleiben dürfen. Für dieses Verfahren ist kein zusätzliches Umschlaggerät nötig, da das Fahrzeug den Wechsel zwischen Straße und Schiene aus eigener Kraft vollzieht.

Abbildung 5-2: Die rollende Landstraße (Quelle: UIRR u.a. 2003, S. 4)

Der begleitete kombinierte Verkehr hat den Vorteil, dass die Zeiten, in denen Fahrzeug und Fahrer auf der Schiene verbringen, als Ruhezeiten für den Fahrer anerkannt werden.

Gegenüber dem unbegleiteten kombinierten Verkehr haben allerdings die begleiteten Verkehre den Nachteil, dass das Verhältnis von Nutzlast und Totlast wesentlich ungünstiger ausfällt. Begründet ist dieses in der Tatsache, dass zu dem Ladungsgewicht der Ware und dem Gewicht der Ladeeinheit noch das Gewicht des Fahrzeugs hinzukommt, wodurch weniger Warenmengen in einem Transportgang befördert werden können.

Dies führt dazu, dass die Rollende Landstraße hauptsächlich an Stellen mit geographischen und ähnlichen Engpässen für den Straßenverkehr eingesetzt wird, so zum Beispiel bei der Alpenquerung. Ebenso existiert das Konzept der "Schwimmenden Landstraße", bei dem die Straßenfahrzeuge auf das Binnenschiff gefahren werden, jedoch findet dieses bisher nur sehr vereinzelt Anwendung.

Im unbegleiteten intermodalen Verkehr hingegen werden zum Transport von Waren Ladeeinheiten ohne Motorisierung eingesetzt. Beim Wechsel zwischen den Verkehrsträgern werden nur die Ladeeinheiten umgeschlagen und weitertransportiert – Fahrzeug, Transportanhänger und Fahrer bleiben vor Ort zurück (vgl. Abbildung 5-3). Der Einsatz von genormten Ladeeinheiten gestaltet hier das betriebliche Handling einfacher und fördert die systemeigenen Vorteile der einzelnen Verkehrsträger in der Anwendung. Auf Grund der technischen Entwicklung und baulichen Anpassung der Ladeeinheiten ist es mittlerweile möglich, nahezu alle Güter im unbegleiteten kombinierten Verkehr transportieren zu können.

Abbildung 5-3: Unbegleiteter intermodaler Verkehr (Quelle: UIRR u.a. 2003, S. 4)

Die drei wesentlichen Formen von genormten **Ladeeinheiten**, die im unbegleiteten intermodalen Verkehr vorrangig Verwendung finden sind Container, Wechselbrücken und Sattelauflieger.[179]

Innerhalb des intermodalen Transports befinden sich zwei genormte Formen des *Containers* im Einsatz, zum einen der ISO-Container und zum anderen der Binnen- oder auch palettenbreite Container. Die ISO-Container stellen die Grundform der Container dar, benannt nach ihrer Normung durch die internationale Organisation ISO. Sie verfügen über eine hohe Festigkeit und können voll beladen über mehrere Ebenen[180] gestapelt werden. Dieses macht sie vor allem für den Seeschifftransport attraktiv, insbesondere auf transozeanischen Routen. Die im Einsatz befindlichen Container verfügen entweder über eine 20 oder 40 Fuß Länge. Auf Grund der unterschiedlichen Struktur und Masse der Waren in den einzelnen Containern sind dies dann auch die Bezugsgrößen für statistische Erhebungen, Twenty-Foot-Unit (TEU) und Fourty-Foot-Unit (FEU).

Im europäischen Binnenlandverkehr sind die Maße des ISO-Containers für den Transport jedoch nicht optimal, denn sie können keine zwei *Paletten* nebeneinander ohne Leerfläche aufnehmen. Dadurch verringert sich die Anzahl der in einer Fahrt transportierbaren Warenmengen (im Vergleich: 40' ISO Container = 24 Paletten; 40' Binnencontainer = 30 Paletten). Aus diesem Grund wurden für den binneneuropäischen Markt die palettenbreiten Container entwickelt. Sie sind für eine optimale Aufnahme von Paletten ausgelegt. Durch die Verbreiterung ergab sich jedoch eine geringere Stabilität, welche eine Stapelbarkeit nur bis auf die dritte Ebene ermöglicht. Die meistverwendeten Längen stellen dabei immer noch 20' und 40' dar, jedoch finden auch Container mit

---

[179] Vgl. Lorenz 2005, S. 610 f.

[180] „Nach ISO-Minimalanforderungen können sechs voll beladene Container übereinander gestapelt werden. Viele Container sind allerdings auf eine Stapelhöhe von neun und mehr vollen Behältern ausgelegt." (www.containerhandbuch.de). Moderne Containerschiffe können bis zu 13 Ebenen hoch laden.

10 bis 45 Fuß Länge Verwendung – insbesondere letzterer gewinnt am Markt immer mehr an Gunst bei Verladern.

Wechselbrücken sind vor allem im innerdeutschen Landverkehr im Einsatz. Sie verfügen über das beste Verhältnis von Nutz- und Totlast, ihre Maße sind optimal auf den Transport von Paletten ausgelegt und sie können dank der angebrachten Stützfüße ohne die Bindung weiterer Ressourcen, wie Umschlaggerät oder Transportfahrzeuge, an Rampen beladen werden. Ihre Normung entspricht den Gliederzügen im Straßentransport. Für den Einsatz auf der Schiene sind keine gesonderten Waggons nötig und sie können im Verband mit Containern verladen werden. Bisher verfügten Wechselbrücken noch nicht über die Festigkeit, um sie stapeln zu können, was einen Einsatz auf Binnenschiffen ineffizient gestaltete. Seit Neustem befinden sich Wechselbrücken im Gebrauch, die voll beladen doppelstöckig gelagert werden können.

Bei *Sattelaufliegern* wird der vollständige Anhänger ohne Zugmaschine auf den alternativen Verkehrsträger verladen. Der Umschlag kann dabei nur vertikal vollzogen werden. Somit bedarf ein Sattelauflieger eines stabileren Aufbaus für den kombinierten Verkehr, um den verschiedenen Zugkräften gewachsen zu sein. Des Weiteren sind spezielle Niederflurwaggons erforderlich mit Platz für die Reifen. Allein diese Tatsache sorgt dafür, dass sich die Kosten für den Einsatz von Sattelaufliegern deutlich erhöhen. Allerdings vermindert sich das vorzuhaltende Equipment, da am Zielort kein zusätzliches Anhängerchassis zur Aufnahme der Ladeeinheit bereitstehen muss.

Innerhalb des intermodalen Verkehrs kommen vorrangig die Verkehrsträger Schiene, Straße und Wasserstraße zum Einsatz. Für eine optimale Nutzung und Verknüpfung der einzelnen Verkehrsträger bedarf es der Kenntnis ihrer *Systemeigenschaften*, die sie für den Transport kennzeichnen. Die folgenden sieben *Qualitätsmerkmale*[181] für Verkehrsleistungen spiegeln dabei die Anforderungen des Marktes wieder:

Massenleistungsfähigkeit: Die Massenleistungsfähigkeit beschreibt die Fähigkeit des Verkehrsträgers, Transporte mit großen Gütermengen bei möglichst niedrigen Kosten durchzuführen. Dabei steht die Erbringung möglichst großer Verkehrsleistungen in einer Zeiteinheit im Vordergrund. Als meistverwendetes Maß für die Massenleistungsfähigkeit gilt 'Tonnen pro Kilometer und Stunde'.

Transportdauer: Die Transportdauer beschreibt den Zeitaufwand für den Transport eines Gutes vom Sender zum Empfänger. Die Schnelligkeit des Transportes wird dabei anhand der Durchschnittsgeschwindigkeit und der dabei zu berücksichtigenden Wartezeiten festgelegt und ist nicht mit der Höchstgeschwindigkeit eines Verkehrsmittels gleichzusetzen.

Netzbildungsfähigkeit: Bei der Netzbildungsfähigkeit geht es um die infrastrukturellen Möglichkeiten eines Verkehrsträgers, flächendeckend Quellen und Senken zu bedienen. Das ergibt sich aus der infrastrukturellen Dichte der einzelnen Verkehrsträger.

---

[181] Vgl. Eickemeier 1997, S. 88 ff.

Zuverlässigkeit: Die Zuverlässigkeit bezeichnet die Fähigkeit eines Verkehrsmittels, die festgelegten Zeitpläne einzuhalten und somit termingerechte Transporte durchführen zu können. Generell besitzt die Zuverlässigkeit für Verlader eine große Bedeutung bei der Beurteilung der Transportmittel, vor allem vor dem Hintergrund immer terminabhängigerer Logistikkonzepte.

Zeitliche und mengenmäßige Flexibilität: Gemeinhin wird darunter die Fähigkeit verstanden, flexibel auf kurzfristige Änderungen des Transportablaufs reagieren zu können. Dadurch lassen sich differenzierte Transportbedürfnisse besser abdecken. Der Flexibilitätsgrad spiegelt sich in der Anpassungsfähigkeit sowie Einfachheit der Durchführung wieder und lässt sich anhand der Kapazitätsauslastung des Systems sowie der Bedienungsintensität der Strecke qualitativ bewerten.

Transportsicherheit: Transportsicherheit beschreibt die Fähigkeit, Transportvorgänge ohne eine Beschädigung der Waren abzuwickeln. Schäden am Gut können dabei entweder aus Einwirkungen bei den Be- und Entlade- sowie Umschlagvorgängen, aus Einwirkungen während des Transportes oder auch durch Unfälle des Verkehrsmittels selbst resultieren. Als Maßeinheiten zur Bewertung dieses Kriteriums dienen die Unfallhäufigkeit des Verkehrsmittels und die Transportschadensquote.

Umweltfreundlichkeit: Die Umweltfreundlichkeit beschreibt den Grad der Umweltinanspruchnahme eines Verkehrsträgers. Als Bewertungskriterien sind die Faktoren für externe Kosten des Transportes anzusehen, wie Schadstoffausstoß, Flächenverdichtung usw., aber auch der Energieverbrauch pro t/km.

In Abbildung 5-4 werden die *Leistungsprofile* der einzelnen Verkehrsträger übersichtlich dargestellt. Zusätzlich findet sich in der Grafik noch zum Vergleich ein durchschnittliches Anforderungsprofil der Nachfrager für Transportdienstleistungen. Dieses ändert sich jedoch je nach individuellen Bedürfnissen eines jeden Transportauftrages. Die Bewertungsskalen gehen hier von innen nach außen. Das heißt, je besser das Kriterium bei dem einzelnen Verkehrsträger ausfällt, um so dichter liegt der Wert am Kern, und je schlechter, um so weiter davon entfernt.

Betrachtet man die Leistungsprofile der Verkehrsträger im Vergleich mit dem Anforderungsprofil, dann fällt auf, dass nicht ein Verkehrsträger alleine allen Anforderungen gerecht wird. Dabei muss man beachten, dass sich die Anforderungsprofile der Nachfrager je nach Supply Chain Strategie, Ware und Rahmenbedingungen individuell verändern.

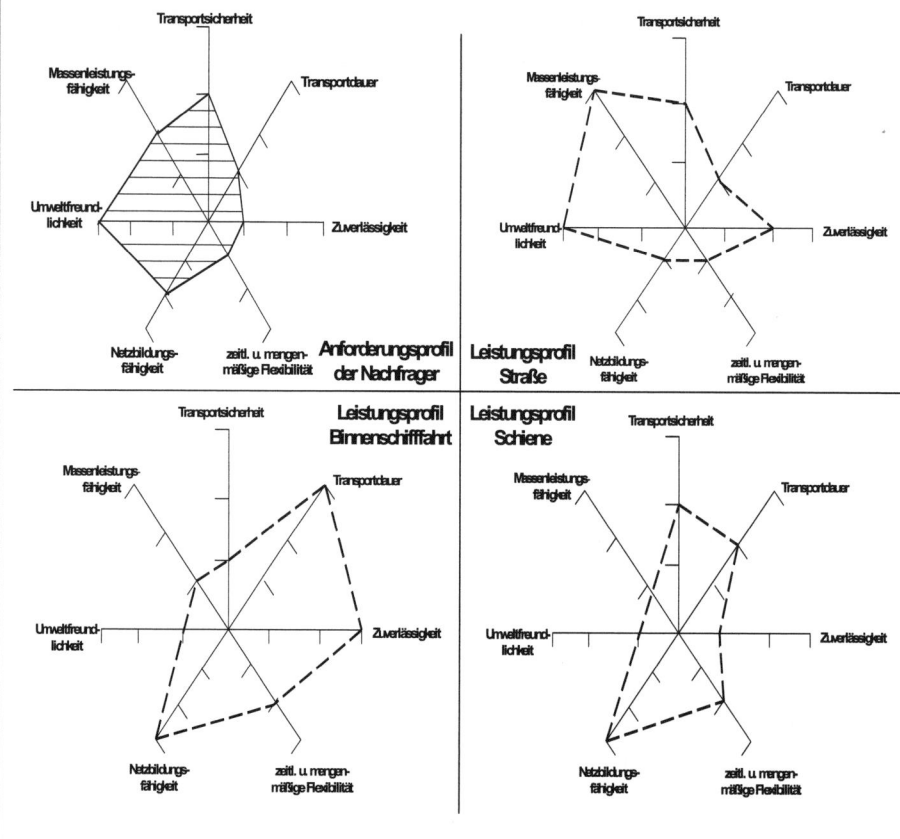

Abbildung 5-4: Leistungsprofile der Verkehrsträger im Vergleich mit dem Anforderungsprofil von Nachfragern (Quelle: Eickemeier 1997, S. 88-113)

5.4 Kooperationen als Gestaltungsnotwendigkeit von multimodalen Supply Chains

Der Begriff „Kooperation" entstammt der lateinischen Sprache und bedeutet in der Übersetzung „Zusammenarbeit" oder genauer „gemeinschaftliche Erfüllung von Aufgaben". Im betriebswirtschaftlichen Sinne versteht man darunter sämtliche Zusammenschlüsse von rechtlich sowie wirtschaftlich selbständigen Unternehmen, die ein gemeinsames Ziel verfolgen, welches ohne ein kooperatives Verhalten als nicht realisierbar gilt. Vorrangig geht es darum, eigene Schwachpunkte durch die Stärken anderer auszugleichen und die sich daraus ergebenden Vorteile, wie z.B. Synergieeffekte oder Überwindung von Marktbarrieren, zu nutzen. Im Endeffekt dient eine Bündelung der verschiedenen Ressourcen den Unternehmen dazu, die eigene Marktposition zu stärken und zu verbessern.[182]

Die innerhalb von Kooperationen eingegangenen organisationalen Arrangements weisen eine engere Bindung auf als typische Marktbeziehungen, wie einmalig abgeschlossene Kaufverträge. Allerdings nehmen ihre Strukturen auch keine festen hierarchischen Formen an, welche den Verlust der Selbständigkeit im Zuge einer Integration nach sich ziehen. Innerhalb von Unternehmungshierarchien ersetzen die Weisungen einer übergeordneten Leitung jedwede marktliche Eigenkoordination.

Im Gegensatz zu anderen Organisationsformen bleiben bei Kooperationen sämtliche Beteiligte marktlich frei tätig und die Zusammenarbeit beschränkt sich überwiegend auf Teilbereiche der Unternehmen. Somit liegen die kooperativen Organisationsformen zwischen denen des Marktes und der Hierarchie.

Kooperationen entstehen dabei auf verschiedenen Ebenen der Wertschöpfungskette bzw. auch entlang der diversen Richtungen einer Wertschöpfungskette. So kann eine Kooperation auf horizontaler Ebene angesiedelt sein. Dabei stehen Unternehmen in Beziehung, die sich auf der gleichen Stufe der Wertschöpfung befinden, also in der Regel in Konkurrenz zueinander. Ein typisches Beispiel für eine solche Kooperation ist der Zusammenschluss verschiedener Zulieferunternehmen zu einem Netzwerk, wie beispielsweise innerhalb der Automobilherstellung. Im Rahmen der Intermodalität lassen sich Zusammenschlüsse zwischen Eisenbahnverkehrsunternehmen zur Gründung einer neuen Dienstleistung auf der Schiene nennen. Unter Kooperationen auf vertikaler Ebene versteht man die Zusammenarbeit von Unternehmen entlang einer Produktionskette, wie z.B. zwischen einem Konstrukteur, einem Vorproduzenten, einem Produzenten und einem Entsorger. Die dritte Form der Kooperation wird als diagonale Kooperation bezeichnet, da sich hier Unternehmen verschiedener Märkte ohne direkte Marktbeziehungen zueinander zusammenschließen.

Kooperationen durchlaufen ähnlich wie Produkte einen Lebenszyklus. Dieser Zyklus von der Bildung bis zur Auflösung kann in sechs Phasen[183] unterteilt werden:

Initiierung

Eine Basismotivation zur Kooperationsbildung entsteht durch die Feststellung von Schwachstellen, deren Beseitigung angestrebt wird. Anhand einer Situationsanalyse werden unternehmensinterne Schwächen aufgedeckt. Im Rahmen einer darauffolgenden Strategiefindung werden betriebswirtschaftliche Ziele definiert, welche mit der Kooperation erreicht werden sollen. Diese Ziele bilden die Grundlage für spezifizierte

---

[182] Vgl. Sydow 1992.
[183] Vgl. Staudt 1992.

Kooperationsaufgaben, anhand derer sich die materiellen und immateriellen Anforderungen an den Umfang der Kooperation bestimmen lassen.

Partnersuche

Die Wahl der Partner ergibt sich aus den Motiven, den betriebwirtschaftlichen Zielen und den Kooperationsaufgaben. Denn erst wenn diese klar definiert sind, kann festgestellt werden, welche Fähigkeiten und Ressourcen künftige Mitglieder der Kooperation mitbringen müssen, um die eigenen zu ergänzen. Anhand von Anforderungsprofilen werden potenzielle Partnerunternehmen auf ihre Integrierbarkeit untersucht. Diese Profile beinhalten die räumliche Lage, Leistungsprofile, Marktsituation der Partner u.a. Für eine erfolgreiche Realisierung der Kooperation müssen die Ziele sämtlicher Partner miteinander kompatibel sein, während sich ihre Fertigkeiten komplementär zueinander verhalten sollten.

Aufbau

Nachdem Ziele und Ausrichtung definiert sind und die Partnerauswahl getroffen wurde, muss eine Entscheidung über die Architektur der Kooperation getroffen werden. Dazu gehören:

- Festsetzung der Lebensdauer,

- Bestimmung der vertraglichen Konditionen,

- Ausgestaltung sämtlicher unternehmensübergreifender Infrastrukturen, wie etwa auch informationstechnische Netze, und

- Festlegung der zu erbringenden Leistungen der einzelnen Partner.

Zudem wird die jeweilige Rolle der Mitglieder im Rahmen der Kooperation bestimmt.

Betrieb

Um eine effiziente Leistungserstellung, -koordination sowie -verwertung zu gewährleisten ist innerhalb von Kooperationen ein zielorientiertes Management von hoher Bedeutung, da selbständige Unternehmen mit eigenen Interessen und Zielen zusammenarbeiten. Dieses kann nur durch Führungs- und Abstimmungsvereinbarungen der Partner erfolgen. Zur Sicherung der Effizienz einer Kooperation dienen Kontrollsysteme. Diese prüfen die Realisierbarkeit der Ziele und/oder die Projektfortschritte bei den Partnern.

Rekonfiguration

Innerhalb einer Kooperation ist es wichtig, das Anreiz-Beitrag-Gleichgewicht zu beachten, denn dieses bestimmt die Stabilität der Kooperation. Kann ein Partner keinen genügenden Nutzen mehr aus der Kooperation ziehen, wird er auch keinen Beitrag mehr leisten und diese verlassen. Kommt es zu solchen oder anderen tiefgreifenden

Veränderungen im Konfigurationsgebilde der Kooperation, bedarf es einer Rekonfiguration dieser Kooperation.

Auflösung

Wenn der Wirkungszeitraum abgelaufen ist, die gesetzten Ziele erreicht wurden oder eine Rekonfiguration nach einschneidenden Veränderungen nicht mehr möglich ist, kommt es zur Auflösung der Kooperation. Dabei entstehen unterschiedliche Auswirkungen auf die Ressourcen- und Gewinnsituation der jeweiligen Partner. Auch sind in der Regel Neuordnungen der Aufgabenorganisation innerhalb der Unternehmen erforderlich.

Eine endgültige Kooperationsentscheidung bildet sich durch eine Überprüfung des Kosten-Nutzen-Verhältnisses für das eigene Unternehmen. Im Rahmen dieser werden die monetarisierten Nachteile mit den zu erwartenden bewerteten Ergebnissen, den Nutzen, einer solchen Zusammenarbeit in Bezug zueinander gestellt. Eine von jedem Partner akzeptierbare Verteilung der Vorteile, beispielsweise in Form von gemeinsam entwickelten Produkt- und Prozessinnovationen sowie in Form erwirtschafteter Gewinne, stellt eine der größten Herausforderungen für Kooperationen dar.

Diese Kooperationen spielen beim *Design logistischer Produkte* für multimodale Verkehre eine entscheidende Rolle. Veränderte logistische Rahmenbedingungen etwa auch durch die EU-Osterweiterung resultieren im Güterverkehr in Neuverkehren, erhöhten Ladungspotentialen, veränderten Ladungsqualitäten und neuen Akteurskonstellationen in Wertschöpfungsketten.

Angebotsseitig ist hierauf sowohl durch ein Design logistischer Produkte, etwa nach Zeit, Qualität und Menge, als auch auf ein Kooperationsdesign einzugehen, um Entwicklungs- und Verlagerungseffekte aufgreifen zu können. Die *Analyse des Angebots* umfasst Kapazitäten, Systemmerkmale, Beteiligte, Leistungsumfänge und Verlagerungsoptionen im Rahmen von Korridoranalysen. Betriebliche Notwendigkeiten der Verlader sind verkehrswirtschaftlichen Gegebenheiten gegenüber zu stellen. Daneben spielen gerade im Zusammenhang mit Quelle-Ziel-Relationen bei breitem Ladungsspektrum standortlogistische Gegebenheiten sowie die Integration multimodaler Hubs und Güterverkehrszentren eine wesentliche Rolle. Technische und organisatorische Aspekte sind mit entscheidend, inwieweit Kapazitäten Verkehrsumfänge zulassen. Ein Design logistischer Produkte beinhaltet Systementwürfe zur Gestaltung eines attraktiven Angebotes.

Angebote im Güterverkehr bedingen Kooperationsansätze. Diese sind entsprechend benötigten und zur Verfügung zu stellenden Kapazitäten, Fähigkeiten und logistischen Anforderungen zu gestalten. Durch ein *Kooperationsdesign* sind kooperierende Systeme, welche ebenfalls akteursspezifische Engpässe zu überwinden versuchen, gestaltbar. Eine Abstimmung logistischer Optimierungs- und Gestaltungsmaßnahmen wird möglich. *Partizipative Integrationsansätze* können berücksichtigt werden. Das Kooperationsdesign kann sich an der Ausgestaltung der Funktionen eines von der EU vorgeschlagenen *Freight Integrators* im intermodalen Güterverkehr orientieren. Dieser trägt zu einer Verbesserung der Angebotsseite bei.

5.5   Kooperatives Design logistischer Korridore

Logistische Korridore verbinden über ihre Infra- und Suprastrukturen *Standorträume* der Produktion und der Konsumtion miteinander. Über sie erfolgt der Transport der Waren und der Austausch der diese begleitenden Informationen. Unterschiedliche Verkehrsträger und Transportmittel werden über Schnittstellen des Umschlags miteinander verknüpft. Die Transportgüter werden konditioniert, disponiert und distribuiert.

Innerhalb dieser Korridore vollzieht sich die systemübergreifende und integrative *Systemgestaltung*[184], in dem logistische Fähigkeiten und Leistungen unterschiedlicher Standorträume aufeinander abgestimmt und miteinander vernetzt werden. Zur Beherrschung der damit verbundenen Komplexität bedarf es der kontinuierlichen und systemkonformen Ausschöpfung vorliegender Innovationsfaktoren. Dies erfolgt durch eine Konzentration auf Kernfähigkeiten und Kompetenzen, die in Unternehmen und an Standorten vorliegen.

Die Gestaltung dieser intermodalen Korridore erfolgt über ein schnittstellenübergreifendes Management der gesamten Prozesskette, dem logistische Konzeptionen zugrunde liegen. Nicht die Kosteneffizienz und Qualität des einzelnen Kettengliedes, sondern die Leistungsfähigkeit der gesamten Kette bestimmt hierbei die wirtschaftliche Tragfähigkeit des Angebotes, sowie seine Wettbewerbsfähigkeit.

Die Elemente eines intermodalen Korridors sind die Verkehrsträger und -mittel, die Schnittstellen des Güteraustausches und -lagerns, das vorhandene Angebot an und die Nachfrage nach logistischen Leistungen durch Unternehmen und Unternehmensnetzwerke an den korrespondierenden Standorten. Straßen, Schienenwege, Binnenwasserstraßen sowie Luft- und Seewege bilden das physische Rückgrat. Der LKW, das Binnenschiff, der Güterzug, das Seeschiff und die Luftfrachtmaschinen repräsentieren mit ihren jeweiligen Transporteinheiten die verfahrenstechnischen Systeme. Logistische Knoten des Umschlages sind See- und Binnenhäfen, Güterverkehrs- und Dienstleistungszentren, Flughäfen sowie Zentral- und Regionallager oder Umschlagterminals. Die Unternehmen der verladenden Wirtschaft aus Industrie und Handel bestimmen das Anforderungsprofil an die logistische Leistungserstellung bis hin zum Endkunden und der verkehrswirtschaftliche Logistiksektor repräsentiert das Angebot

---

[184] Vgl. Haasis/Szafera 2005.

an Dienstleistungsprodukten. Diese Elemente stellen die Gestaltungsparameter eines logistischen Korridors dar.

Logistik ist hierbei als bedeutender Wirtschaftsfaktor einzuschätzen. Mit ihm sind auf gesamt- und regionalwirtschaftlicher Ebene im Standortwettbewerb qualifizierte Arbeitsplätze im logistischen Dienstleistungssektor zu binden und zu sichern, sowie über die Schaffung geeigneter Standortbedingungen Investitionen zu generieren und auf der betriebswirtschaftlichen Ebene durch die Logistik Mehrwerte an den Produkten zu erzeugen und diese wettbewerbsfähig am Markt zu positionieren.

Die innerhalb eines logistischen Korridors zur Verfügung stehenden Ressourcen und Kapazitäten unterliegen sowohl der Verantwortlichkeit und Zuständigkeit einzelner Unternehmen als auch kommunaler und nationaler Behörden und Organisationen. Bau, Instandhaltung und Modernisierung von Straßen- und Schienenwegen, Häfen und Umschlaganlagen bestimmen die zur Verfügung stehenden Potentiale für die physische Prozessplanung und -abwicklung des Transports. Hierbei sind Güter- und Individualverkehr sowie die damit verbundenen Mobilitätsansprüche in Einklang zu bringen. Diese traditionell hoheitlichen Aufgaben entfallen heute durch Privatisierung oder Teilprivatisierungen auf regionaler und nationaler Ebene bereits ganz oder teilweise auf Organisationseinheiten, die dem Prinzip der Wirtschaftlichkeit folgen. Darüber hinaus werden ordnungs- und verkehrspolitische Maßnahmen (z.B. die Maut, als Benutzungsgebühr für die öffentliche Infrastruktur) eingeleitet, die einer verträglichen Verkehrslenkung dienen und multimodale Transporte fördern sollen.

Über die Nutzung der Verkehrsträger und den Einsatz der Verkehrsmittel entscheiden die betriebswirtschaftlichen Einheiten der verladenden Wirtschaft und des logistischen Dienstleistungssektors. Neben Kosten und Produktivitäten bestimmt zunehmend der auf den Kunden ausgerichtete Servicegrad die Auswahl unter den bestehenden Transportalternativen. Hierbei ist nicht zuletzt das zur Verfügung stehende Angebot an verkehrswirtschaftlichen Einrichtungen und deren Qualität an einem Standort ausschlaggebend. Hinzu tritt das Fähigkeitspotential der beteiligten Akteure, flexibel auf die jeweiligen Anforderungen reagieren zu können. Komplexitätsbewältigung bei gleichzeitigen Flexibilitätsgewinnen wird zunehmend durch die Bildung strategischer Allianzen erzielt. Insbesondere für Klein- und mittelständische Unternehmen werden auf diese Weise Risiken geteilt und Chancen durch Kapazitätsbündelung und Synergieerschließung eröffnet.

Der reine Gütertransport von der Produktion bis hin zum Kunden wird somit durch das Zusammenspiel öffentlicher und privater Akteure zu einem wertschöpfenden Prozess gestaltet. Die damit verbundenen Effekte auf Wirtschaftsstruktur und Wirtschaftlichkeit gilt es zu antizipieren und durch integrative Systemgestaltung nachhaltig und wertschöpfend, d.h. gesellschaftlich und ökonomisch verträglich, auszuschöpfen.

5.6 Praxisbeispiel: Multimodale Kooperation im Hafen- und Hinterlandverkehr

Durch eine multimodale Kooperation wird für den Hafen- und Hinterlandverkehr im „nassen Dreieck" Bremen, Hamburg und Bremerhaven unter anderem ein Linienverkehr zwischen den drei Städten angeboten. So können insbesondere Container aus den Seehäfen in Bremen für das Hinterland konsolidiert werden. In Gegenrichtung werden die konsolidierten Exportmengen aus dem Hinterland in Bremen auf die Zielhäfen Bremerhaven und Hamburg gesplittet.

Ebenso ermöglicht dieser Schienengüterdienst einen schnellen Austausch von Containern zwischen den Seehäfen. Auf diese Weise lassen sich paarige Verkehre schneller bilden und das System ermöglicht eine höhere ökonomische Effizienz.

Auf Grundlage einer Kooperation von vier Unternehmen wurde eine Gesellschaft gegründet, die als Anbieter dieses multimodalen Angebotes dient. Die beteiligten Unternehmen verfügen über eine hohe Bandbreite an nötigen Kompetenzen, die in Kombination erst einen solchen Leistungsumfang in der Ausgestaltung zulassen.

Zu den Kooperationspartnern gehört ein Logistikunternehmen aus der Containerbranche, das sich auf die Durchführung und Vermarktung von flexiblen Transportketten unter Einbeziehung der Verkehrsträger Straße, Wasserweg und Schiene spezialisiert hat. Diesbezüglich verfügt es über ein eignes Vertriebskonzept zu Reedern, Agenten und Spediteuren sowie teilweise direkt zur verladenden Wirtschaft. Im Rahmen der Speditionstätigkeiten liegt die Kernkompetenz des Unternehmens auf der Disposition von intermodalen Transporten sowie einem Netzwerk an Verladern, für die ein solches Angebot interessant erscheint.

Des Weiteren beteiligt sich ein Eisenbahnverkehrsunternehmen (EVU) aus dem norddeutschen Raum mit einem eigens betriebenen Schienenstreckennetz in der Region. Einen Schwerpunkt innerhalb des Güterverkehrsbereichs des Unternehmens bilden regelmäßige Containerzugverbindungen zwischen den Nordseehäfen und dem süddeutschen Hinterland. Sein Status als EVU berechtigt das Unternehmen Trassen von DB-Netz für bestimmte Verkehre anzumieten. Außerdem steuert das Unternehmen die Hardware in Form von Triebfahrzeugen und Tragwagen für die Ausführung des Angebotes bei. Zusätzlich erfolgt ein Teil der Streckenführung über die unternehmenseigenen Traktionen.

Ebenso ist ein Betreiber von Containerterminals als Kooperationspartner beteiligt. Das Unternehmen betreibt mehrere Seehafenterminals an der Nordsee, im Mittelmeerraum und am Atlantik mit hervorragenden Verbindungen ins europäische Hinterland. Neben den Tätigkeiten rund um den Containerumschlag gehören auch containerbezogene Dienstleistungen zum Kompetenzspektrum des Partners. Des Weiteren hat das Unternehmen Erfahrungen in weiten Bereichen des logistischen Sektors, wie etwa im Intermodalen Transport, im Logistik-Management, bei IT-Logistiklösungen und bei spezialisierten Ingenieurleistungen.

Ein weiterer Kooperationspartner ist eine Unternehmensgruppe mit umfangreichen Dienstleistungsangeboten innerhalb der Logistik: Kontraktlogistik, Gütertransport sowie Hafenlogistik. Die Kompetenzen umfassen dabei auch das Management vollständiger Supply Chains sowie das Ausgestalten von logistischen Mehrwertdiensten.

5.7 Übungsaufgaben

1. Erläutern Sie den Begriff Multimodalität sowie seine Bedeutung bei der Gestaltung von Supply Chains.

2. Welche Arten von Multimodalität kennen Sie? Nennen Sie je ein Beispiel aus Ihrem Tätigkeitsumfeld.

3. Sie planen eine Supply Chain von einem Zulieferer zu einem Betriebsstandort Ihres Unternehmens. Welche Vor- und Nachteile gibt es im Zusammenhang mit der Realisierung eines kombinierten Verkehrs?

4. Welches sind die Unterschiede zwischen einem begleiteten und unbegleiteten Transport? Nennen Sie Vor- und Nachteile.

5. Welche Kooperationen sind zur wirtschaftlichen Realisierung einer multimodalen Supply Chain wichtig und warum?

6. Welche Einflussgrößen sind zur Aufrechterhaltung einer intermodalen logistischen Lösung wesentlich?

7. Beschreiben Sie die Leistungsprofile unterschiedlicher Verkehrsträger anhand ausgewählter Qualitätskriterien.

5.8 Weiterführende Literatur

Aberle, G. (2000): Transportwirtschaft: einzelwirtschaftliche und gesamtwirtschaftliche Grundlagen, München.

Antlitz, A. (1999): Unternehmensgrenzen und Kooperation, Wiesbaden.

Arnold, D./Isermann, H./Kuhn, A./Tempelmeier H. (2004): Handbuch Logistik, Berlin.

Balling, R. (1997): Kooperation, Frankfurt am Main.

Bundesministerium für Verkehr, Bau und Stadtentwicklung (2001): Bericht zum kombinierten Verkehr, Berlin.

Eickemeier, S. (1997): Kombinierter Ladungsverkehr, Frankfurt a. M.

Forschungszentrum Karlsruhe Technik und Umwelt (Hrsg.) (2001): Neue Konzepte für den Wirtschaftsverkehr in Ballungsräumen, Karlsruhe.

Haasis, H.-D. (2005): Mass Customization in International Logistics, in: Blecker, T./Friedrich, G. (Hrsg.): Mass Customization. Concepts – Tools – Realization, Berlin, S. 189-193.

Haasis, H.-D. (2007): Mesologistik: Leistungsoptimierung in der maritimen Logistikregion Nord-West-Deutschland, in: Kieserling Stiftung (Hrsg.): Quo vadis Netzwerk – Evolution der Logistik, Bremen, S. 98-107.

Haasis, H.-D./Fischer, H. (Hrsg.) (2007): Kooperationsmanagement, Eschborn.

Haasis, H.-D./Szafera, S. (2005): Supply Chain Management und intermodale logistische Korridore, in: Ehrig, D./Staroske, U. (Hrsg.): Dimensionen angewandter Wirtschaftsforschung: Methoden, Regionen, Sektoren, Hamburg, S. 311-319.

Haasis, H.-D./Szafera, S. (Hrsg.) (2006): Unternehmerische Lösungen für zuverlässigen intermodalen Transport, ISL Lectures, Contributions, Presentations, Nr. 53, Bremen.

Lorenz, W. (2005): Leitfaden für Spediteure und Logistiker in Ausbildung und Beruf, Hamburg.

Meder, H./Brandenburg, H./Fuchs, U. (Hrsg.) (2006): Gütertransport. Handbuch für Transport und Logistik, Hamburg.

Pfohl, H.-C. (2004): Logistiksysteme – Betriebswirtschaftliche Grundlagen, Berlin u.a.

Reim, U. (2007): Kombinierter Verkehr 2005 – Wachstum der Containertransporte in allen Verkehrsbereichen, Statistisches Bundesamt, Wirtschaft und Statistik, 2.

Staudt, E. (Hrsg.) (1992): Kooperationshandbuch – Ein Leitfaden für die Praxis, Stuttgart.

Strohmayer, M. (1996): Expansion durch Kooperation, Frankfurt a. M.

Sydow, J. (1992): Strategische Netzwerke - Evolution und Organisation, Wiesbaden

UIRR u.a. (2003): CO_2-Reduzierung durch kombinierten Verkehr, Brüssel.United Nations – Economic Commission for Europe (Hrsg.) (2001): Terminologie des Kombinierten Verkehrs, New York, Genf.

Vrenken, H./Macharis, C./Wolters, P. (Hrsg.) (2005): Intermodal Transport in Europe, Brussels.

Williamson, O. (1990): Die ökonomischen Institutionen des Kapitalismus, Tübingen.

Zentes, J./Swoboda B./Morschett D. (Hrsg.) (2003): Kooperationen, Allianzen und Netzwerke: Grundlagen – Ansätze – Perspektiven, Wiesbaden.

6 Kooperative Systeme: Regionale Produktions- und Logistik- netzwerke

6.1 Motivation und Lernziele

Lernziele

Nach dem Studium dieses Kapitels sollten Sie Folgendes erläutern können:

- Kriterien zur Charakterisierung von Produktionsnetzwerken,

- regionale Netzwerke und virtuelle Unternehmen als besondere Formen von Produktionsnetzwerken,

- Bedeutung der Attraktivität von regionalen Netzwerken,

- Zusammenhänge zwischen Transaktionskosten und Koordinierungsform,

- Spezifität, Unsicherheit und Häufigkeit als Einflussfaktoren der Transaktionskosten,

- Hilfsmittel zur Verbesserung der Leistungsfähigkeit regionaler kooperativer Systeme,

- den Einsatz von Technologien für Kommunikation, Kooperation und Wissenstransfer im regionalen Netzwerk.

Motivation

Produktion findet nicht ohne Umfeldbeziehungen statt. Sie ist abhängig von Kunden, Lieferanten und weiteren Kooperationspartnern. Heutzutage sind Unternehmen häufig Teil eines oftmals internationalen dynamischen Produktions- und Logistiknetzwerks. Dieses Kapitel will ein Verständnis vermitteln, warum sich Produktion und Logistik in derartigen Netzwerken organisiert und welche Kooperationsformen sich in diesen Netzwerken aus welchen Gründen herausbilden. Ein besonderer Schwerpunkt wird auf regionale kooperative Systeme gelegt. Es stellt sich unter anderem die Frage, warum sich Kooperationen innerhalb einer Branche gelegentlich regional konzentrieren und als Cluster vernetzen.

6.2 Einordnung in die Betriebswirtschaftslehre

Die Betriebswirtschaftslehre differenziert in funktionaler Hinsicht nach den einzelnen Bereichen des prozessualen Betriebsablaufs, wie beispielsweise Beschaffung, Produktion, Absatz, Finanzierung und Personalwesen. Die in diesem Kapitel betrachteten Kooperationen beschäftigen sich einerseits mit der Produktion und sind also funktional zugeordnet. *Produktionsnetze* beruhen andererseits auf *Logistiksystemen* und setzen damit auch funktionsübergreifende Beziehungen voraus. So stellen sich aufgrund der verlangten Flexibilität besondere Herausforderungen an deren Gestaltung und Betrieb.

Die Planung und Gestaltung von Logistiksystemen ist Aufgabe der betriebswirtschaftlichen Logistik. Die betriebswirtschaftliche Logistik behandelt zunehmend die schnittstellenübergreifende Systemgestaltung, die als Supply-Chain-Prozess den Fluss von Gütern und Dienstleistungen sowie dazugehöriger Informationen entlang der gesamten Kette plant, koordiniert und kontrolliert. Wettbewerb orientiert sich dabei nicht mehr nur zwischen Unternehmen, sondern zwischen logistischen Ketten und vernetzten logistischen Standorträumen. Zugehörige internationale Wertschöpfungsketten können ihre Wettbewerbsposition durch qualifizierte Zusammenarbeit in und zwischen Standorträumen weiter festigen.

Bei deren Gestaltung sind alle gefordert, die Logistik- und damit Wertschöpfungsqualität im Zusammenspiel der Kräfte zu stärken. Innovationsfaktoren sind in diesem Zusammenhang neben IuK sowie mobiler Kommunikation daher auch Produktdesign (z.B. 3/4PL, Mobilität), Technologieentwicklung, Systemintegration, Finanzierungskonzepte (unter anderem im Zusammenhang mit Public Private Partnership), Kooperationsdesign und Mehrwertdienste. Durch die neue Strukturierung von Produktion sowie Verkehrswirtschaft und Logistik sind Entwicklung und Gestaltung innovativer Lösungen dabei nicht nur durch ein wissensintensives Kooperationsdesign, sogenannte kooperative Systeme, gekennzeichnet, sondern auch durch eine makro- und mikroökonomische Systeme verbindende Sichtweise.

Kooperative logistische Systeme treten in Unternehmen, in der Supply Chain, am Standort und in der verteilten Produktion auf. Mögliche Beweggründe für diese Systeme sind etwa die unternehmerische Systemintegration mehrerer betrieblicher Produktionsbereiche oder intermodaler Verkehre sowie die Konfiguration synergetischer regionaler Netzwerke, etwa von Güterverkehrszentren. Zu ihrer Ausgestaltung ist es wesentlich, ein Wissens- und Kooperationsmanagement gemeinsam zu realisieren.

Regionale Produktions- und Logistiknetzwerke sind besondere Netzwerke. Diese können auch als regionale kooperative Systeme bezeichnet werden. Sie werden ebenfalls im Rahmen der Wirtschaftsgeografie und der Regionalökonomie betrachtet.[185]

Netzwerke und darin vorkommende Kooperationsformen lassen sich in der Betriebswirtschaftslehre mittels der Transaktionskostentheorie als Teil der neuen Institutionenökonomie erklären.

6.3 Gestaltungszusammenhänge zwischen Kooperation und Netzwerk

Das wirtschaftliche Umfeld von Unternehmen ist nicht statisch. Statt dessen ist häufig von sich verändernden Wettbewerbsbedingungen auszugehen. Diese Veränderungen beruhen zum Beispiel auf der Globalisierung von Wirtschaftsprozessen, der Innovationsdynamik (insbesondere in Bezug auf den Einsatz neuer Technologien) und der Individualisierung von Kundenbedürfnissen. Hieraus resultiert eine besondere Bedeutung der *Flexibilität*. Es wird eine unternehmensübergreifende Abstimmung der Wertschöpfungsprozesse angestrebt, um zeitnahe Anpassungen zu ermöglichen. Diese sich abstimmenden Unternehmen sind grundsätzlich weiterhin rechtlich selbständig, aber durch ihre *Kooperation* wirtschaftlich von einander abhängig. Die beteiligten Unternehmen sind in Abhängigkeit der Möglichkeiten ihres Kooperationsvertrages außerdem frei in der Wahl ihrer Partner und können neue Verbindungen eingehen, falls diese ihnen vorteilhaft erscheinen. Für einen gewissen Zeitraum sind sie aber auf die Leistungen ihrer Vertragspartner angewiesen. "Ist die Zusammenarbeit der Unternehmen vor allem auf Produktionsprozesse und die damit verbundenen Logistikprozesse bezogen, bezeichnet man ein entsprechendes Unternehmensnetzwerk als Produktionsnetz."[186]

Diese Flexibilität innerhalb von Kooperationen stellt ein Spannungsverhältnis dar. Auf der einen Seite wird eine vertrauensvolle Zusammenarbeit angestrebt und auf der anderen Seite sind Veränderungsmöglichkeiten in der Zusammensetzung der Kooperationspartner gewünscht. Relativ stabile Kooperationsbeziehungen, die sich im Zeitverlauf herausbilden, ermöglichen eine unkomplizierte Abstimmung unter den Partnern. Es soll aber auch möglich sein, auf veränderte Kundenbedürfnisse einzugehen und als Reaktion neue Leistungen anzubieten, für die eine Veränderung in der Zusammensetzung der Netzwerkmitglieder nötig ist. Eine wesentliche Herausforderung für die Flexibilität und damit auch für die Effizienz des Produktionsnetzwerks ist die *Anpas-*

---

[185] Vgl. Erlei/Leschke/Sauerland 2007, S. IIX; Jung 2006, S. 26 f.; Lechner/Egger/Schauer 2005, S. 41 f.; Luger 2004, S. 24.

[186] Buse u.a. 1997, S. 73.

sungsfähigkeit des interorganisatorischen Logistiksystems. Die räumliche und zeitliche Verteilung von Wertschöpfungsaktivitäten im Netzwerk bedingt ein hohes Maß an Koordination der sie verbindenden Logistikprozesse und damit einen erheblichen zeitlichen und organisatorischen Aufwand.[187]

Die dargestellte Anpassungsfähigkeit der Produktionsnetzwerke an die jeweiligen Umfeldbedingungen weist bereits auf die Vielfalt der unterschiedlichen Ausgestaltungsmöglichkeiten hin. Im folgenden wird auf grundlegende *Typen von Produktionsnetzwerken* eingegangen (vgl. Abbildung 6-1).

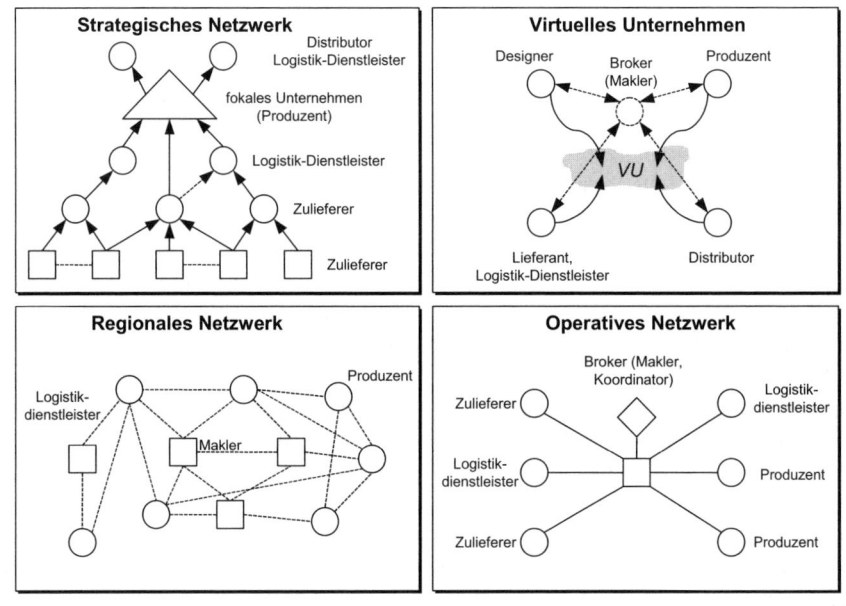

Abbildung 6-1: Schematische Übersicht der Typen von Produktionsnetzwerken (Quelle: Buse u.a. 1997, S. 79)

Ein wesentliches Kriterium zur Differenzierung der Netzwerke ist ihre strategische Ausrichtung. Hier kann zwischen strategischen und operativen Netzwerken unterschieden werden.

In *strategischen Netzwerken* wird die strategische Führung des Netzwerks primär durch ein Unternehmen (das sogenannte fokale Unternehmen) wahrgenommen. Dieses ist

---

[187] Vgl. Buse u.a. 1997, S. 73 f.; Wiendahl u.a. 1997, S. 2 f.

häufig ein Endprodukthersteller oder ein Handelsunternehmen mit großer Nähe zu den Kunden. Dieses fokale Unternehmen gestaltet im wesentlichen die Organisation des Netzwerks. Derartige Netzwerke sind relativ stabil und beinhalten häufig netzwerkspezifische Investitionen. Die übrigen Unternehmen sind meist auch vertraglich eng an das fokale Unternehmen gebunden. Sie sind aber rechtlich selbständig und bieten ihre Leistungen auch anderen Unternehmen an. Zuliefernetze in der Automobilindustrie lassen sich als Beispiele nennen.

In *operativen Netzwerken* werden kurzfristig weitgehend standardisierte Transaktionen gestützt auf ein interorganisationales Informationssystem durchgeführt. Dieses dient häufig der gemeinsamen Nutzung von freien Produktions- und Logistikkapazitäten zum Spitzenlastausgleich. Es werden operative Voraussetzungen für die Realisierung verschiedener Unternehmensstrategien geschaffen. Eine gemeinsame Nutzung gepoolter Ressourcen, wie zum Beispiel einem Lagerhaus, ist möglich.

Ein weiteres Kriterium zur Charakterisierung von Netzwerken ist die Form der überbetrieblichen Arbeitsteilung. Von *horizontaler Vernetzung* wird gesprochen, wenn es sich um Kooperationen auf der gleichen Wertschöpfungsstufe handelt. Eine *vertikale Vernetzung* hingegen beschreibt Kooperationen entlang der Wertschöpfungskette.[188]

Ein besonderer Typus der Produktionsnetzwerke sind *virtuelle Unternehmen*. Sie weisen Überschneidungen zu operativen Netzwerken auf, sind jedoch stärker auf die gemeinsame, projektbezogene Leistungserstellung ausgerichtet als auf eine kurzfristige Abwicklung einzelner standardisierter Transaktionen. Diese zeitlich beschränkte Zusammenarbeit für einzelne Geschäftsgelegenheiten wird jeweils von dem Unternehmen geführt, das dem Kunden am nächsten steht. Gegenüber den Kunden wird einheitlich aufgetreten. Es sollen solche Partner in diesem Netzwerktyp zusammengeführt werden, die sich mit ihren jeweiligen Kernkompetenzen synergetisch ergänzen. Die räumliche Verteilung der Kooperationspartner steht hier nicht im Vordergrund. Für derartige Kooperationen ist eine enge Abstimmung mithilfe intensiver Nutzung von Informations- und Kommunikationstechnik nötig. Aufgrund der enormen Flexibilität dieser Kooperationen sind detaillierte Verträge und spezifische Investitionen untypisch. Bislang sind virtuelle Unternehmen in der Praxis noch wenig vertreten. Als Anwendungsfelder werden dennoch gesehen:

- Low-Tech-Wertschöpfungsprozesse mit sehr kurzen Produktzyklen (Bekleidung, Spielwaren),

- sich schnell entwickelnde High-Tech-Industrien (Mikroelektronik, Biotechnologie) und insbesondere

---

[188] Vgl. Sydow 1992, S. 90 ff.; Jäger/Boucke 1999, S. 110 f.

■ Wertschöpfungsprozesse, die bereits in hohem Maße auf einer informationstechnischen Infrastruktur aufbauen (Medienindustrie, Softwareherstellung).[189]

Bei einer starken räumlichen Konzentration der Kooperation wird auch von *regionalen Netzwerken* gesprochen. Diese basieren gewöhnlich auf horizontalen Kooperationen von vielen kleinen und mittelständischen Unternehmen. Die Wettbewerbsfähigkeit kleiner und mittlerer Unternehmen wird zunehmend geprägt durch ihre Fähigkeiten, Kooperationen einzugehen, zu gestalten und zu betreiben. Kooperationen beziehen sich hierbei nicht allein auf Lieferanten und Kunden, sondern auch auf weitere Partner, Anspruchsgruppen und sogar Wettbewerber des Unternehmens. Aufgrund ihrer in der Regel regionalen Einbindung und ihres regionalen Engagements ist dabei für kleine und mittlere Unternehmen auch ein regionales Kooperationsmanagement im Sinne von "Think global, act local" wesentlich. Die Region bildet sozusagen für das Unternehmen den "fruchtbaren Nährboden" für wirtschaftliche Aktivitäten und eine starke Entwicklung. Und auch für die Region sind kleine und mittlere Unternehmen bekanntlich Pfeiler ihrer wirtschaftlichen Leistungsfähigkeit. Dieses Zusammenspiel zwischen Unternehmen und Region wird unter anderem auch in der europäischen Politik der Stärkung von Regionen deutlich. Derartige Netzwerke stehen im Mittelpunkt dieses Kapitels.

Unterschiedliche Autoren sprechen anstelle von regionalen Netzwerken auch von *Clustern*, Häufungen, "territorial system of production and innovation", „industrial district", Agglomerationsvorteilen und ähnlichen Begriffen. Gemeinsam ist ihnen die Betonung der Bedeutung der *regionalen Vernetzung*.

Es stellt sich die Frage, worin die Bedeutung dieser regionalen Vernetzung besteht. Es sind bekanntlich globale Märkte existent. Die Geschwindigkeit von Transport und Kommunikation ist mittlerweile global auf einem sehr hohen Niveau angekommen. Finanzierungen und Einkäufe können global organisiert werden. Dennoch lassen sich regionale „Zusammenballungen" insbesondere in Industrieländern feststellen.[190]

Die Bedeutung von räumlichen Distanzen hat insbesondere durch neue Informations- und Kommunikationstechnologien und günstige Transportmöglichkeiten abgenommen. Die Bedeutung von Standorten insgesamt hat dieses aber nicht verringert! Neben den Kosten für Produktionsfaktoren ist die Produktivität eines Standortes bedeutsamer geworden. Moderner Wettbewerb beruht verstärkt auf der Produktivität und weniger auf dem Zugang zu Produktionsfaktoren oder der Unternehmungsgröße. Wettbewerbsvorteile bestehen daher im gesteigerten Maße darin, effizienter zu wirtschaften als andere. Ein solcher Wettbewerb über Effizienz führt zu einer hohen Bedeutung der Innovationsfähigkeit und des Wissens. Umfassende Informationen über Markt, Technik und Wettbewerb sammeln sich innerhalb eines regionalen Netzwerks an und sind ein bedeutender Wettbewerbsfaktor, welcher durch Aus- und Weiterbildungs-

---

[189] Vgl. Buse u.a. 1997, S. 81 f.; Jäger/Boucke 1999, S. 117 ff.
[190] Vgl. Bramanti/Ratti 1997, S. 5 f.; Bruch-Krumbein/Hochmuth 2000, S. 22; Läpple 1998, S. 61 f.

möglichkeiten innerhalb einer Region gesteigert werden kann. Die Mitglieder dieses Netzwerks haben hierzu häufig einen privilegierten Zugang.

Der Opportunismus der Mitglieder kann dazu jedoch teilweise im Widerspruch stehen. Es besteht die Möglichkeit, dass einzelne Mitglieder Wissen zurückhalten, um ihre relative Wettbewerbssituation gegenüber anderen Mitgliedern zu stärken, auch wenn das Netzwerk insgesamt durch Transparenz einen größeren Vorteil hätte. Diesem Opportunismus wirken persönliche Beziehungen und Verbindungen innerhalb der Gemeinschaft, eine ausgeprägte Wissenschaftsgemeinde, Verbände und gemeinsame Wertvorstellungen entgegen. Sie fördern Vertrauen und erleichtern den Informationsfluss. Diese umfassenden Informationen für alle Mitglieder bzw. diese Transparenz und der einfache Informationsaustausch führen zu einem kontinuierlichem Wettbewerb sowie zu einem kontinuierlichen und selbstverstärkenden Innovationsprozess innerhalb des Netzwerks.[191]

So ist es beispielsweise für die internationale Wettbewerbsfähigkeit der maritimen Logistikregion Nord-West-Deutschland mit entscheidend, inwieweit es gelingt, sowohl Seehafenentwicklung, Umschlageffizienz und Hinterlandtransport zu koppeln als auch Mehrwertdienste und -produktion anzubieten. Die Bedeutung von maritimen Regionen drückt sich damit nicht allein in ihrer Leistungsfähigkeit im Umschlag für den internationalen Warenaustausch aus, sondern weit mehr in ihrer Berücksichtigung als wesentlicher Wertschöpfungspartner in internationalen Wertschöpfungsketten. So verfügt beispielsweise die Logistikregion Nord-West-Deutschland als Seehafenregion für eine Gestaltung einer maritim geprägten regionalen Zusammenarbeit, einer sogenannten Mesologistik, über weitreichende Voraussetzungen und Kompetenzen:

- Mit ihren Seehäfen ist die Region mit den heimischen und internationalen Märkten direkt verbunden.

- Ihre Wirtschaft ist stark durch den maritimen Logistiksektor geprägt.

- Ein leistungsfähiger mehrmodaler Transportsektor bildet die Basis für wertschöpfungsrelevante Prozessabläufe in der Region.

- Es liegen wirtschaftliche und wissenschaftliche Kompetenzen hinsichtlich aller Bereiche des Transport- und Logistiksektors vor.

Mesologistik konzentriert sich dabei auf eine prozessübergreifende *Systemoptimierung* von Verkehrsinfrastruktur, Logistik und Standortentwicklung. Deren Leistungsfähigkeit ist für die wirtschaftliche Entwicklung und Attraktivität einer Region wesentlich. Seehäfen repräsentieren innerhalb einer Mesologistik Gate-Funktionen, die in internationale Logistikkonzepte eingebunden sind. Verkehrsinfrastruktur, Logistik und Standortentwicklung sind damit untrennbar miteinander verbunden. Insoweit bedarf

---

[191] Vgl Bramanti/Ratti 1997, S. 5; Cooke 2006, S. 10; Koschatzky 1997a, S. 2; Porter 1998, S. 152 f.

es einer prozessübergreifenden Systemoptimierung in der Region und in der internationalen Kette.

Mesologistische Enabler sind Kommunikation, Zusammenarbeit und Innovation. Gerade vor dem Hintergrund einer zunehmenden Vernetzung in globalen Supply Chains und einer steigenden Seetransportleistung steigt die Bedeutung eines quantitativen und qualitativen Designs maritimer Standorträume. Dabei kommt es zu neuen Aufgaben- und Standortverteilungen in Wertschöpfungsnetzwerken, zu neuen Kooperationsformen, zu technischen und prozessorganisatorischen Innovationen sowie zu neuen logistischen Produkten. In diesem Zusammenhang sind sowohl verkehrs- und regionalwirtschaftliche als auch betriebswirtschaftlich-logistische Lösungen für den maritimen Standort gefragt, etwa bezüglich intermodaler Transportketten ins Hinterland, dem Umgang mit Fragen des Risikos und der Sicherheit in der Transportkette, der Gestaltung von Mass Customization Lösungen und dem Work Flow Management in der Supply Chain und in der Region. Das damit angesprochene Zusammenspiel der Partner trägt wesentlich dazu bei, eine quantitativ und qualitativ exzellente zeitnahe Beherrschung der logistischen Komplexität im Unternehmen, in der Kette und in der Region zu erzielen.

Die Wurzeln bzw. die Ursprünge eines regionalen Netzwerks lassen sich oft auf historische Umstände zurückführen. Eine ungewöhnliche oder hoch differenzierte örtliche Nachfrage kann ebenfalls zum Entstehen von regionalen Netzwerken beitragen. Verwandte Netzwerke und vorhandenes Wissen sind eine gute Basis für die Entwicklung neuer regionaler Netzwerke. Wenige sehr innovative und erfolgreiche Unternehmen, die besonders früh in einen Markt eingestiegen sind, können die Entwicklung im besonderen Maße stimulieren.[192]

Ein wachsendes Netzwerk ist attraktiv. Sein Erfolg verspricht neue Möglichkeiten. Menschen mit Ideen und wichtigen Fähigkeiten kommen aus anderen Regionen oder werden in der Region gehalten. Einer regionalen Abwanderung bzw. einem regionalen Wissensverlust wird entgegengewirkt. Regionaler Wissensverlust wird auch ‚brain-drain' oder ‚know-how-drain' genannt. Demgegenüber können Unternehmen in pulsierenden regionalen Netzwerken auf spezialisierte und erfahrene Arbeitskräfte zurückgreifen.[193] Ein wachsendes Netzwerk ist auch für andere Unternehmen attraktiv. Global agierende Unternehmen organisieren nicht nur ihre Produktionsprozesse weltweit, sondern auch ihre Innovationsprozesse. Attraktive regionale Netzwerke ziehen Niederlassungen dieser Unternehmen an, da diese an den dortigen Innovationspotenzialen teilhaben oder/und sich an besondere Marktgegebenheiten anpassen möchten.[194] Erfolg verbessert das Image bzw. erhöht die Attraktivität eines regionalen Netzwerks. Dieses bezieht sich nicht nur auf potenzielle Arbeitnehmer, sondern auch

---

[192] Vgl. Aydalot/Keeble 1988, S. 11; Porter 1998, S. 158; Rehfeld 1998, S. 48.
[193] Vgl. Aydalot 1988, S. 28; Koschatzky 1997b, S. 181; Porter 1998, S. 157.
[194] Vgl. Rehfeld 1998, S. 52 ff.

auf Kunden und weitere Anbieter. Eine Region kann eine gute Reputation für bestimmte Branchen haben, wie zum Beispiel Norditalien für Leder, Schuhwerk, Kleidung und Zubehör. Reputation erzeugt Vertrauen. Dieses kann durch gemeinsame Marketinginstrumente verstärkt werden.[195]

Die Leistungsfähigkeit eines regionalen Netzwerks hängt auch mit seiner Unternehmensvielfalt zusammen. Die Vielfalt ist nicht nur ein Garant für internen Wettbewerb und die damit in starkem Zusammenhang stehende Innovationsdynamik, sondern reduziert auch die Abhängigkeit der Kunden von einzelnen Lieferanten. Die Vielfalt der Unternehmen und das damit zusammenhängende vielfältige Angebot an Leistungen sorgt aber auch für komplementäre Vorteile durch sich ergänzende Leistungen.[196]

Regionale Netzwerke können ihre Wettbewerbsvorteile auch verlieren. Dieses kann aus äußeren und inneren Ursachen resultieren. Da sich Regionen mit Netzwerken spezialisieren, sind sie von diesen in ihrer wirtschaftlichen Entwicklung je nach Spezialisierungsgrad abhängig. Eine wesentliche äußere Ursache kann sein, dass Technologien überflüssig werden. Eine solche Entwicklung neutralisiert viele Vorteile. Wissen über den Markt, Fertigkeiten, die Lieferantenbasis oder wissenschaftliches Know how können so ihre Bedeutung verlieren.

Eine weitere externe Bedrohung ist durch den Wandel von Kundenbedürfnissen gegeben. Ein Unterschied zwischen den Entwicklungen der örtlichen Bedürfnisse von Kunden und der Nachfrage in anderen Regionen kann dazu führen, dass wesentliche Entwicklungen und Innovationen nicht in diesem Netzwerk stattfinden. So ist die amerikanische Automobilindustrie zum Beispiel zurzeit unter Druck, da sie die steigende Relevanz von Energiesparmaßnahmen zu spät erkannt hat. Diese Situation kann ebenfalls durch interne Ursachen unterstützt worden sein. Gruppendenken, Selbstbezogenheit oder Kartelle können zu einer Form der Erstarrung bzw. zu einem Stillstand der Innovationsdynamik führen. Porter spricht in diesem Zusammenhang von *"kollektiver Trägheit"*[197]. Eine solche Trägheit macht das Netzwerk verwundbar und verringert seine Dynamik und Flexibilität.[198]

---

[195] Vgl. Bramanti/Ratti 1997, S. 23; Cooke/Morgan 1998, S. 69; Porter 1998, S. 157.
[196] Vgl. Porter 1999, S. 57 f.
[197] Vgl. Porter 1999, S. 61.
[198] Vgl. Aydalot 1988, S. 29; Bramanti/Ratti 1997, S. 14; Koschatzky 1997a, S. 378; Läpple 1998, S. 71; Porter 1998, S. 166 f; Rehfeld 1998, S. 48 ff.

6.4 Kooperationsgestaltung und Transaktionskosten

Bei der näheren Betrachtung der Ausgestaltung von Kooperationen im regionalen Netzwerk kann für ein besseres Verständnis der Wahl von Kooperationsformen auf die *Transaktionskostentheorie* zurückgegriffen werden. Bei einer Transaktion entstehen für alle beteiligten Akteure, Anbieter und Nachfrager, Transaktionskosten. Hierunter werden Kosten zur Verwirklichung der Transaktion verstanden.

Bei den *Transaktionskosten* handelt es sich damit überwiegend um Informations- und Kommunikationskosten, welche sich in fünf Arten untergliedern lassen.

- Anbahnungskosten, z.B. Informationssuche und -beschaffung über potentielle Transaktionspartner und Konditionen;

- Vereinbarungskosten, z.B. Intensität und zeitliche Ausdehnung von Verhandlungen, Vertragsformulierung und Einigung;

- Kontrollkosten, z.B. Sicherstellung der Einhaltung von Termin-, Qualitäts-, Mengen-, Preis- und evtl. Genehmigungsvereinbarungen;

- Anpassungskosten, z.B. Durchsetzung von Termin-, Qualitäts-, Mengen- und Preisänderungen aufgrund veränderter Bedingungen während der Vereinbarungslaufzeit;

- Beendigungskosten, z.B. beim Austritt aus bestehenden Kooperationen.

Als Akteure werden zunächst Individuen betrachtet. Die Theorie wird aber auch auf organisierte Gebilde, wie z. B. Unternehmen oder Kommunen, verallgemeinert. Die Annahmen zum Verhalten dieser Akteure entsprechen denen der neuen Institutionenökonomie im Allgemeinen. Sie verhalten sich begrenzt rational und opportunistisch.[199]

Die Bestimmung der Relevanz der Transaktionskosten bzw. der Koordinationsprobleme soll von verschiedenen Umfeldfaktoren abhängen. Dieses sind im wesentlichen:

- Spezifität,

- Unsicherheit,

- Häufigkeit.

---

[199] Vgl. Freiling/Reckenfelderbäumer 2004, S. 37; Picot/Dietl/Franck 2005, S. 57 f.

Darüber hinaus finden sich bei einzelnen Autoren weitere Einflussfaktoren, wie strategische Relevanz, Komplexität, Wettbewerbsstrategie, soziokultureller Hintergrund, Vertrauen oder technische Rahmenbedingungen.[200]

		Spezifität		
		gering	mittel	hoch
Häufigkeit	gelegentlich		temporäre Unternehmensnetzwerke	
	wiederholt		Kooperation (langfristig)	hierarchisch strukturierte Unternehmen

Abbildung 6-2: Möglichkeiten der Kooperation aus Sicht der Transaktionskostentheorie (Quelle: Williamson 1990, S. 89)

Abbildung 6-2 zeigt Entscheidungsoptionen bezüglich der Organisationsform bei unterschiedlichen Ausprägungen der beiden Einflusskriterien Spezifität und Häufigkeit.

Aus der begrenzten Rationalität der Akteure resultiert *Unsicherheit*. Sie ist ein Maß für die Vorhersehbarkeit und die Anzahl der notwendigen Änderungen der Leistungsvereinbarungen während einer Transaktionsbeziehung. *Opportunismus* als Verhaltensannahme führt zur Relevanz der Unsicherheit. Unsicherheit eröffnet Verhaltensspielräume nach Vertragsabschluss. Die Höhe der Unsicherheit korreliert daher mit der Höhe des Absicherungsbedarfs. Dieser führt zu Koordinierungsmaßnahmen und in diesem Sinne zu steigenden Transaktionskosten. Sie tangiert aber nicht nur Anbahnungs- und Vereinbarungsprozesse. Die gesamte Transaktion wird beeinflusst. Häufigkeit und Unvorhersehbarkeit von Änderungen, z. B. von Qualitäten, Terminen, Mengen, Budgets und Preisen führen zu neuen Situationen, die nicht unbedingt von allen Akteuren als gerecht empfunden werden.[201]

---

[200] Vgl. Blum u.a. 2005, S. 139; Freiling/Reckenfelderbäumer 2004, S. 42 ff; Noorderhaven 1996, S. 109 ff; Picot/Dietl/Franck 2005, S. 59 ff.

[201] Vgl. Blum et al. 2005, S. 142; Freiling/Reckenfelderbäumer 2004, S. 42ff; Picot/Dietl/Franck 2005, S. 59.

Unter *Spezifität* wird der "Grad der Wiederverwendbarkeit eines bestimmten Vermögensobjektes in alternativen Verwendungsrichtungen und bei unterschiedlichen Nutzern ohne Verlust an Produktionswert"[202] verstanden. In diesem Sinne ist die Spezifität umso höher, je höher die Wertdifferenz zwischen der beabsichtigten Verwendung und der zweitbesten Verwendung der jeweiligen Ressource ist. Diese Wertdifferenz wird auch als Quasirente bezeichnet.[203] Aufgrund der Unsicherheit und des opportunistischen Handelns der Akteure besteht das Risiko, dass nach einer spezifischen Investition vereinbarte Vertragsbedingungen erneut zur Disposition gestellt werden. Um dieses zu unterbinden, wird durch den Einsatz von Institutionen ein Schutz erzeugt.[204]

Je nach Art der spezifischen Investition werden auch unterschiedliche Teilaspekte der Spezifität zur näheren Kennzeichnung herausgestellt. Williamson unterscheidet ohne Anspruch auf Vollständigkeit in:

"1) Standortspezifität, wie z. B. im Fall aufeinanderfolgender Produktionsstufen, die in enger räumlicher Verbindung stehen, um auf diese Weise Transport- und Lagerkosten zu minimieren;

2) Sachkapitalspezifität, beispielsweise spezielle Gussformen, die zur Herstellung eines bestimmten Einzelteils benötigt werden;

3) Humankapitalspezifität, die häufig aus einem Prozess des learning-by-doing hervorgeht;

4) kundenspezifische Vermögensgegenstände, hierbei handelt es sich bspw. um diskrete Investitionen in Allzweckanlagen, die auf Geheiß eines bestimmten Kunden erfolgen und

5) Markennamenkapital."[205]

Schutzbedürfnisse haben nicht nur Leistungsersteller, die spezifisch investieren sollen, sondern auch Leistungsempfänger. Sie tragen das Risiko der Abhängigkeit vom speziellen Know-how des Leistungserstellers.[206]

Die *Häufigkeit* wird eher als ein ergänzendes Kriterium betrachtet. Die Schaffung einer Institution führt zu fixen Transaktionskosten. Institutionen sind daher insbesondere bei mehrmaliger Nutzung interessant, da sich die fixen Kosten mit steigender Häufigkeit auf immer mehr Transaktionen verteilen. In diesem Sinne kann von einer *Fixkostendegression* gesprochen werden.[207]

---

[202] Vgl. Williamson 1993, S. 13.
[203] Vgl Göbel 2002, S. 138; Jansen 2005, S. 111f; Voigt,, S. 2002, S. 106.
[204] Vgl. Eberl/Kabst 2005, S. 241 ff.; Freiling/Reckenfelderbäumer 2004, S. 43.
[205] Vgl. Williamson 1993, S. 14.
[206] Vgl. Picot/Dietl/Franck 2005, S. 59.
[207] Vgl. Blum u.a. 2005, S. 142 f.; Göbel 2002, S. 142; Jansen 2005, S. 113.

Die Wahl einer Koordinierungsform hängt von diesen Kriterien bzw. von der Transaktionssituation ab. Ziel bei dieser Wahl ist, dass die gesamten Transaktionskosten minimal werden. So wird davon ausgegangen, dass bei einer unspezifischen Transaktion unabhängig von der Häufigkeit der Markt als Koordinierungsform gewählt wird. Im Gegensatz hierzu würde bei einer hoch spezifischen häufigen Transaktion die Eigenfertigung als Koordinierungsform gewählt. Aufgrund der Vielfalt dieser Situationen sind zahlreiche Koordinierungsformen existent. Einen Überblick geben die Abbildungen 6-3 und 6-4, welche allerdings auf das Kriterium Spezifität fokussieren.[208]

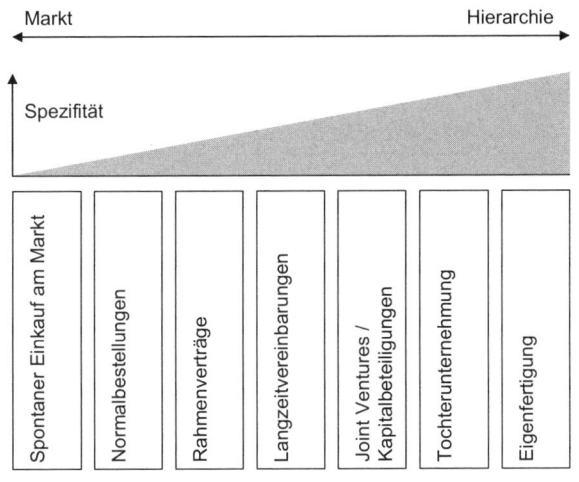

Abbildung 6-3: Zusammenhang zwischen Spezifität und Koordinierungsform
(Quelle: Freiling/Reckenfelderbäumer 2004, S. 48)

Neben Transaktionskosten lassen sich durch Kooperation auch Transformationskosten senken. So können zum Beispiel durch eine Abstimmung von Losgrößen entlang einer Wertschöpfungskette die Kosten optimiert werden. Eine derartige Abstimmung (*collaborative planning*) zur Optimierung des Gesamtsystems kann für einzelne Akteure mit höheren Kosten verbunden sein. Äußerst relevant für die Umsetzung ist daher die Verteilung der aus der Abstimmung resultierenden monetären Vorteile. Diese Verteilung wird im Rahmen von *„Profit sharing"-Konzepten* näher betrachtet. Wichtige Einflussfaktoren sind hier die Verhandlungsmacht und Kompromissbereitschaft von Akteuren.[209]

---

[208] Vgl. Blum u.a.2005, S. 145 f.; Picot/Dietl/Franck 2005, S. 60 f.
[209] Vgl. Haasis/Fischer 2007; Kilger/Reuter 2002, S. 223 ff.

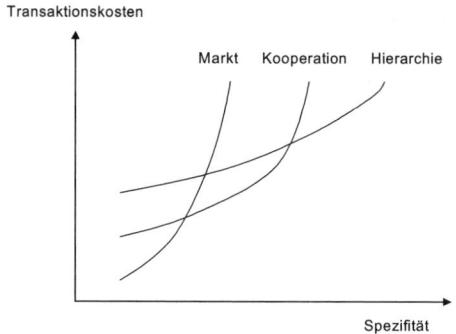

*Abbildung 6-4: Zusammenhang zwischen Transaktionskosten, Spezifität und
Koordinierungsform (Quelle: Williamson 1991, S. 24)*

6.5   Kommunikation, Kooperation und Wissenstransfer zur Leistungserhöhung

Innerhalb eines regionalen Netzwerks existieren Wettbewerb und Zusammenarbeit. Sie werden beide in einem solchem System gefördert. Ziel ist es, Kunden zu gewinnen und zu halten. "Ohne einen solchen energischen Wettbewerb ist ein Cluster zum Scheitern verurteilt."[210] Zusammenarbeit ist notwendig, um das Image des Netzwerks und der Region positiv zu beeinflussen sowie die Produktivität und Innovationsdynamik zu stärken. Wettbewerb und Zusammenarbeit werden in diesem Sinne in einem regionalen Netzwerk verbunden und spielen sich auf unterschiedlichen Ebenen ab, wobei verschiedene Akteure einbezogen werden.[211]

In der Regel werden Aufgaben von öffentlichen und privaten Akteuren stärker miteinander vernetzt. Regionale Ausbildung wird beispielsweise durch öffentliche und private Träger gemeinsam finanziert. Dies ist sinnvoll, wenn hierdurch die Produktivität gesteigert wird und zum Beispiel Kosten für betriebsinterne Fortbildungen verringert werden. Stets gilt es zu bewerten, welche Maßnahmen im Sinne einer Produktivitätssteigerung der Region sinnvoll sind oder im Sinne von Subventionen oder besonderen Zuwendungen eine Wettbewerbsverzerrung darstellen.[212]

---

[210] Vgl. Porter 1999, S. 55.
[211] Vgl. Bramanti/Ratti 1997, S. 16; Porter 1999, S. 55; Rehfeld 1998, S. 44.
[212] Vgl. Porter 1999, S. 58.

Das Image des regionalen Netzwerks bzw. die Reputation der Region spielen für eine Branche eine nicht unerhebliche Rolle. Sie beeinflussen die Attraktivität für potenzielle Arbeitnehmer, Kunden und weitere Anbieter und verstärken das Vertrauen in die vorhandenen Unternehmen. Das Image kann wiederum durch gemeinsame Marketinginstrumente beeinflusst werden. So sind zum Beispiel gegenseitige Empfehlungen von Unternehmen, gemeinsame Messeauftritte, gemeinsame Internetauftritte, regionale Messen, Fachzeitschriften und gemeinsame Marketingvertretungen möglich. Derartige Maßnahmen sind eng verbunden mit Maßnahmen zur Steigerung der Transparenz. Transparenz im regionalen Netzwerk verringert den Aufwand der Suche nach potenziellen Anbietern gewünschter Leistungen und kann dazu dienen, auf die Leistungsfähigkeit der Region aufmerksam zu machen. Sie erhöht aber auch das Wettbewerbsniveau in der Region und stärkt so die Innovationsdynamik.[213]

Gemeinsame Anstrengungen in den Bereichen Forschung, Produktion, Dienstleistungen oder etwa auch bei Entsorgungs- bzw. Wiederaufarbeitungskonzepten können den Aufwand minimieren oder zu neuen komplementären Vorteilen führen.

Insbesondere durch den Einsatz neuer Technologien für *Kommunikation, Kooperation* und *Wissensmanagement* für eine prozessübergreifende Systemoptimierung wird versucht, Informationsflüsse zu vereinfachen und zur Überwindung von Produktivitäts- und Wachstumshindernissen beizutragen.[214]

Als Beispiele lassen sich für *Kommunikationstechnologien* Portale, Messaging-Systeme, Visualisierungstechnologien, Balanced Scorecards, die UMTS-Technologie und die RFID-Technologie aufzählen.

Konferenzsysteme, Kooperationsplattformen und die Supply Chain Integration Technology stellen *Kooperationstechnologien* dar.

Als *Technologien zum Wissenstransfer* werden Dokumentenmanagementsysteme, Wissensplattformen, Computer Aided Learning, Wikis und Kompetenzträgerlandkarten angeboten.

Dies alles sind Technologien zur Wissensverteilung und Wissensbewahrung, zum Aufbau von regionalem Organisationswissen, zum Lernen in Unternehmen und in Kooperationen, zur Innovationsförderung und zur geschäftsprozessbezogenen Kommunikations- und Kooperationsgestaltung.

Unternehmensübergreifende *PPS-Systeme*, das heißt *Produktionsplanungs- und -steuerungssysteme* können ebenfalls zur Kooperation in (virtuellen) Netzwerken eingesetzt werden. Virtuelle Produktionsnetzwerke führen aufgrund ihrer Dynamik und der damit verbundenen dynamischen zwischenbetrieblichen Abläufe, wechselnden Kooperationspartnern und räumlich sowie zeitlich getrennter Leistungserstellung zu

---

213 Vgl. Bramanti/Ratti 1997, S. 23; Cooke/Morgan 1998, S. 69; Porter 1998, S. 157.
214 Vgl. Porter 1999, S. 62; Rehfeld 1998, S. 46; Walter/Broß 1997, S. 266 f.

einem erhöhtem Abstimmungs- und Koordinierungsbedarf. Die Dynamik des Netzwerks führt jedoch zu neuen Anforderungen an PPS-Systeme:

■ unkomplizierte Wechselmöglichkeit der Systemführerschaft,

■ hohe Adaptions- und Vernetzungsfähigkeit bzw. Anpassungsfähigkeit an sich dynamisch und kontinuierlich verändernde Randbedingungen,

■ Flexibilität bzgl. der Integration neuer Akteure bzw. des Wechsels von Netzwerkpartnern,

■ Zusammensetzung aus kleinen, flexiblen und konfigurierbaren Modulen, die zusammengefasst die Eigenschaften herkömmlicher betriebsinterner PPS-Systeme abbilden.

Als Basis eines derartiges PPS-Systems kann insbesondere zur unternehmensübergreifenden Ressourcenplanung und damit zur auftrags- und problembezogenen Konfiguration des Netzwerks das Modell von Wildebrand dienen.[215]

Die *Balanced Scorecard* (BSC) basiert auf einer Leistungsmessung in Unternehmen. Sie integriert darüber hinaus die Strategieentwicklung und -spezifikation und wird als Hilfsmittel auch für die Kommunikation der Strategien und der Leistungsmessungen genutzt. Kennzahlen mit zugehörigen Zielen und Maßnahmen werden zu themenbezogenen Perspektiven zusammengefasst. Neben einer Finanzperspektive auf Basis von monetären Kennzahlen beinhaltet die BSC auch nicht monetäre Perspektiven. Diese werden gewöhnlich in eine Finanz-, Kunden-, Prozess- sowie eine Lern- und Entwicklungsperspektive unterteilt. Diese Perspektiven sind aber nicht getrennt von einander zu betrachten, da sie durch Ursache-Wirkungsbeziehungen miteinander verknüpft sind. Eine durch eine Maßnahme angestoßene Kausalkette sollte alle Perspektiven der BSC durchlaufen und ihre letztliche Wirkung in der Finanzperspektive entfalten. Diese klassische BSC ist für die Nutzung durch ein einzelnes Unternehmen oder eine eigenständige Geschäftseinheit konzipiert. Sie kann jedoch auch auf Netzwerke und regionale kooperative Systeme, wie etwa Güterverkehrszentren[216], übertragen werden. Wesentlich ist hierbei, dass die unterschiedlichen Ziele der Akteure (Politik, Wirtschaft und Öffentlichkeit) identifiziert und in einer gemeinsamen Strategie zusammengeführt werden. Damit ist die regional erweiterte BSC ein geeignetes und flexibles Controllinginstrument für Unternehmenskooperationen und -netzwerke.

---

[215] Vgl. Wildebrand 2007, S. 43-62.
[216] Vgl. Moehlmann 2007, S. 153-158.

6.6 Praxisbeispiel: Leistungsoptimierung in einem Güterverkehrszentrum

Als Beispiel für nachhaltige kooperative Systeme wird hier auf *Güterverkehrszentren* eingegangen. Güterverkehrszentren sind bekanntlich eine Ansiedlung verkehrswirtschaftlicher Betriebe, logistischer Dienstleister und logistikintensiver Industrie- und Handelsunternehmen in einem Gewerbegebiet. Dieses verfügt über eine Anbindung an mindestens zwei Verkehrsträger, insbesondere Straße/Schiene, in der Regel durch ein KV-Terminal. Es bildet eine Schnittstelle zwischen Nah- und Fernverkehr.

Die Zielsetzungen eines Güterverkehrszentrums kommen einem nachhaltigen Wirtschaften nahe. Teilziele sind die Verbesserung der regionalen Wirtschaftsstruktur, der Beschäftigtensituation, der Wettbewerbsfähigkeit der logistischen Dienstleister und der Standortqualität von Industrie und Handel sowie die Entlastung der öffentlichen Haushalte.

Im Zuge einer Verkehrsoptimierung und Umweltentlastung stehen Verkehrsvermeidung und Verkehrsreduzierung (etwa im Zusammenhang mit Bündelungsaktivitäten und Ganzzugverbindungen) sowie areale und modale Verkehrsumverteilung im Vordergrund. Wesentlich in diesem Zusammenhang ist auch eine Kombination mit city-logistischen Ansätzen sowie eine Positionierung in makrologistischen Netzwerken und Korridoren. Diese Positionierung unterstützt intermodale Güterverkehrskonzepte und trägt zu einem effizienten Europäischen Transportsystem bei.

Güterverkehrszentren sind damit durch exogene, aber auch durch endogene Kooperationsfelder ein vielversprechender Ansatz zur Realisierung eines nachhaltigen Wirtschaftens an Standorten. Sie sind für Beteiligte an kooperativen logistischen Systemen offen gestaltet und erlauben eine gemeinsame Nutzung von Fazilitäten. Die Existenz einer organisatorischen Verankerung erlaubt es, gemeinsame Interessen gegenüber politischen und unternehmerischen Entscheidungsträgern zu vertreten. Endogene Kooperationsfelder betreffen des weiteren ein Einkaufspooling, Aus- und Fortbildungsmaßnahmen sowie den Austausch von Kapazitäten und Equipment.

Vor diesem Hintergrund hat das Güterverkehrszentrum (GVZ) Bremen auch 2007 den Spitzenplatz unter den 33 deutschen GVZ-Standorten behauptet. Das zeigt ein Ranking der Deutschen GVZ-Gesellschaft (DGG), Bremen. Das GVZ Bremen ist derzeit 200 Hektar groß und verfügt über 960.000 qm Hallenflächen. Dort sind rund 140 Unternehmen mit 5.500 Beschäftigten angesiedelt.

Verbessern konnten sich insbesondere die Standorte in Nürnberg, Leipzig, Emsland-Dörpen und Dresden. Platz 3 belegt wie schon 2004 der Standort Berlin-Süd. Die DGG hat die Standorte nach 34 Kriterien bewertet. Dabei flossen ökonomische, verkehrliche und ökologische Aspekte mit ein. Wesentlich für Bremen waren in erster Linie die Vermarktungsdynamik sowie die Realisierung leistungsstarker Kombi-Verkehre. Weitere Kriterien zur Bewertung der Leistungsfähigkeit sind die Lage am Schnittpunkt überregionaler Verkehrsachsen, die trimodale Ausrichtung, die Möglichkeit zum 24-Stunden-Betrieb, das Potenzial für logistische Großansiedlungen sowie die Drittverwendungsmöglichkeiten der Logistikimmobilien.

6.7 Übungsaufgaben

1. Erläutern Sie mögliche Kriterien zur Charakterisierung von Produktionsnetzwerken.

2. Was ist unter virtuellen Unternehmen und unter regionalen Netzwerken zu verstehen?

3. Erläutern Sie die Bedeutung der regionalen Vernetzung. Gehen Sie hierbei auf folgende Punkte ein:

   - die Bedeutung der Innovationsdynamik,

   - die Bedeutung der Attraktivität der Region und

   - die Bedeutung der Unternehmensvielfalt für die Innovationsdynamik und für komplementäre Vorteile.

4. Beschreiben Sie kurz die Spezifität, die Unsicherheit und die Häufigkeit als Einflussfaktoren für Transaktionskosten.

5. Was ist unter einer Quasirente zu verstehen?

6. Skizzieren Sie den Zusammenhang zwischen Transaktionskosten und der Wahl der Koordinierungsform.

7. Geben Sie einen kurzen Überblick über Hilfsmittel, die zur Verbesserung der Leistungsfähigkeit regionaler kooperativer Systeme eingesetzt werden können.

8. Nennen Sie jeweils zwei Beispiele für neue Technologien zur Kommunikation, Kooperation und zum Wissenstransfer in Netzwerken.

6.8 Weiterführende Literatur

Aydalot, P. (1988): Technological Trajectories and Regional Innovation in Europe, in: Aydalot, P./Keeble, D. (Hrsg.): High Technology Industry and Innovative Environments: The European Experience, London/New York/Routledge, S. 22-47.

Aydalot, P./Keeble, D. (1988): High-Technology Industry and Innovative Environments in Europe: An Overview, in: Aydalot, P./Keeble, D. (Hrsg.): High Technology Industry and Innovative Environments: The European Experience, London/New York/Routledge, S. 3-20.

Blum, U. u.a. (2005): Angewandte Institutionenökonomik – Theorien, Modelle, Evidenz, Wiesbaden.

Bramanti, A./Ratti, R. (1997): The Multi-Faced Dimensions of Local Development, in: Ratti, R./Bramanti, A./Gordon, R. (Hrsg.): The Dynamics of Innovative Regions – The GREMI Approch, Aldershot et al., S. 3-44.

Bruch-Krumbein, W./Hochmuth, E. (2000): Cluster und Clusterpolitik – Begriffliche Grundlagen und empirische Fallbeispiele aus Ostdeutschland, Marburg.

Bühler, N. (2007): Kreislaufgerechte Gestaltung regionaler Produktionsnetzwerke, München/ Ravensburg.

Buse, H. P. u.a. (1997): Wandelbarkeit von Produktionsnetzen – Auswirkungen auf die Gestaltung des interorganisatorischen Logistiksystems, in: Dangelmaier, W. (Hrsg.): Vision Logistik – Logistik wandelbarer Produktionsnetze, Paderborn, S. 71-139.

Cooke, P. (2006): Regional Development in the Knowlege-Based Economy: The Construction of Advantage, in: Journal of Technology Transfer, Bd. 31 Nr. 1, S. 5-15.

Cooke, P./Morgan, K. (1998): The associational economy – firms, regions, and innovation, Oxford.

Eberl, P./Kabst, R. (2005): Vertrauen, Opportunismus und Kontrolle – Eine empirische Analyse von Joint Venture-Beziehungen vor dem Hintergrund der Transaktionskostentheorie, in: Schauenberg, B./Schreyögg, G./Sydow, J. (Hrsg.): Institutionenökonomik als Managementlehre, Wiesbaden, S. 239-275.

Elsner, W./Haasis, H.-D./Tietjen, R. (2002): Unternehmensnetze und Bauleitplanung, in: Raumforschung und Raumordnung, Heft 5-6, S. 385-392.

Erlei, M./Leschke, M./Sauerland, D. (2007): Neue Institutionenökonomik, Stuttgart.

Freiling, J./Reckenfelderbäumer, M. (2004): Markt und Unternehmung – Eine marktorientierte Einführung in die Betriebswirtschaftslehre, Wiesbaden.

Göbel, E. (2002): Neue Institutionenökonomik – Konzeption und betriebswirtschaftliche Anwendungen, Stuttgart.

Haasis, H.-D. (2004): Nachhaltige logistische Systeme, in: Schwarz, E. (Hrsg.): Nachhaltiges Innovationsmanagement, Wiesbaden, S. 105-118.

Haasis, H.-D. (2005): Design qualifizierter maritimer Standorträume zur starken Positionierung internationaler Logistikketten, in: Lemper, B./Meyer, R. (Hrsg.): Märkte im Wandel – mehr Mut zu Wettbewerb, Frankfurt, S. 161-166.

Haasis, H.-D. (2007): Mesologistik: Leistungsoptimierung in der maritimen Logistikregion Nord-West-Deutschland, in: Kieserling Stiftung (Hrsg.): Quo vadis Netzwerk – Evolution der Logistik, Bremen, S. 98-107.

Haasis, H.-D./Fischer, H. (Hrsg.) (2007): Kooperationsmanagement, Eschborn.

Haasis, H.-D./Möllenstädt, O. (2006): Strategic Tools for the Sustainable Development of Maritime Regions, in: Haasis, H.-D./Kopfer, H./Schönberger, J.: Operations Research Proceedings 2005, Berlin u.a., S. 123-128.

Haasis, H.-D./Szafera, S. (2005): Supply Chain Management und intermodale logistische Korridore, in: Ehrig, D./Staroske, U. (Hrsg.): Dimensionen angewandter Wirtschaftsforschung: Methoden, Regionen, Sektoren, Hamburg, S. 311-319.

Haasis, H.-D./Szafera, S. (Hrsg.) (2006): Unternehmerische Lösungen für zuverlässigen intermodalen Transport, ISL Lectures, Contributions, Presentations, Nr. 53, Bremen.

Jäger, C./Boucke, B. (1999): Strukturen und Typen – Ausrichtung der Organisationsstruktur, in: Warnecke, H.-J./Braun, J. (Hrsg.): Vom Fraktal zum Produktionsnetzwerk, Berlin et al., S. 93-124.

Jansen, H. (2005): Verfügungsrechte und Transaktionskosten, in: Horsch, A./Meinhövel, H./ Paul, S. (Hrsg.): Institutionenökonomie und Betriebswirtschaftslehre, München, S. 101-117.

Jung, H. (2006): Allgemeine Betriebswirtschaftslehre, München/Wien.

Kamann, D.-J. F. (1997): Policies for Dynamic Innovative Networks in Innovative Milieux, in: Ratti, R./Bramanti, A./Gordon, R. (Hrsg.): The Dynamics of Innovative Regions – The GREMI Approch, Aldershot et al., S. 367-391.

Kilger, C./Reuter, B. (2002): Collaborative Planning, in: Stadtler, H./Kilger, C. (Hrsg.): Supply Chain Management and Advanced Planning, Berlin/Heidelberg, S. 223-237.

Koschatzky, K. (1997a): Introduction: Technology-Based Firms in the Innovation Process: Object of Theory and Research, in: Koschatzky, K. (Hrsg.): Technology-Based Firms in the Innovation Process, Heidelberg, S. 1-8.

Koschatzky, K. (1997b): Innovative Regional Development Concepts and Technology-Based Firms, in: Koschatzky, K. (Hrsg.): Technology-Based Firms in the Innovation Process, Heidelberg, S. 177-201.

Läpple, D. (1998): Globalisierung – Regionalisierung: Widerspruch oder Komplementarität, in: Kujath, H. J. (Hrsg.): Strategien der regionalen Stabilisierung, Berlin, S. 61-81.

Lechner, K./Egger, A./Schauer, R. (2005): Einführung in die Betriebswirtschaftslehre, Wien.

Luger, A. E. (2004): Allgemeine Betriebswirtschaftslehre, Bd. 1, München/Wien.

Moehlmann, M. (2007): Die Weiterentwicklung der Balanced Scorecard für Unternehmensnetzwerke am Beispiel von Güterverkehrszentren, in: Haasis, H.-D. (Hrsg.): Nachhaltige Innovation in Produktion und Logistik, Frankfurt, S. 153-158.

Nobel, T. (2004): Entwicklung der Güterverkehrszentren in Deutschland, Bremen.

Noorderhaven, N. G. (1996): Opportunism and Trust in Transaction Cost Economics, in: Groenewegen, J. (Hrsg.): Transaction Cost Economics and Beyond, Bosten/ Dordrecht/ Londen, S. 105-128.

Picot, A./Dietl, H./Franck, E. (2005): Organisation – Eine ökonomische Perspektive, Stuttgart.

Porter, M. E. (1998): The Competitive Advantage of Nations, Houndmills u.a.

Porter, M. E. (1999): Unternehmen können von regionaler Vernetzung profitieren, in: Harvard Business Manager, Bd. 21, 3/1999, S. 51-63.

Rehfeld, D. (1998): Unternehmensstrategien zwischen Regionalisierung und Globalisierung, in: Kujath, H. J. (Hrsg.): Strategien der regionalen Stabilisierung, Berlin, S. 41-59.

Rösler, O. M. (2003): Gestaltung von kooperativen Logistiknetzwerken, Wiesbaden.

Siestrup, G./Tuma, A./Haasis, H.-D./Lieven, K./Fischer, B. (1996): Modelling Production Networks Using Fuzzy Petri Net Simulation, in: Proc. EFDAN '96, Dortmund, S. 53-58.

Sydow, J. (1992): Strategische Netzwerke – Evolution und Organisation, Wiesbaden.

Tietjen, R./Haasis, H.-D. (1998): Integration von Unternehmensnetzkonzepten in die Bauleitplanung, in: Raumforschung und Raumordnung, Heft 1, S. 20-26.

Vahrenkamp, R./Mattfeld, D. C. (2007): Logistiknetzwerke, Wiesbaden.

Voigt, S. (2002): Institutionenökonomik, München.

Walter, G. H./Broß, U. (1997): The Adaption of German Experiences to Building Up Innovation Networks in Central and Eastern Europe, in: Koschatzky, K. (Hrsg.): Technology-Based Firms in the Innovation Process, Heidelberg, S. 263-286.

Wiendahl u.a. (1997): Management dezentraler Produktionsstrukturen – Neue Ansätze und Herausforderungen für die Produktion der Zukunft, in: Bundesvereinigung

Logistik (Hrsg.): Produktionsnetzwerke – eine Herausforderung der Logistik, Hannover.

Wildebrand, H. (2007): Produktionsplanungs- und -steuerungs-Systeme für virtuelle KMU-Produktionsnetzwerke, in: Haasis, H.-D. (Hrsg.): Nachhaltige Innovation in Produktion und Logistik, Frankfurt, S. 43-62.

Williamson, O. E. (1990): Die ökonomischen Institutionen des Kapitalismus, Tübingen.

Williamson, O. E. (1991): Comparative Economic Organization– Vergleichende ökonomische Organisationstheorie: Die Analyse diskreter Strukturalternativen, in: Ordelheide, D./ Rudolph, B./Büsselmann, E. (Hrsg.): Betriebswirtschaftslehre und Ökonomische Theorie, Stuttgart, S. 13-50.

Williamson, O. E. (1993): Transaktionskostenökonomik, Münster/Hamburg.

7 Produktdienstleistungen und Kreislaufwirtschaft

7.1 Motivation und Lernziele

Lernziele

Nach der Lektüre dieses Kapitels sollten Sie in der Lage sein:

- unterschiedliche Arten und Zwecke von Kreislaufwirtschaftssystemen zu benennen,

- die Bedeutung von Produktdienstleistungen zu erläutern,

- die Anforderungen von Kreislaufwirtschaftssystemen zu skizzieren,

- die einzelnen Prozesse innerhalb von Kreislaufwirtschaftssystemen abzugrenzen und zu beschreiben,

- Ansatzpunkte für eine Wirtschaftlichkeitsbewertung von Kreislaufwirtschaftssystemen zu formulieren.

Motivation

Die Realisierung einer Kreislaufwirtschaft entsprechend derzeitiger rechtlicher Bestimmungen macht eine zunehmende unternehmensübergreifende Kommunikation und Zusammenarbeit erforderlich, um den hieraus entstehenden Anforderungen begegnen zu können[217]. Entsprechend §22 *KrW-/AbfG* obliegt den Unternehmen eine *Produktverantwortung* bezüglich der Herstellung, Be- und Verarbeitung sowie des Vertriebs. Daher sind die am Lebensweg eines Produktes beteiligten Akteure gefordert, ein Konzept sowohl zur ökonomischen als auch zur ökologischen Umsetzung der Kreislaufwirtschaft (gemäß § 1 KrW-/AbfG) zu entwickeln und zu realisieren. In die-

---

[217] Vgl. Blume/Gehrmann/Haasis 2001.

sem Konzept nimmt die Konfiguration der logistischen Prozesse und der produktionswirtschaftlichen Aktivitäten mit eine Schlüsselrolle ein.[218]

Forciert wird die Entwicklung von *Kreislaufwirtschaftssystemen* durch Möglichkeiten zur Erschließung von zusätzlichen Wettbewerbsvorteilen, die für isoliert agierende Akteure so nicht erzielbar sind. Aus Herstellersicht betrifft dies etwa die Realisierung von Kosteneinsparpotentialen auf der Beschaffungs- und Entsorgungsseite durch Mehrfachverwertung von Materialien, Bauteilen und Komponenten. Weitere relevante Potentiale sind Entsorgungssicherheit sowie marketingwirksame Differenzierung und Imagevorteile[219].

Insbesondere im Rahmen der innerhalb einer Kreislaufwirtschaft erforderlichen Rückführung von Stoffen, Materialien, Bauteilen/-gruppen und sogar Produkten wird die Notwendigkeit unternehmensübergreifender Zusammenarbeit ersichtlich. So müssen gemäß den §§ 4 und 5 des KrW-/AbfG die entsprechenden Produkte nach der Gebrauchsphase gesammelt und einer Entsorgung zugeführt werden. Anschließend werden diese Stoffe und Produkte gegebenenfalls nach einer Aufbereitung wiederverwendet. Klassische logistische Systeme müssen daher um die Rückführung erweitert werden. Für ihre wirtschaftliche Gestaltung bedarf es in der Regel der Beteiligung mehrerer Akteure.

In diesem Kapitel werden Möglichkeiten der Konfiguration logistischer Prozesse für eine wirtschaftliche Umsetzung von Kreislaufwirtschaftssystemen aufgezeigt. Im besonderen Fokus steht die *Produktkreislauflogistik*, welche die Kreislaufführung auf möglichst hoher Wertschöpfungsebene durch Wieder-/Weiterverwendung von Bauteilen und Produkten anstrebt.

Gerade die Realisierung von produktorientierten Kreislaufwirtschaftssystemen bietet dem Produzenten die Möglichkeit, seine Geschäftsfelder um Produktdienstleistungen zu erweitern. Kein Kunde kauft nur ein Produkt. Vielmehr interessiert er sich zunehmend auch für die Dienstleistung dieses Produktes, also beispielsweise für Kopieren oder Mobilität in Ergänzung zum Kauf eines Kopiergerätes oder eines PKW. Dieses Denken in sogenannten *Produktdienstleistungen* ist ein entscheidender Ansatzpunkt zur Erhöhung der Kundenzufriedenheit. Das herkömmliche Sachgutgeschäft wird so zu einem Systemgeschäft ausgeweitet. Bei Produktdienstleistungen zahlt der Kunde dem Produzenten nicht mehr das Produkt, sondern die Produktinanspruchnahme etwa über einen festgelegten Satz, der sich nach der mit dem Produkt erzielten Wertschöpfung bemisst. Das Produkt befindet sich dann zwar im Besitz des Kunden, aber im Eigentum des Produzenten. Dieses erleichtert die Realisierung von Produktnutzungs- und Produktrücknahmestrategien.

---

[218] Vgl. §4 (5) KrW-/AbfG.
[219] Vgl. auch Pfohl 2000.

7.2   Einordnung in die Betriebswirtschaftslehre

Nachhaltiges Wirtschaften bedeutet gleichermaßen die Berücksichtigung sozialer, wirtschaftlicher und umweltbezogener Entwicklungsperspektiven in gesamtwirtschaftlichen und betrieblichen Entscheidungen. Hierbei spielen sowohl technische Innovationen als auch organisatorische Innovationen zur Integration der Anforderungen von betroffenen Anspruchsgruppen eine entscheidende Rolle. Begründet wird das Kreislaufwirtschaftsprinzip u.a. damit, dass das bisherigen Produktions- und Konsumtionsprozessen zugrundeliegende Durchlaufprinzip aufgrund nur begrenzt vorhandener Rohstoffressourcen und Deponiekapazitäten nicht unbegrenzt aufrecht erhalten werden kann. Daher ist es erforderlich, Rohstoffeinsatz und -verwertung effizienter zu gestalten sowie natürliche Kreisläufe um anthropogen geschaffene zu ergänzen.

Entsprechend der jeweils gewählten Betrachtungsebene können dabei drei Aggregationsstufen von Kreisläufen unterschieden werden. Dieses sind Anlagenkreisläufe, Produktionskreisläufe und Produktkreisläufe. Mit dem Inkrafttreten des Kreislaufwirtschafts- und Abfallgesetzes (KrW-/AbfG) besteht eine Rechtsgrundlage, die diese Sichtweise aufgreift und die durch die Einführung weiterer Verordnungen und Vorschriften ergänzt wird. Von zentraler Bedeutung ist insbesondere die Neuregelung der Produktverantwortung. Diese bezieht sich nach § 22 Abs. 2 Nr. 5 auch auf die Rücknahme gebrauchter Produkte. Im Gegensatz zu durchlauforientierten Produktions- und Distributionssystemen durchlaufen die Produkte in Kreislaufwirtschaftssystemen mehrfach gleiche oder ähnliche Zyklen und erhalten dadurch Investitionscharakter[220].

Der Begriff der "Kreislaufwirtschaft" ist in der Betriebswirtschaftslehre noch nicht sehr lange eingeführt und weit davon entfernt, ein etablierter Bestandteil der Lehrbücher zu sein. Die *Kreislaufwirtschaft* als eigenständiger Gegenstand der Betriebswirtschaftslehre ist in erster Linie in der Logistik und im Marketing angesiedelt. Das Interesse an diesem Themengebiet entstand mit der zunehmenden Diskussion über umweltbezogene Aspekte der Unternehmensführung und über nachhaltiges Wirtschaften. Zusätzliche rechtliche und administrative Auflagen sowie eine in Teilbereichen schon spürbare Ressourcenverknappung haben die betriebswirtschaftliche Relevanz in den letzten Jahren verdeutlicht. Mittlerweile ist die betriebswirtschaftliche Effizienzsteigerung produktionswirtschaftlicher und logistischer Abläufe nicht mehr wegzudenken und Bestandteil der umweltbezogenen Betriebswirtschaftslehre.

Die Vereinbarkeit von Ökonomie und Ökologie ist dabei nur ein Aspekt. Dieser fällt am ehesten in den Bereich der Unternehmensführungsverantwortung und Führungsphilosophie. Hier geht es vor allem um die Optimierung der Stoffströme und Informationsprozesse unter wirtschaftlichen Gesichtspunkten. Dies wiederum stellt eine grundsätzliche Optimierungsaufgabe der Logistik dar. Aus Sicht der Betriebswirt-

---

[220] Vgl. Kirchgeorg 1995, S. 23.

schaftslehre ist es dabei ihre Aufgabe, Entscheidungszusammenhänge der im Kreislauf zu führenden Produkte zu identifizieren, zu beschreiben, aufzugliedern und zu bewerten sowie Gestaltungsmaßnahmen und Hilfsmittel für eine rationale Entscheidung bereitzustellen. Die Entscheidungsunterstützung betrifft gleichermaßen eine Koordination und Abstimmung der betrieblichen Produkt- und Stoffströme, der Wertschöpfungsströme und der Informationsströme.

7.3 Gestaltung von Strukturen und Prozessen in Kreislaufwirtschaftssystemen

Kreislaufwirtschaftssysteme sind Unternehmensnetzwerke, die mit dem Ziel gebildet werden, eine sowohl ökonomische als auch ökologische Realisierung der Kreislaufwirtschaft kooperativ zu erreichen. Dieses harmoniert mit der häufig in der Literatur auffindbaren Bezeichnung von Unternehmensnetzwerken als "... eine auf die Realisierung von Wettbewerbsvorteilen zielende Organisationsform ökonomischer Aktivitäten..., die sich durch komplex-reziproke, eher kooperative denn kompetitive und relativ stabile Beziehungen zwischen rechtlich selbständigen, wirtschaftlich jedoch zumeist abhängigen Unternehmungen auszeichnet"[221]. Nicht zu vernachlässigen ist dabei auch der Fokus von Kreislaufwirtschaftssystemen, der in der ganzheitlichen Gestaltung von umweltfreundlichen Produktionsverfahren, Produkten und Logistikdienstleistungen liegt. Hier können unter umweltinduzierten Kooperationen "... alle Formen der Zusammenarbeit verstanden werden, die eine gemeinsame Leistungserstellung zur Umsetzung von Umweltschutzmaßnahmen durch zwei oder mehr Partner ermöglichen,..."[222].

Innerhalb von Kreislaufwirtschaftssystemen sind die Aufgaben Zulieferung, Produktion, Distribution, Handel, Redistribution, Aufarbeitung, Aufbereitung und Beseitigung zu bewältigen. Diese müssen in logistische Prozesse transformiert und verschiedenen Akteuren zugeordnet werden. Welche oder wie viele Akteure an diesem System beteiligt sind, lässt sich allgemein nicht festlegen.

Verschiedene Konfigurationsmöglichkeiten sind denkbar. Einzelne Akteure können mehrere dieser Aufgaben ganz (z.B. Distribution und Redistribution) oder teilweise (z.B. der Aufbereiter als Zulieferer für Sekundärrohstoffe) übernehmen. Die endgültige Ausgestaltung des Systems hängt u.a. vom Produkt ab, das im Kreislauf geführt werden soll sowie den in diesem System implementierten Produktionsverfahren und damit verbundenen Transaktionskosten. Hier kommen unterschiedliche technische,

---

[221] Vgl. Sydow 1992.
[222] Vgl. Krcal/Liesegang 1999.

wirtschaftliche und rechtliche Kriterien zum Tragen, die sich auf die Kreislauffähigkeit des Produktes auswirken. Eher technische Kriterien sind:

- das Vorhandensein einer Modulbauweise,

- die Nutzung standardisierter Komponenten,

- erforderliche Flächen für Lagerung und Behandlung,

- erforderliche Transportmittel.

Weitere Aspekte, von denen die Gestaltung von Kreislaufwirtschaftssystemen abhängig ist, betreffen etwa die räumliche Verteilung der Endkunden oder die Vertriebskonzepte, also beispielsweise auch Fragen des Verkaufs oder des Leasings.

Das Ziel, innerhalb der Kreislaufwirtschaft zu einer Schonung natürlicher Ressourcen im Sinne eines nachhaltigen Wirtschaftens durch Schließen von Stoff-, Material- und Produktkreisläufen[223] beizutragen, impliziert verschiedene innovative Gestaltungsmaßnahmen:

- *Produktinnovationen* (z.B. Berücksichtigung der Demontagefähigkeit bei der Konstruktion eines Produktes),

- *Prozessinnovationen* (z.B. Einsatz von Sekundärbauteilen im Produktionsprozess),

- innovative *Markerschließungsstrategien* (z.B. Schaffung von Märkten für aufbereitete Altprodukte),

- Entwicklung von *Redistributionssystemen* unter ökonomischen, ökologischen und technischen Gesichtspunkten.

Zur weiteren Einordnung von Kreislaufwirtschaftssystemen können diese anhand der *Netzwerkdimensionen* Wertschöpfungsebene, Zeit/Aufgabe, Organisation, Ausdehnung und Bindungsintensität beschrieben werden. Den Ausgangspunkt stellen dabei zunächst Rahmenbedingungen der Systemumwelt dar (vgl. Abbildung 7-1).

---

[223] Vgl. § 1 KrW-/AbfG.

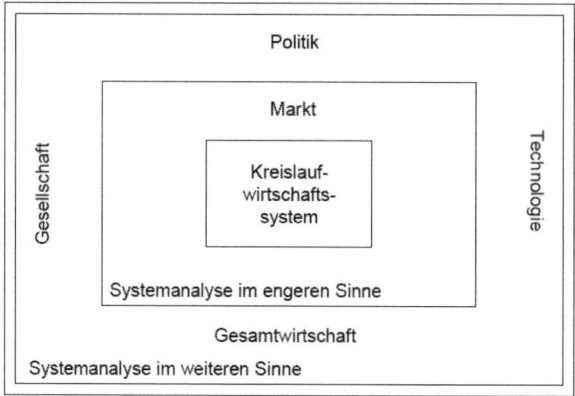

Abbildung 7-1: Systemanalyse von Kreislaufwirtschaftssystemen (Quelle: Lander 2005, S. 11)

Ein strategischer Parameter ist die *Bindungsintensität* der Akteure, ausgedrückt etwa durch gemeinsam verfolgte Ziele, Investitionen und vertragliche Regelungen. Bezogen auf die räumliche Verteilung der Akteure ist eine sowohl lokale/regionale, nationale, internationale als auch globale Verteilung denkbar. In der Praxis zeigt sich, dass eine vollständig lokale/regionale Verteilung sämtlicher Akteure eher unwahrscheinlich ist.

Grundsätzlich kann die *Organisation* von Kreislaufwirtschaftssystemen sowohl hierarchisch als auch gleichgeordnet gestaltet sein. In der Praxis ist aufgrund einer Fokussierung auf den Hersteller eher eine hierarchische Organisation zu finden. Insbesondere bietet sich für Kreislaufwirtschaftssysteme eine Konfiguration und Koordination durch *Logistikdienstleister* an. Dieses begründet sich zum einen in den Kernfähigkeiten des Logistikdienstleisters, zu dessen Aufgaben u.a. die Planung und Durchführung der Distribution zählt. Dabei können etwa durch die Übernahme der Planung und Durchführung von Sammlungen Synergieeffekte erreicht werden. Zum anderen übernehmen Logistikdienstleister häufig schon Teile von Produktionsprozessen als *Mehrwertdienste*, so dass sie dadurch ihr bereits vorhandenes Know-how etwa auf Teile von Demontageprozessen oder Qualitätschecks von Altprodukten ausweiten können.

Die *Konfiguration und Koordination* bedarf einer konkreteren Betrachtung logistischer Teilprozesse. Dies betrifft neben physischen Sammlungs-, Transport-, Umschlag-, Lagerungs- und Behandlungsprozessen von Altprodukten in erster Linie die notwendige Harmonisierung mit informationslogistischen Prozessen und dem betrieblichen Entscheidungsmanagement. Um eine wirtschaftliche Handhabung zu erreichen, müssen die richtigen Informationen auch zur richtigen Zeit den richtigen Verantwortlichen zur Verfügung stehen, beispielsweise über geeignete Aufarbeitungs- bzw. Verwertungsprozesse. Mögliche Aufgaben und logistische Teilprozesse, die einzelne Akteure innerhalb von Kreislaufwirtschaftssystemen übernehmen können, sind in Abbildung 7-2 dargestellt. Die Zuordnungsoption hängt jeweils von der Konfiguration des Systems, den Kompetenzen der beteiligten Akteure sowie deren Ausstattung ab. Im Rahmen des strategischen Controlling sind die Voraussetzungen bei allen beteiligten Akteuren zu berücksichtigen. Dies betrifft insbesondere auch die Entscheidungsunterstützung und das Informationsmanagement.

Abbildung 7-2 korrespondiert mit einer Konkretisierung des *Supply-Chain Operations Reference-Model* (SCOR) des Supply Chain Council. Das *SCOR-Modell* bezieht sich auf die fünf Prozesse:

- Source (Beschaffen)
- Make (Herstellen)
- Deliver (Liefern)
- Return (Zurückführen) und
- Plan (Planen).

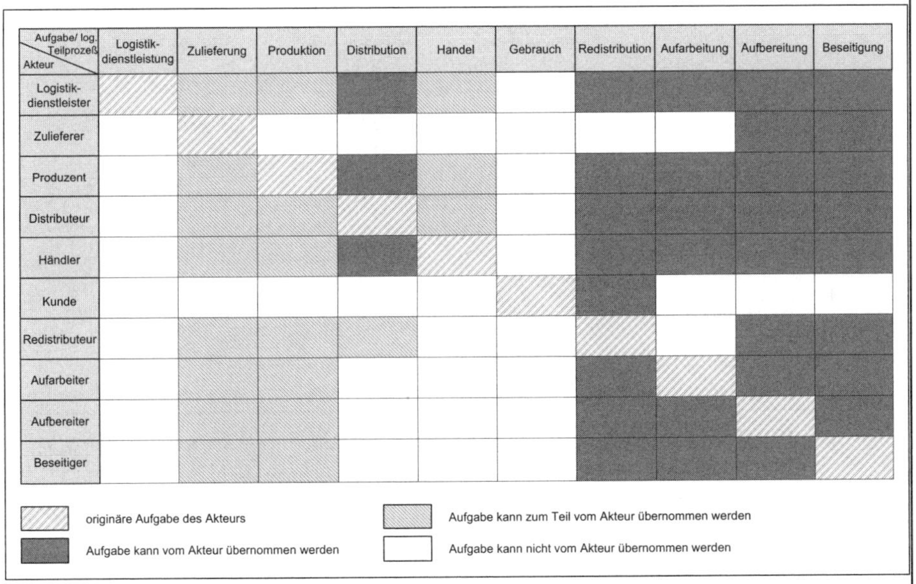

Aufgabe/ log. Teilprozeß / Akteur	Logistik-dienstleistung	Zulieferung	Produktion	Distribution	Handel	Gebrauch	Redistribution	Aufarbeitung	Aufbereitung	Beseitigung
Logistikdienstleister										
Zulieferer										
Produzent										
Distributeur										
Händler										
Kunde										
Redistributeur										
Aufarbeiter										
Aufbereiter										
Beseitiger										

Legende:
- originäre Aufgabe des Akteurs
- Aufgabe kann vom Akteur übernommen werden
- Aufgabe kann zum Teil vom Akteur übernommen werden
- Aufgabe kann nicht vom Akteur übernommen werden

Abbildung 7-2: Akteure und Aufgabengebiete in Kreislaufwirtschaftssystemen (Quelle: Haasis/Blume/Schlumbohn 2002b, S. 119)

Da sich der Prozess "Return" auf das Retourenmanagement bezieht und nicht auf die kreislaufwirtschaftsspezifischen logistischen Prozesse, ist das SCOR-Modell im Rahmen von Kreislaufwirtschaftssystemen etwa um die Rückführung und Behandlung von Produkten, Bauteilen und Stoffen zu präzisieren.

Zur *Konfiguration* von logistischen Prozessen in Kreislaufwirtschaftssystemen sind als Schwerpunktbereiche[224]:

- Organisationsoptionen kooperativer Systeme,
- Technik- und Produktinnovationen,
- Bewertungs- und Entscheidungsinstrumente,
- Informationsunterstützung sowie
- Innovations- und Umsetzungsbarrieren

zu untersuchen, um sämtliche für eine wirtschaftliche Gestaltung relevanten Aspekte berücksichtigen zu können.

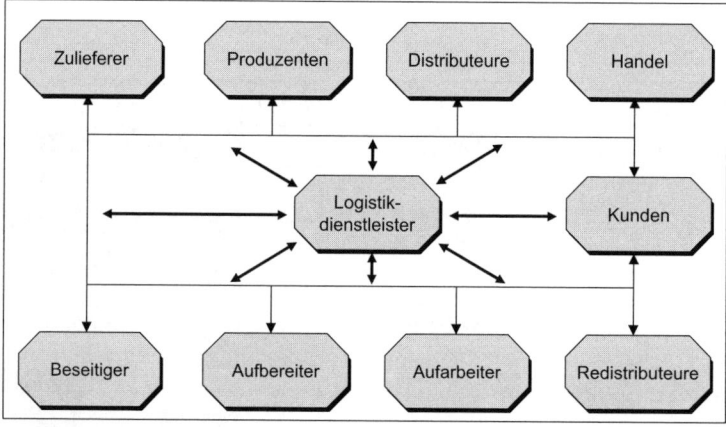

Abbildung 7-3: Produktionswirtschaftliche und logistische Akteure einer Produktkreislauflogistik (Quelle: Haasis/Blume/Schlumbohm 2002b, S. 162)

Diese Schwerpunktbereiche beziehen sich jeweils sowohl auf einzelne Teile als auch auf das Gesamtsystem. Damit ergeben sich durch Kreislaufwirtschaftssysteme Implikationen auf Beschaffungs-, Produktions-, Distributions-, Redistributions- und Reduk-

---

[224] Vgl. Haasis 1999.

tionslogistik sowie auf die diese Teilbereiche umfassende Produktkreislauflogistik (vgl. Abbildung 7-3).

Bei der **Organisation kooperativer Systeme** steht etwa die Abstimmung der einzelnen an der Wertschöpfungskette beteiligten Akteure (Lieferanten, Hersteller, Logistik-dienstleister, Händler, Kunden, Entsorger) bezüglich der von ihnen zu übernehmen-den Aufgaben und des zwischen ihnen zu koordinierenden Güter-, Informations- und Wertschöpfungsflusses im Vordergrund. Dieses bedarf zunächst eines kundenorien-tierten Assessment, also einer Einschätzung und Bewertung der prinzipiellen Mach-barkeit und des Erfolges innovativer Systemkooperationen in Logistiknetzwerken. Hierzu sind Produktideen auszutauschen und zu überprüfen sowie Kernkompetenzen zu identifizieren, zu bewerten und einzuordnen.

Im Rahmen der Organisation kooperativer Systeme wird unter den *logistischen Prozes-sen* in der Kreislaufwirtschaft die Sammlung, der Transport, der Umschlag sowie die Lagerung und Behandlung von (Alt-)Produkten berücksichtigt.

Sammlungsprozesse haben im Hinblick auf eine wirtschaftliche Gestaltung von Kreis-laufwirtschaftssystemen insbesondere bei der Rückführung von Altprodukten (Re-distribution) von den Endkunden zu Lager- oder Behandlungsorten aufgrund der un-terschiedlichen Konfigurationsmöglichkeiten und damit den unterschiedlich entste-henden Kosten eine besondere Bedeutung. Das Sammlungssystem ist den jeweils vorliegenden Bedingungen anzupassen. Dabei kann das Sammlungssystem als Hol- oder Bringsystem oder als Kombination (etwa Hol-Bring-System oder Bring-Hol-System) ausgestaltet werden. Die Art der Ausgestaltung des Sammlungssystems hängt etwa von der räumlichen Verteilung der Endkunden, Art und Aufkommen der zu-rückzuführenden Altprodukte sowie von Anzahl und Lage von Lager- oder Behand-lungsorten ab.

Transportprozesse treten zwischen den beteiligten Akteuren auf und können sowohl als Material-Transportprozesse im Rahmen der Materialflüsse als auch als Baugruppen- und Produkt-Transportprozesse angesehen werden. Im weiteren Sinne sind ebenfalls Informationsflüsse als Informations-Transportprozesse interpretierbar. Die im Zu-sammenhang mit der Redistribution auftretenden physischen Transportprozesse sind zusammen mit den Sammlungsprozessen zu planen. Darüber hinaus müssen die bei der Distribution anfallenden Transportprozesse bei der Redistribution berücksichtigt werden, um möglichst viele Synergien realisieren zu können. Ansatzpunkte können sein:

- Nutzung derselben Transportmittel für die Distribution und Redistribution,

- Übernahme mehrerer logistischer Prozesse durch einen Akteur,

- Einsparung von zusätzlichem Personal für die Redistribution.

Optimierung der Informations-Transportprozesse bedeutet, Informationen zur Durch-führung der Kreislaufwirtschaft zwischen den beteiligten Akteuren in geeigneter Weise auszutauschen. Dies betrifft sowohl die Erfassung, Bewertung und Verarbeitung von Informationen als auch die für den Austausch erforderliche Hard- und Software.

Ebenso wie die Transportprozesse treten *Umschlags- und Lagerungsprozesse* sowohl bei der Versorgung als auch bei der Rückführung, Behandlung und Beseitigung von Produkten auf. Für eine wirtschaftliche Gestaltung ist insbesondere die Rückführung von Altprodukten von Bedeutung. Unterschiedlicher Prozessaufwand entsteht in Abhängigkeit von Art, Menge bzw. Aufkommen sowie dem Zustand der zurückgeführten Altprodukte.

Die Abstimmung der von den einzelnen an der Wertschöpfungskette beteiligten Akteure zu übernehmenden Aufgaben hat die folgenden für Altprodukte wesentlichen *Behandlungsprozesse* mit zu berücksichtigen[225]:

Reparatur:	Ziel ist die Wiederherstellung der Funktion von gebrauchten Gütern infolge eines Nutzungsausfalls;
Überholung:	Gebrauchtgüter werden auf einen bestimmten, mit Neuprodukten vergleichbaren Standard gebracht;
Hochrüstung:	Erweiterung des bestehenden Funktionsumfangs;
Remanufacturing:	Herstellung von Produkten auf der Basis von Altproduktkomponenten und -teilen;
Demontage:	Zerlegung von Altprodukten in deren Komponenten und Teile;
Ausschlachten:	Selektive Zerlegung, wobei nur ein geringer Anteil erneut genutzt wird;
Recycling:	Stoffliche Verwertung von Gütern und Komponenten, wobei deren Gestalt und Funktionalität aufgelöst wird.

Unter Behandlungsprozessen werden hier sowohl die für eine Vorbereitung zur Wieder- oder Weiterverwendung als auch die für die Wieder- oder Weiterverwertung erforderlichen Prozesse verstanden. In der Praxis zeigt sich, dass sowohl die Prozesskosten als auch die möglichen Erlöse maßgeblich von der Zusammensetzung, dem Zustand und der Menge der zurückgeführten Altprodukte abhängen.

Grundsätzlich besteht für diese Behandlungsprozesse die Möglichkeit zum In- und Outsourcing. Aufgrund der in der Regel vorhandenen Kernkompetenz des Produktherstellers im Bereich der Produktion, wird das Remanufacturing tendenziell eher beim Hersteller verbleiben, wobei jedoch eine Verteilung der Aktivitäten auf unterschiedliche Standorte gegeben sein kann. In den Bereichen Überholung/Hochrüstung, Ausschlachten, Recycling und Entsorgung können dagegen Anbieter existieren, die z.B. aufgrund ihrer Spezialisierung günstigere Konditionen anbieten, so dass ein Out-

---

[225] vgl. etwa Thierry u.a. 1995, S. 114 ff.

sourcing dieser Aktivitäten für Produkthersteller vorteilhaft wäre. Eine Entscheidungsbasis wird durch Gegenüberstellung der Produktions- und Transaktionskosten gefunden.

Technik- und Produktinnovationen kommen in unterschiedlichster Weise im Zusammenhang mit Produktkreislaufsystemen zum Tragen. Sie beziehen sich etwa sowohl auf neue Behältersysteme, Demontageautomaten oder Bildverarbeitungssysteme zur Qualitätsprüfung der eingehenden Altprodukte als auch auf demontagefreundliche Produkte und Produktdienstleistungen.

Zur Sicherstellung eines qualifizierten Produktflusses sind *Produktdienstleistungen* von besonderem Interesse. Im Gegensatz zu bisherigen Verkaufsstrategien geht bei diesen zwar der Besitz, aber nicht das Eigentum auf den Kunden über. Vielmehr wird dem Kunden eine Produktnutzungsmöglichkeit angeboten. An die Stelle des Kaufvertrages treten Vermietungs- und Leasingverträge mit fester Laufzeit und etwa einer "Kunden-Zufriedenheitsgarantie". Diese erstreckt sich auf die Wartung, den Um- und Austausch sowie das Hochrüsten von Altprodukten. Diese veränderten Kontraktkonditionen bieten eine, wenn nicht sogar die zentrale Voraussetzung für eine effiziente Planung der Rückflüsse – welche ansonsten als hoch stochastisch angenommen werden müssten – und damit für das Funktionieren des Produktkreislaufsystems.

Für Logistikdienstleister bieten Produktkreisläufe die Chance, weitere Tätigkeiten im Wertschöpfungskreislauf zu übernehmen, ihr Produktprogramm beispielsweise um Sortier-, Kommissionier- und Demontageaktivitäten sowie um administrative Entsorgungsdienstleistungen im Rahmen einer Rückführlogistik innovativ zu erweitern und so Produktherstellern und Händlern als *Systempartner* komplette Problemlösungspakete anzubieten.

Für eine Bewertung der Wirtschaftlichkeit entsprechender Kreislaufwirtschaftssysteme sind geeignete ***Bewertungs- und Entscheidungsinstrumente*** einzusetzen. Bewertungs- und Entscheidungsinstrumente geben Hilfestellung für eine rationale Entscheidung. Zu den Bewertungsinstrumenten zählen etwa Instrumente der Investitionsrechnung und des Kostenmanagements und insbesondere der Produktkalkulation sowie der ökologischen Bilanzierung. Zum einen dienen die Instrumente der Bewertung von Handlungsalternativen bezogen auf die logistischen Prozesse. Zum anderen sollen sie den Entscheidungsträgern innerhalb von Kreislaufwirtschaftssystemen eine Auswahl aus den Handlungsalternativen ermöglichen. Diese Bewertungs- und Entscheidungsinstrumente haben die auch für Kreislaufwirtschaftssysteme üblichen Planungsebenen zu berücksichtigen. Diese Planungsebenen sind in Abbildung 7-4 dargestellt.

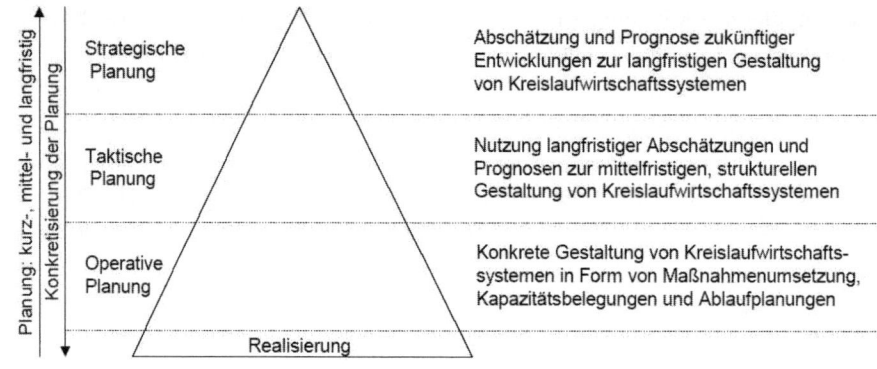

Abbildung 7-4: Planungsebenen von Kreislaufwirtschaftssystemen (Quelle: Langer 2005, S. 5)

Zur Unterstützung dieser Bewertungs- und Entscheidungsinstrumente sind die erforderlichen informationslogistischen Prozesse (*Informationsunterstützung*) in geeigneter Weise auszugestalten. Dies bezieht sich auf Informationen über die angestrebten Ziele (etwa Reduzierung der Kosten oder Erhöhung der mit dem Verkauf aufgearbeiteter Produkte verbundenen Erlöse). Des weiteren werden entscheidungsrelevante Informationen zur Bewertung der Handlungsalternativen benötigt (etwa Kennzahlen oder Nebenbedingungen). Zusätzlich sind in diesem Zusammenhang Informationen bezüglich möglicher Innovations- und Umsetzungsbarrieren sowie über Technik- und Produktinnovationen zu erfassen, zu bewerten und den Entscheidungsträgern zur Verfügung zu stellen. Im Rahmen der Bewertung der Wirtschaftlichkeit können diese beiden Bereiche sowohl als Restriktionen (als bestehende Barrieren, wie etwa geringe Rücklaufmengen, personal-/kostenintensive Behandlungsprozesse, geringe Marktpenetration aufgearbeiteter Produkte) als auch als Chancen für eine Umsetzung von Kreislaufwirtschaftssystemen (wie etwa mögliche Lerneffekte bei den Behandlungsprozessen, mögliche Wiederverwendungsoptionen durch alternative Produktkonstruktion, höhere Rücklaufmengen durch alternative Vertriebskonzepte) angesehen werden.

Für eine Informationsunterstützung innerhalb eines operativen Kreislaufwirtschaftssystems sei exemplarisch auf die Bereitstellung von Recyclingplanungs- und -steuerungssystemen hingewiesen. Erstmals wird 1997 ein in sich geschlossenes Konzept für ein Produktionsplanungs- und Recycling-System entwickelt und vorgestellt[226]. Da herkömmliche PPS-Systeme logistische Aufgaben der Planung, Steuerung, Überwachung und Kontrolle in produzierenden Betrieben übernehmen, ist es nahelie-

---

[226] Vgl. Rautenstrauch 1997.

gend, sich bezüglich der Bereitstellung und entscheidungsorientierten Aufbereitung von logistischen Daten in kreislaufwirtschaftsorientierten Systemen anfänglich im Bereich des operativen und taktischen Entscheidungsmanagements an der Konzeption von PPS-Systemen zu orientieren.

Innovationen können in vielfacher Hinsicht hilfreich sein, um die Wirtschaftlichkeit von Kreislaufwirtschaftssystemen zu verbessern oder überhaupt erst herzustellen. Dazu müssen in der Regel aber zunächst *Innovationsbarrieren* überwunden werden. Innovationen sind auf eine kontinuierliche innovationsförderliche Kultur im Unternehmen und entsprechende Anreize angewiesen. So hat sich in der Praxis in den meisten Unternehmen gezeigt, dass die Arbeitnehmer Innovationen eher ablehnend gegenüberstehen. In einer schriftlichen Befragung des Instituts für angewandte Innovationsforschung (iAi) wurde zum Beispiel ermittelt, dass mehr als die Hälfte der Entscheidungsträger Einwände oder Bedenken hatte (vgl. Abbildung 7-5).

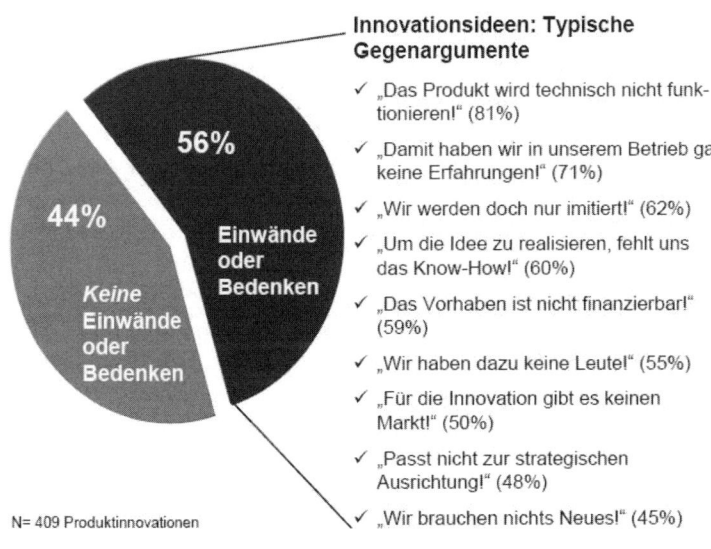

Abbildung 7-5: Einwände gegen Innovationsideen (Quelle: iAi 2004/2005, S. 43)

Allerdings kann dem auf vielfache Weise entgegengewirkt werden. Insbesondere lässt sich der Verlauf von Innovationsprozessen intensivieren, in dem durch Kooperationen projektspezifische Freiräume geschaffen werden.

Zur Überwindung von Innovations- und Umsetzungsbarrieren sind technische, organisatorische und monetäre Anreizmaßnahmen erforderlich. Gegenstand der Anreizmaßnahmen können etwa demontagefreundliche Produktkonstruktionen, Produktdienstleistungen im Rahmen einer veränderten betrieblichen Kontraktpolitik und/oder Rückgabe-, Pfand- und Prämiensysteme sein. Als Anreize kommen Innovationsprämien, Vergütungs- und Laufbahnsysteme mit entsprechenden Beurteilungskriterien in Betracht.

Wesentlich ist auch die Integration der Kunden oder des "Prosumenten" als wichtiger Wertschöpfungspartner[227]. Rückführungs- und Verwertungskonzepte funktionieren nur, wenn Prosumenten mit den rückzuführenden Gütern und Produkten in einer gewünschten Weise umgehen, z.B. sortenrein sammeln oder definierte Rücknahmestellen ansteuern, da Menge und Art der Rücklaufquote von Altprodukten in der Praxis oft der kritische Erfolgsfaktor von Kreislaufwirtschaftssystemen sind.

Die zunehmende Globalisierung schafft allerdings auch Umsetzungsbarrieren bzw. Hindernisse für eine ausgewogene Verteilung der kreislaufbedingten Anforderungen an die Unternehmen. So ist schon heute zu erkennen, dass ein immer größerer Teil der Warendistribution direkt an die Endverbraucher (E-Commerce und Versandhandel) geht. Die Unternehmen agieren dabei international und haben ihren Sitz und ihre Produktionsstätten meist in denjenigen Staaten, wo die Lohnkosten und die administrativen Auflagen am geringsten sind. Dieses Thema muss sicherlich in absehbarer Zeit auf regulatorischer Ebene staatenübergreifend gelöst werden. Eine Gegenstrategie für umweltbewusst handelnde Unternehmen in Industrieländern besteht vor allem darin, ihre umweltbezogenen Produkt- und Prozessinnovationen offensiv zu vermarkten.

7.4 Methodisches Hilfsmittel zur Gestaltung und Bewertung

Zur Strukturierung und Bewertung verschiedener Struktur- und Prozessalternativen in Kreislaufwirtschaftssystemen stehen mittlerweile methodische Hilfsmittel zur Verfügung. Diese basieren in der Regel auf einer unternehmensübergreifenden Geschäftsprozessanalyse und -modellierung sowie auf angepassten Investitionsrechenverfahren. Exemplarisch wird im Folgenden der KreislaufwirtschaftsSzenarienManager (KSM)[228] vorgestellt. Dieser besteht aus zwei Hauptbereichen (Produktidentifikation und Konfiguration des Rückführungssystems) und einem Auswertungsbereich (Szenarienbildung).

Im Bereich *Produktidentifikation* wird zunächst eine Übersicht über wichtige Eigenschaften von kreislaufwirtschaftsrelevanten Produkten angeboten. Mittels Checklisten wird eine erste Einschätzung über die Kreislauffähigkeit von Produkten möglich. Die-

---

[227] Vgl. Wagner 1997, S. 108.
[228] Vgl. Haasis/Blume/Schlumbohm 2002a.

ser Bereich kann als Vorentscheidung zur Einführung eines Kreislaufwirtschaftssystems angesehen werden. Im einzelnen sind hier Kriterien zu allgemeinen Produkteigenschaften, technischen Merkmalen sowie marktlichen Anforderungen zusammengefasst. Im Sinne einer grundsätzlichen Machbarkeit wurde bewusst zunächst auf eine detaillierte Analyse einzelner Kriterien in bezug auf verschiedene Produkte verzichtet, um so die Komplexität zu reduzieren, einen raschen Einblick in die Anforderungen der Kreislaufwirtschaft zu gewährleisten sowie Schlüsselparameter zu identifizieren. Im nächsten Schritt ist eine konkretere Untersuchung ausgewählter Produkte unter ökonomischen Gesichtspunkten im Bereich Konfiguration des Kreislaufwirtschaftssystems möglich. Rechtliche Regelungen werden insoweit berücksichtigt, als sie zu beachtende Rahmenbedingungen festlegen.

Ziel des zweiten Bereiches des KSM ist die *Konfiguration* eines wirtschaftlich realisierbaren Kreislaufwirtschaftssystems. Dieser Bereich ist in sechs Abschnitte unterteilt und umfasst allgemeine Produktinformationen, logistische Prozesse sowie die kostenrechnerische Auswertung der gestalteten Systemalternativen (vgl. Abbildung 7-6). Für jeden dieser Bereiche werden Kosten und Erlöse, die durch Rückführung sowie Aufarbeitung bzw. Aufbereitung eines Produktes entstehen, erfasst und vergleichend gegenübergestellt. Der KSM orientiert sich bezüglich seines *Bewertungsansatzes* an einer investitionsrechnerischen Abschätzung für die logistischen Teilprozesse.

Eine Variation einzelner Parameter des zu analysierenden Systems erlaubt eine *Szenarienanalyse* für unterschiedliche Systemkonfigurationen. Durch Vergleich der Ergebnisse können Schlüsselfaktoren identifiziert werden, die wesentlichen Einfluss auf die Wirtschaftlichkeit des Kreislaufwirtschaftssystems haben.

Bisherige Ergebnisse von Szenarienanalysen mittels des KSM lassen als Schlüsselparameter zur wirtschaftlichen Gestaltung von Kreislaufwirtschaftssystemen in erster Linie die Anzahl der zurückgeführten Geräte (Rücklaufquote), den Zustand der zurückgeführten Geräte sowie den Produkt(rest)wert erkennen.

Durch Szenarienanalyse kann so etwa mittels Veränderung der Rücklaufquote untersucht werden, inwieweit sich eine Variation des Volumens (der Menge) auf das Kreislaufwirtschaftssystem auswirkt. Die Untersuchung bezieht sich in diesem Fall auf eine Veränderung der Anteile der Sammlung, Lagerung, Verwendung, Verwertung und Ausstattung in bezug auf die Gesamtkosten des Systems. Ergänzend besteht die Möglichkeit, in Abhängigkeit von dem ursprünglichen Produktwert (Verkaufspreis des Neuproduktes) und einer angenommenen Menge an verkaufbaren und aufgearbeiteten Produkten, einen kostendeckenden Preis für diese Geräte zu bestimmen.

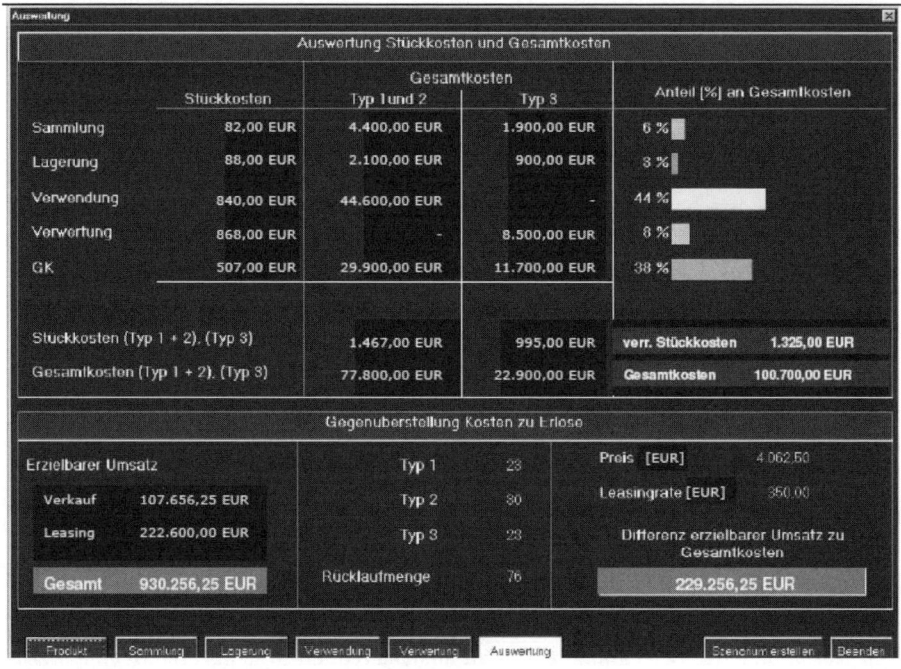

Abbildung 7-6: Screenshot einer KSM-Auswertung (Quelle: Haasis/Blume/Schlumbohm 2002, S. 162)

Weiterhin kann untersucht werden, inwieweit sich eine Variation der Qualität der zurückgeführten Produkte auf die Gesamtkosten des Kreislaufwirtschaftssystems auswirkt. Ein weiteres Beispiel wäre die Frage, wie hoch der Anteil an wiederverwendbaren zurückgeführten Bauteilen bzw. Produkten sein muss, um die Wirtschaftlichkeit des Systems zu ermöglichen. Dies geschieht mittels Szenarienanalyse durch optionale Veränderung der Zustände der zurückgeführten Produkte (funktionsfähig, geeignet für eine Verwendung mit geringem/hohem Überarbeitungsaufwand, nicht funktionsfähig, nur für eine Verwertung geeignet).

Insgesamt zeigt sich jedoch, dass je nach Produkt und beteiligten Akteuren unterschiedliche Schlüsselparameter für die wirtschaftliche Gestaltung ausschlaggebend sind. Im allgemeinen gilt, dass eine hohe Rücklaufquote, eine hohe Qualität der rückgeführten Produkte sowie ein hoher Produktwert die wirtschaftliche Gestaltung des Systems wesentlich unterstützen.

Damit ist der KSM ein Hilfsmittel für das strategische Logistik-Controlling. Bewertungs- und Entscheidungsmöglichkeiten werden bereitgestellt. Die Informationsunterstützung erfolgt durch den erforderlichen Informationsaustausch zwischen den beteiligten Partnern im Vorfeld und während der Analyse. Durch die Variationsmöglichkeiten und den Ergebnisvergleich – etwa bezüglich geeigneter Massenflüsse, Qualitäten oder Termine – können Innovations- und Umsetzungsbarrieren identifiziert werden. Der Einstieg in die Konzeptionierung und Modellbildung von Kreislaufwirtschaftssystemen wird so erleichtert.

7.5 Praxisbeispiel: Aufbau eines Kreislaufwirtschaftssystems für Computer

Die Umsetzbarkeit von Produktkreisläufen ist an eine Reihe von Voraussetzungen gebunden. Diese sind den Produktcharakteristika entsprechend sehr spezifisch und von unterschiedlicher Bedeutung.

Bereits 1989 richtete die Firma NIXDORF in Paderborn ein Lager für Gebrauchtgeräte ein. Somit war der Grundstein für das im Jahr 1990 von Siemens Nixdorf gegründete Recyclingcenter gelegt. Der Betrieb wurde durch die Zertifizierung nach DIN ISO 9001 sowie der Öko-Audit-Verordnung und 1997 als Entsorgungsfachbetrieb nach dem Kreislaufwirtschafts- und Abfallgesetz qualifiziert. Nach Unternehmensangaben der Fujitsu Siemens Computers GmbH besteht das Recyclingcenter aus 9.000 m² Nutzfläche, von denen ca. 5.000 m² für Recyclingprozesse verwendet werden. Desweiteren besteht eine Freifläche von 2.000 m², die sowohl als Park- als auch als Containerstellplätze genutzt werden können. Jährlich fahren ca. 1.500 Lkw das Recyclingcenter an[229].

Die Produktrücknahme für Computer wird seit 1991 angeboten. Der Ablauf der Rücknahme ist der Abbildung 7-7 zu entnehmen. Der Kunde gibt seine Altgeräte bei der regionalen Vertretung ab. Diese prüft nun, ob das Altgerät einer erneuten Nutzung zugeführt werden kann oder nicht. Kann das Gerät wiederverwendet werden, so prüft die Niederlassung die Verkaufsmöglichkeiten vor Ort. Besteht keine Möglichkeit, das Gerät auf diesem Markt zu veräußern, so wird das Gerät an die Retourenstelle des produktverantwortlichen Werkes zurückgesendet. Die Gebrauchtgeräte werden sowohl an Geschäfts- als auch an private Kunden veräußert, wobei der Wiederverkaufswert zwischen 1/10 bis 1/3 des Neupreises liegt. Auch FUJITSU SIEMENS übernimmt für die eigenen Mitarbeiter einige Geräte. Ist jedoch das Gerät nicht mehr als Einheit zu verwenden, so wird es an das Recyclingcenter in Paderborn verschickt. Dort werden die wiederverwendungsfähigen Bauteile und -gruppen manuell demontiert und dem Servicebereich für die Instandhaltung zugeführt. Des weiteren werden diese Bauteile

---

[229] Vgl. Fujitsu Siemens Computers GmbH 2000, S. 4 f.

auch weltweit verschickt, um dann für die Herstellung von Produkten eingesetzt zu werden. FUJITSU SIEMENS selber setzt jedoch keine aufgearbeiteten Produkte in der Produktion ein. Nachdem die verwendungsfähigen Produkte ausgebaut sind, wird das restliche Gerät einer Verwertung zugeführt. Dabei werden ca. 60 verschiedene Stofffraktionen getrennt, welche in Kooperation mit anderen Unternehmen recycelt werden.

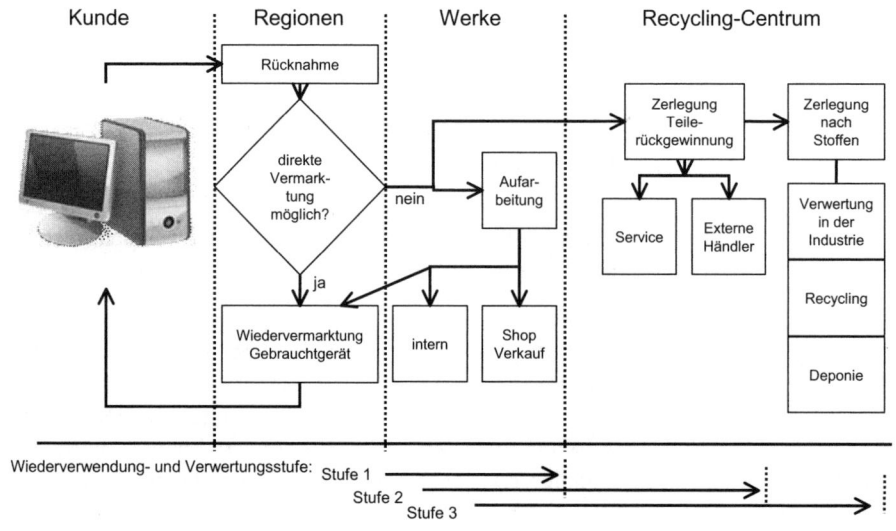

Abbildung7-7: Produktrücknahmeablauf (Quelle: Fujitsu Siemens Computers GmbH 2000, S. 11)

Aufgrund der immer kürzer werdenden Entwicklungs- und Innovationszyklen verkürzen sich die Nutzungsdauern der Produkte, so dass die technische Lebensdauer als höher einzustufen ist und somit die Aufarbeitung der Produkte wirtschaftlich sinnvoll sein kann. Dieser positiven, steigenden Wiederverwendungsmöglichkeit steht jedoch auch eine wachsende Anzahl an zu entsorgenden Produkten gegenüber. Eine umweltorientierte Entwicklung und Konstruktion ist hierbei von besonderer Bedeutung. Aufgrund dessen werden im Recyclingcenter nicht nur Altprodukte zerlegt, sondern auch Prototypen, um wichtige Kennzahlen bereits in den ersten Phasen des Produktlebenszyklusses berücksichtigen zu können.

7.6 Übungsaufgaben

1. Definieren Sie die Begriffe "Kreislaufwirtschaft" und "Kreislaufwirtschaftssystem".

2. Skizzieren Sie Chancen und Risiken eines Kreislaufwirtschaftssystems sowohl für produzierende Unternehmen als auch für Logistikdienstleister.

3. Geben Sie jeweils ein Beispiel für eine Produktinnovation, eine Verfahrensinnovation und eine Anlageninnovation im Rahmen der Kreislaufwirtschaft.

4. Welche Besonderheiten weisen logistische Prozesse im Rahmen von Kreislaufwirtschaftssystemen auf?

5. Welche Aufgaben können von welchen Akteuren im Rahmen eines Kreislaufwirtschaftssystems übernommen werden?

6. "Kreislaufwirtschaftssysteme sind auf Kooperationen angewiesen." Erläutern Sie diese Aussage sowie die Anforderungen, die an die Gestaltung der kooperativen Beziehungen gestellt werden.

7. Worin sehen Sie die Wertschöpfung eines Kreislaufwirtschaftssystems?

8. Welche Anforderungen stellen sich an die Informationslogistik im Rahmen eines Kreislaufwirtschaftssystems?

9. Wie lässt sich die Wirtschaftlichkeit eines Kreislaufwirtschaftssystems ermitteln?

7.7 Weiterführende Literatur

Blume, V./Gehrmann, C./Haasis, H.-D. (2001): Überbetriebliches Informations- und Entscheidungsmanagement am Beispiel der Kreislaufwirtschaft, in: Buhl, H. U./Huther, A./Reitwiesner, B. (Hrsg.): Information Age Economy – 5. Internationale Tagung Wirtschaftsinformatik 2001, Heidelberg, S. 787-800.

Burr, W. (1999): Koordination durch Regeln in selbstorganisierenden Unternehmensnetzwerken, in: Zeitschrift für Betriebswirtschaft, 69. Jg., Heft 10, S. 1159-1179.

Dutz, E./Femerling, C. (1994): Prozessmanagement in der Entsorgung: Ansätze und Verfahren, in: Die Betriebswirtschaft, S. 221-245.

Fujitsu Siemens Computers GmbH (2000): „Vereinfachte Umwelterklärung 1999/2000 – Wiedervermarktung und Recycling Paderborn", Paderborn.

Haasis, H.-D. (1999): Produktkreislauflogistik, in: Pfohl, H.-C. (Hrsg.): Logistikforschung, Berlin, S. 253-277.

Haasis, H.-D. (2001): Unternehmensführung und Nachhaltiges Wirtschaften, in: Fischer, H. (Hrsg.): Unternehmen im Spannungsfeld zwischen Finanz- und Kulturtechnik: Handlungsspielräume und Gestaltungszwänge, Hamburg, S. 21-36.

Haasis, H.-D. (2004): Nachhaltige logistische Systeme, in: Schwarz, E. (Hrsg.): Nachhaltiges Innovationsmanagement, Wiesbaden, S. 105-118.

Haasis, H.-D./Blume, V./Schlumbohm, S. (2002a): Konfiguration und Bewertung logistischer Prozesse in Kreislaufwirtschaftssystemen, in: BVL, Bundesvereinigung Logistik (Hrsg.): Wissenschaftssymposium Logistik der BVL, S. 99-112.

Haasis, H.-D./Blume, V./Schlumbohm, S. (2002b): Konfiguration von kooperativen Kreislaufwirtschaftssystemen unter besonderer Berücksichtigung von Logistikdienstleistern, Endbericht im Rahmen des Forschungsrahmenprogramms Logistik, Kooperationsvorhaben Nr. 2, Bremen.

Haasis, H.-D./Fischer, H. (Hrsg.) (2007): Kooperationsmanagement, Eschborn.

Hansen, U./Meyer, P./Nagel, C. (1998): Entsorgungslogistische Netzwerke, in: UmweltWirtschaftsForum, Heft 2, 16-21.

Hockerts, K. (Hrsg.) (1994): Kreislaufwirtschaft statt Abfallwirtschaft: optimierte Nutzung und Einsparung von Ressourcen durch Öko-Leasing und Servicekonzepte, Ulm.

Inderfurth, K. (1998): Neuere Ansätze zur Produktionsplanung und -steuerung unter Einbeziehung von Recycling, in: Kischka, P. u.a. (Hrsg.): Operations Research Proceedings 1997, Berlin u.a., S. 446-455.

Institut für Angewandte Innovationsforschung e.V. (Hrsg.) (iAi 2004/2005): Was kann die Innovationspolitik Vom betrieblichen Innovationsmanagement lernen?, Bochum.

Kaluza, B./Blecker, T. (1996): Management interindustrieller Entsorgungsnetzwerke, in: Bellmann, K./Hippe, A. (Hrsg.): Management von Unternehmensnetzwerken, Wiesbaden, S. 379-417.

Kaluza, B./Pasckert, A. (1997): Kreislaufwirtschaftsgesetz und umweltorientiertes Technologiemanagement, in: Kaluza, B. (Hrsg.): Unternehmung und Umwelt, Hamburg, S. 105-144.

Kirchgeorg, M. (1995): Kreislaufwirtschaft – neue Herausforderung an das Marketing, in: Meffert, H. u.a. (Hrsg.): Arbeitspapier Nr. 92, Münster.

Krcal, H.-C./Liesegang, D. G. (Hrsg.) (1999): Industrielle Umweltschutzkooperationen – Ein Weg zur Verbesserung der Umweltverträglichkeit von Produkten, Berlin u.a.

Kreibich, R. (1994): Umweltorientierte Produktgestaltung: Ökologische Produktgestaltung und Kreislaufwirtschaft, in: UmweltWirtschaftsForum, Heft 4, S. 13-22.

Kreibich, R. (1996): Wirtschaften in Kreisläufen: Voraussetzung für eine zukunftsfähige Wirtschaft, in: Kreibich, R/Atmatzidis, E./Behrendt, S. (Hrsg.): Wirtschaften in Kreisläufen, Weinheim/Basel, S. 13-28.

Lander, S. (2005): Strategische Planung von Kreislaufwirtschaftssystemen, Berlin.

Morana, R. (2005): Management von Closed-Loop Supply Chains, Wiesbaden.

Paschert, A. (1997): Zukunftsfähige Wertschöpfungskreisläufe, Hamburg, 1997.

Pfohl, H.-C. (2000): Management von Produktionsnetzwerken, in: Baumgarten, H. (Hrsg.): Logistik im E-Zeitalter – die Welt der globalen Logistiknetzwerke, Frankfurt a. M., S. 35-54.

Püchert, H./Spengler, T./Rentz, O. (1996): Strategische Planung von Kreislaufwirtschafts- und Redistributionssystemen – am Fallbeispiel des Autorecyclings, in: Zeitschrift für Planung, Heft 1, S. 27-44.

Rautenstrauch, C. (1997): Fachkonzept für ein integriertes Produktions-, Recyclingplanungs- und -steuerungssystem (PRPS), Berlin u.a.

Rinschede, A./Wehking, K.-H. (1995): Entsorgungslogistik, Band 3, Bielefeld.

Schultmann, F. (2003): Stoffstrombasiertes Produktionsmanagement, Berlin.

Schwarz, E. J. (1996): Industrielle Verwertungsnetze – Ein Beitrag zur Integration ökologischer Aspekte in die Produktionswirtschaft, in: Bellmann, K./Hippe, A. (Hrsg.): Management von Unternehmensnetzwerken: Interorganisationale Konzepte und praktische Umsetzung, Wiesbaden, S. 349-377.

Siestrup, G. (1999): Produktkreislaufsysteme: Ein Ansatz zur betriebswirtschaftlichen Bewertung produktintegrierter Umweltschutzstrategien in kreislaufwirtschaftsorientierten Produktionsnetzwerken, Berlin.

Siestrup, G./Haasis, H.-D. (1997): Strategische Planung von Produktkreislaufsystemen, in: Zeitschrift für Planung, Heft 2, S. 149-167.

Sterr, T. (2003): Industrielle Stoffkreislaufwirtschaft im regionalen Kontext, Berlin u.a.

Sydow, J. (1992): Strategische Netzwerke – Evolution und Organisation, Wiesbaden.

Sydow, J. (1997): Mitbestimmung und neue Unternehmensnetzwerke, Gütersloh.

Thierry, M. u.a. (1995): Strategic Issues in Product Recovery Management, in: California Management Review, Heft 2, S. 114-135.

Van der Laan, E./Salomon, M./Van Wassenhove, L. (1996): Production planning and inventory control in hybrid systems with remanufacturing, Management Report Series 272, Rotterdam.

Wagner, G.R. (1997): Betriebswirtschaftliche Umweltökonomie, Stuttgart.

Wallau, F. (2001): Kreislaufwirtschaftssystem Altauto, Wiesbaden.

Wedekind, S./Haasis, H.-D. (2004): Integration of service providers into supply chain services and waste disposal transports, in: Gupta, S.M. (ed.): Environmentally Conscious Manufacturing III, Proceedings of SPIE, Vol. 5262, Bellingham, S. 115-124.

Wildemann, H. (1997): Koordination von Unternehmensnetzwerken, in: Zeitschrift für Betriebswirtschaft, 67. Jg., Heft 4, S. 417-439.

Wildemann, H. (1999): Entsorgungslogistik, Leitfaden zur Einführung und wirtschaftlichen Gestaltung von Entsorgungskreisläufen in Industrieunternehmen, Transfer-Centrum für Produktions-Logistik und Technologie-Management GmbH, München.

8 Integrierte Managementsysteme und Performance Management

8.1 Motivation und Lernziele

Lernziele

Am Ende dieses Kapitels sollen Sie

- Motive für den Aufbau von spezifischen Managementsystemen und Integrierten Managementsystemen im Unternehmen erläutern können,

- die Grundzüge des Performance Managements und seinen Bezug zum Qualitätsmanagement erläutern können,

- Methoden und Instrumente zum Aufbau Integrierter Managementsysteme und zum Performance Management kennen und anwenden können,

- die Vorgehensweise zur betrieblichen Einführung des Performance-Management-Instruments Balanced Scorecard erläutern können.

Motivation

Die Anzahl der Managementsysteme in den Unternehmen ist in den vergangenen Jahren stark angestiegen. Neben die klassischen Führungssysteme für Planung, Personalführung, Finanz-, Produktions-, Vertriebs- und Entwicklungsmanagement traten oftmals auf Wunsch der Kunden Qualitäts-, Umwelt- und Arbeitssicherheitsmanagementsysteme. Zu einer weiteren Verbreitung von Qualitätsmanagementsystemen in Unternehmen hat insbesondere die gewachsene Akzeptanz des Ansatzes *Total Quality Management* (TQM) beigetragen. Hierbei handelt es sich um eine in Japan entwickelte prozessorientierte Qualitätsphilosophie. Der Ansatz basiert auf der Vorstellung, dass Qualität letztlich eine Frage der Ausrichtung an den Erfordernissen der Kunden ist.

Durch Messung der kundenbezogenen Leistungen der Geschäftsprozesse im Unternehmen können Abweichungen mittels Prozessverbesserung oder Prozessumgestaltung vermieden werden. Diesem Zweck dienen die Systeme des Performance Managements im Unternehmen.

8.2   Einordnung in die Betriebswirtschaftslehre

Qualitätsmanagementsysteme fanden ab Beginn der 80er Jahre, *Umweltmanagementsysteme* ab Mitte der 90er Jahre weitere Verbreitung in Industrie- und Dienstleistungsunternehmen. Die zu Beginn der 90er Jahre festgeschriebene Beweislastumkehr bei der Produkthaftung führte dazu, dass in einigen Branchen der Nachweis des Vorhandenseins derartiger Managementsysteme eine Voraussetzung für die Vergabe von Aufträgen an Zulieferer war und ist. Die fortan von den Herstellern der Produkte nachzuweisende Fehlerfreiheit der Produkte lässt sich bei komplexen und sicherheitsrelevanten Produkten ausschließlich durch eine lückenlose Dokumentation des Produktionsprozesses sowie eine regelmäßige Überprüfung des Kenntnisstandes der Mitarbeiter bezüglich der von ihnen geforderten Verfahrens- und Verhaltensweisen in Form sogenannter *Audits* sicherstellen. Dies gilt im Fall des Qualitätsmanagements insbesondere für die Automobilindustrie und im Fall des Arbeitssicherheits- und Umweltmanagements insbesondere für die Petrochemie.

Diese Managementsysteme werden in der Regel auf Basis international gültiger Normen als bereichs- und abteilungsübergreifende Managementsysteme entwickelt, implementiert und dokumentiert. Zu den Managementsystemen, für die internationale Normen bestehen, zählen u.a.

- *Qualitätsmanagementsysteme* (ISO 9000 ff),

- *Umweltmanagementsysteme* (ISO 14000 ff) und

- *Arbeitssicherheitsmanagementsysteme* (OHSAS 18001).

Entwicklungsbedingt wurden die genannten Managementsysteme in den meisten Unternehmen als isolierte Systeme unabhängig voneinander aufgebaut. Voneinander unabhängige und im Unternehmen nebeneinander bestehende Managementsysteme bringen jedoch Probleme mit sich, insbesondere:

- konzeptionelle Überschneidungen,

- unklare Schnittstellen,

- hohen Pflegeaufwand und

- Konflikte bezüglich der Priorisierung und Relevanz der einzelnen Systeme.

Eventuell bestehen sogar konträre Regelungen in den einzelnen Managementsystemen. Darüber hinaus hat sich in der Praxis gezeigt, dass sowohl Führungskräfte als auch Mitarbeiter Schwierigkeiten haben, ihren festgelegten Verantwortungen und Verpflichtungen nachzukommen, wenn diese in verschiedenen Handbüchern festgelegt sind. Die Folge ist oftmals eine lediglich lückenhafte Berücksichtigung der Regelwerke. Weiterhin fordern sowohl die Qualitätsmanagementnorm ISO 9001 als auch die Umweltmanagementnorm ISO 14001 eine *kontinuierliche Verbesserung* der Prozesse.

Dieses kann wirtschaftlich langfristig nur durch die Zusammenlegung der einzelnen Managementsysteme eines Unternehmens in ein einziges System erreicht werden.

Miteinander verknüpfte Managementsysteme werden mit der Absicht eingeführt, höhere Transparenz, bessere Effizienz und damit auch verbesserte Akzeptanz sowie reduzierten Pflegeaufwand im Unternehmen zu erreichen. Weiterhin können Elemente des Risikomanagements, des Hygienemanagements, des Datenschutzes, des Facility- und Instandhaltungsmanagements, des Gebäudeschutzes, des Finanz- und Berichtswesens sowie des Wissens- und Ideenmanagements in die *Integrierten Managementsysteme* (IMS) einbezogen werden. Auf der Grundlage der Verknüpfung von Managementsystemen kann – im Vergleich zu spezifischen Managementsystemen – ein schlankeres und damit effizienteres Management ermöglicht werden.

8.3 Gestaltungszusammenhänge von System und Prozess

Für die Zusammenführung der spezifischen Managementsysteme gibt es unterschiedliche Vorgehensweisen:

(1) Zunächst können die Managementsysteme in ihrer Struktur und Funktion eigenständig bleiben, wobei die jeweils mit der Sicherung der Einhaltung der Regeln beauftragten Personen aufgefordert werden, sich miteinander abzustimmen. Auf diese kostengünstige und schnelle Art der Zusammenführung lassen sich Widersprüche auflösen. Nachteilig kann sich jedoch auswirken, dass der erreichte Grad der Integration in hohem Maße vom jeweiligen Engagement der Beauftragten abhängt.

(2) Eine Alternative zu dieser Form der Zusammenführung von Managementsystemen besteht im Ansatz der Verschmelzung von Managementsystemen, bei dem eines der etablierten Managementsysteme (in der Praxis häufig das Qualitätsmanagementsystem) als Basissystem definiert wird, an das die übrigen Managementsysteme (Umweltmanagement, Arbeitssicherheitsmanagement etc.) dann angedockt werden. Das Basissystem stellt die Referenz für Anforderungen an die übrigen Managementsysteme dar, etwa bezüglich der Dokumentation, der Problemlösungsprozesse usw. Der Vorzug bei dieser Vorgehensweise besteht darin, dass auf der Grundlage eines bereits etablierten und bekannten Basissystems in der Regel eine gute Akzeptanz seitens der Mitarbeiter auch für die zu ergänzenden Systeme erreicht werden kann. Der Nachteil besteht darin, dass Kompromisse zwischen der Struktur des Basissystems und den Anforderungen der zu ergänzenden Systeme im Rahmen der Zusammenführung gefunden werden müssen.

(3) Der Ansatz der Integration von Managementsystemen verfolgt gegenüber den anderen Varianten der Verknüpfung von Managementsystemen die Vorstellung eines

umfassenden Managementsystems, in dem die Grenzen zwischen Qualität, Umwelt und Arbeitssicherheit für die verantwortlichen Mitarbeiter praktisch unsichtbar werden. Integrierte Managementsysteme fassen Anforderungen aus verschiedenen Bereichen in einer einheitlichen Struktur zusammen.

Einer der wesentlichen Gründe für den Aufbau von *integrierten Managementsystemen* in Organisationen besteht im gleichzeitigen Nutzen von Verbesserungen für mehrere Bereiche. Normierte Qualitäts- und Umweltmanagementsysteme ähneln einander in ihrer Struktur (Handbuch, Vorgabedokumente, etc.). Daher ist es möglich, die vorhandenen Dokumente um die fehlenden Aspekte zu ergänzen, mögliche Schnittstellen zwischen den Systemen zu definieren und zu optimieren.

Im Rahmen der von den jeweiligen ISO-Normen geforderten regelmäßigen Selbstüberprüfungen können alle Aspekte der IMS ohne größeren Mehraufwand abgedeckt werden. Die skizzierte Form der Realisierung erfordert in der Praxis ein hohes Maß an Qualifikation und Eigenverantwortlichkeit der Mitarbeiter. In der Praxis werden für die Verknüpfung von Managementsystemen in Abhängigkeit von den betrieblichen Gegebenheiten unterschiedliche Ansätze verfolgt.

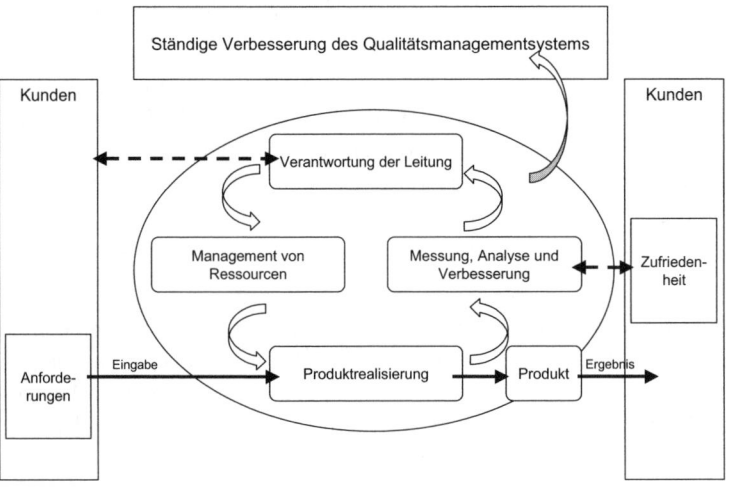

Abbildung 8-1: Prozessorientiertes Qualitätsmanagementsystem nach ISO 9000:2000
(Quelle: Schnauber 2000, S. 9)

Gegenwärtig bestehen lediglich in unzureichendem Maße definierte Normen, welche die Organisation bei der Entwicklung und Implementierung eines durchgängigen integrierten Managementsystems unterstützen. Allerdings treibt die International Organization for Standardization (ISO) gegenwärtig Bestrebungen voran, die auf eine verbesserte Kompatibilität der Umweltmanagementnorm ISO 14001 und der Qualitätsmanagementnorm 9001 zielen. Der VDI hat im Jahr 2004 den Entwurf einer Richtlinie zum Thema "Handlungsanleitung zum Aufbau von IMS für Unternehmen aller Branchen und Größen" (VDI 4060 Blatt 1) herausgegeben.

In der Unternehmenspraxis werden Integrierte Managementsysteme in der Regel als *prozessorientierte Managementsysteme* konzipiert. Prozessorientierte Managementsysteme legen die Prozessabläufe unabhängig von den einzelnen Managementsystemen fest. Die einzelnen Managementsysteme betrachten die Prozesse dementsprechend aus unterschiedlichen Blickwinkeln. In Abbildung 8-1 ist ein prozessorientiertes Qualitätsmanagementsystem skizziert.

Dem Gedanken der Prozessorientierung liegt das kundenorientierte Denken zu Grunde. Hierbei werden die Handlungen und Aktivitäten immer unter dem Gesichtspunkt des Gesamtwirkungsgrades für das Unternehmen bzw. des Gesamtergebnisses betrachtet. Aspekte der Suboptimierung einzelner Organisationseinheiten treten in den Hintergrund.

Interne und externe Kunden- und Abnehmerbeziehungen werden im Zuge der Prozessorientierung grundsätzlich als gleichartig angesehen. Die Übergabe eines Vorproduktes an einen Kunden wird als Schnittstelle interpretiert. Die Prozessorientierung ist auf die Herstellung durchgängiger Prozesse gerichtet. Für jeden Prozess werden ein Ergebnis, ein oder mehrere Prozessdurchführende und ein Prozessverantwortlicher festgelegt.

Prozesse sollen in ihrer Gestaltung den *PDCA-Zyklus* (Plan, Do, Check, Act) berücksichtigen. Dieser ist exemplarisch in Abbildung 8-2 dargestellt. Dies ist erforderlich, um eine rechtzeitige Anpassung an sich verändernde externe Leistungsanforderungen und ein erfolgreiches Wirtschaften des Unternehmens längerfristig zu gewährleisten.

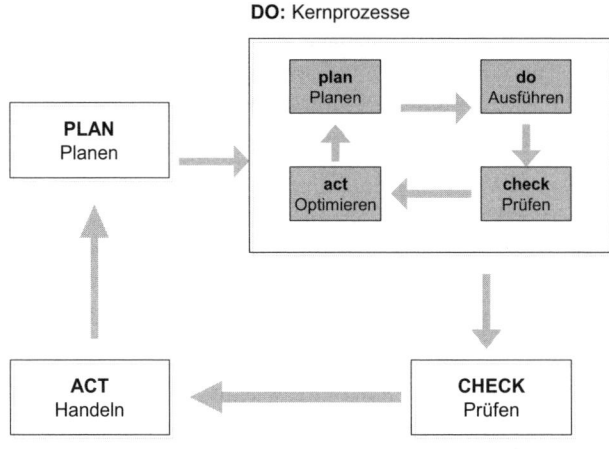

Abbildung 8-2: PDCA-Zyklen (Quelle: Paeger 2007)

Um eine kontinuierliche Verbesserung der Prozessleistung zu gewährleisten, werden *Regelkreise* definiert. In diesem Zusammenhang wird eine regelmäßige Messung der Leistungsfähigkeit der Prozesse durchgeführt. Die Messergebnisse sind mit den jeweiligen Vorgaben zu vergleichen. Erforderlichenfalls sind geeignete Verbesserungsmaßnahmen zu entwickeln und umzusetzen.

Die tatsächliche Leistung der Prozesse muss im Sinne eines geschlossenen Regelkreises regelmäßig überprüft und die Prozesse ggf. im Hinblick auf die Zielerreichung angepasst werden. Der Regelkreis des Planungs- und Kontrollsystems soll eine Ausrichtung der Managementsysteme an den übergeordneten Unternehmenszielen sicherstellen. Zu diesem Zweck werden in der Planung zunächst Ziele als Maßstäbe zukünftigen Handelns formuliert. Ziele und Strategien der Unternehmung werden anschließend durch operative Maßnahmen konkretisiert. Dies ist eine Voraussetzung, Ziele und Strategien an die Mitarbeiter zu kommunizieren.

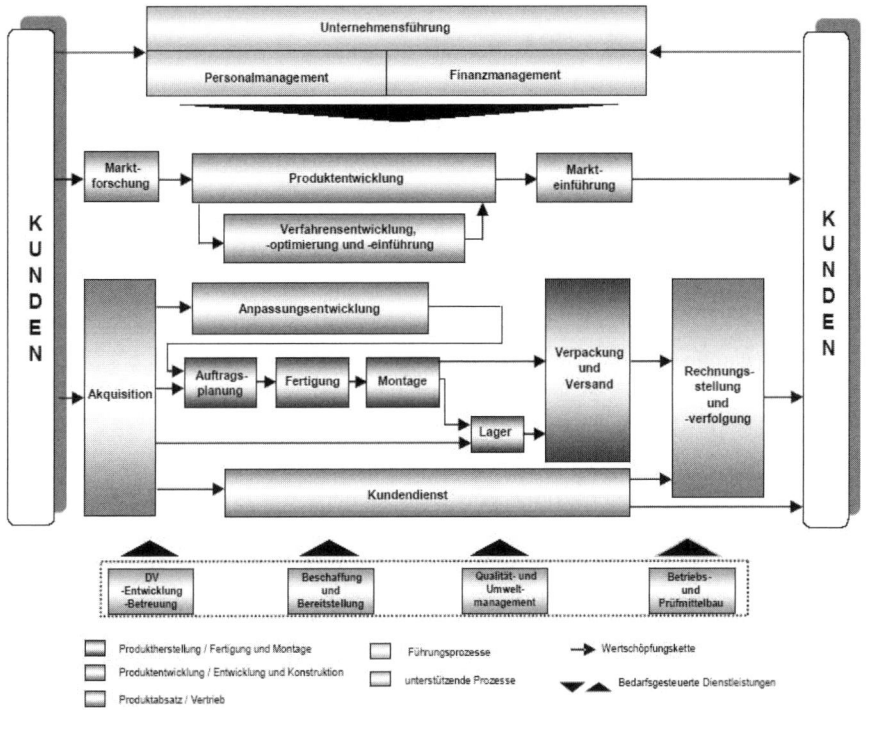

Abbildung 8-3: Beispiel für eine prozessorientierte Sichtweise auf ein Unternehmen (Quelle: Steinbeis-Transferzentrum Managementsysteme)

Die regelmäßige Analyse von Abweichungen zwischen Soll- und Istgrößen im Rahmen der Kontrolle löst einen Lernprozess aus, der die Ableitung geeigneter Maßnahmen zur Vermeidung oder Verminderung von Soll-Ist-Abweichungen ermöglicht. Neben Planung und Kontrolle zählen auch Aktivitäten der Steuerung zu den Elementen des managementbezogenen Regelkreises. Die Steuerung umfasst die Auslösung von Prozessen und die Festlegung der Vorgaben zur Durchführung der Prozesse. Dieser Regelkreis des Managements ist schematisch in Abbildung 8-4 abgebildet.

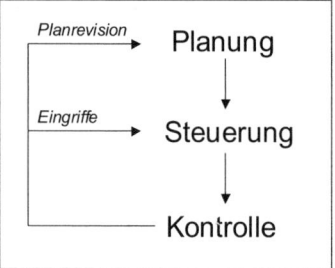

Abbildung 8-4: Regelkreis des Managements (Quelle: Gladen 2003, S. 23)

Die Messung der Prozessleistung leitet zu der allgemeineren Frage der *Leistungsmessung* bzw. des Unternehmenserfolgs sowie der Generierung entsprechender Kenngrößen und Indikatoren über. Traditionell erfolgt die Beurteilung der Leistungsfähigkeit von Unternehmen auf der Grundlage monetärer Indikatoren, etwa Gewinn/Verlust, Rentabilität, Liquidität etc. Allerdings vermögen diese Indikatoren letztlich nur "die Spitze des Eisbergs" der Unternehmenstätigkeit abzubilden. Insbesondere können Sie kaum Aufschluss hinsichtlich der tatsächlichen *Erfolgsursachen* geben.

Für eine verstärkte Orientierung an nicht-monetären Indikatoren im Rahmen der Leistungsbewertung von Unternehmen sprechen verschiedene Gründe:

▨ Die wachsende Diskussion um Qualitätsmanagement bzw. Qualitätsführerschaft hat dazu beigetragen, dass die zur Leistungssteuerung notwendigen Indikatoren mit vorzugsweise nicht-monetären Indikatoren ermittelt werden.

▨ Bestrebungen, die Kundenzufriedenheit zu messen, greifen oftmals auf nicht-monetäre Indikatoren zurück, deren Bereitstellung vom Management-Accounting bzw. vom Rechnungswesen erwartet wird.

▨ Das Management wünscht unabhängig von Informationen in bezug auf Qualität und Kundenzufriedenheit weitere qualitative Informationen. Diese betreffen etwa das Innovationsverhalten und die Lernfähigkeit von Organisationen.

▨ Die Weiterentwicklung der betrieblichen IT-Landschaft ermöglicht die Erhebung und Verarbeitung einer größeren Zahl auch nicht-monetärer Indikatoren.

Eine entsprechende Gestaltung von *Berichtssystemen* wird durch einen veränderten Informationsbedarf der Unternehmensleitung motiviert. In diesem Zusammenhang werden insbesondere veränderte und erhöhte Informationsanforderungen bezüglich der Programm- und Preispolitik sowie stark differenzierter Sortimente berücksichtigt. Ein zusätzlicher Informationsbedarf ergibt sich aus der Vielzahl immaterieller, integrativer und oftmals kundenindividueller Teil(dienst)leistungen eines Leistungsbündels sowie aufgrund der Flexibilisierung des Leistungspotentials. Darüber hinaus folgen moderne Berichtssysteme zugleich dem gestiegenen Informationsbedarf der Kapitaleigner hinsichtlich kontinuierlicher Unternehmenswertsteigerung, zuverlässiger Risikoabsicherung und Transparenz der Leistungserstellungsprozesse und sogar nichtwertschöpfender Aktivitäten. Darüber hinaus folgt der Aufbau moderner Berichtssysteme dem gewachsenen Anspruch an eine Selbststeuerung von Organisationseinheiten und einzelnen Mitarbeitern sowie gänzlich neuen Anforderungen an die Unternehmensführung wie etwa im Bereich des betrieblichen Wissensmanagements.

8.4 Methodische Hilfsmittel zur Gestaltung und Bewertung

Zur Entwicklung und Implementierung integrierter und prozessorientierter Managementsysteme können unterschiedliche Methoden herangezogen werden. Dazu zählen relativ einfache Methoden, wie etwa:

- Prozesslandkarten,

- Prozessbeschreibungen und

- Dokumentationslandkarten.

Dazu zählen jedoch auch anspruchsvollere Methoden des *Performance Managements*, zum Beispiel:

- die *Balanced Scorecard* und

- das *EFQM-Modell*.

Bei einer *Prozesslandkarte* handelt es sich um ein unternehmensspezifisches Unternehmensprozessmodell, das sämtliche relevanten Geschäftsprozesse des Unternehmens visualisiert. Die Darstellung erfolgt abteilungsübergreifend und kundenbezogen und erfasst sowohl Prozesse mit direkter Wertschöpfung (man spricht in diesem Zusammenhang auch von Wertschöpfungsprozessen) als auch solche mit unterstützender Funktion. Ein Modell, das Wertschöpfungs- und Unterstützungsaktivitäten am Beispiel eines idealtypischen Produktionsunternehmens übersichtlich darstellt, ist die in Abbildung 8-5 dargestellte *Wertschöpfungskette* nach Porter.

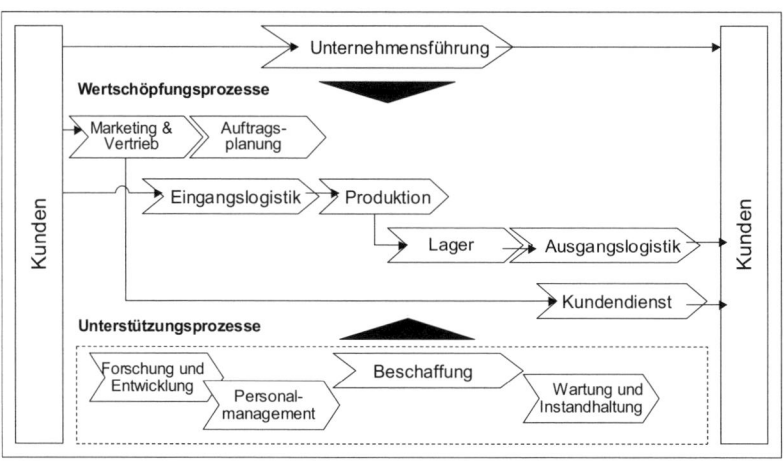

Abbildung 8-5: Wertschöpfungskette nach Porter (in Anlehnung an Porter 1985)

Zu den *Wertschöpfungsprozessen* zählen nach Porter die primären Unternehmensaktivitäten der Eingangslogistik, der sogenannten Operations, des Marketings und des Vertriebs, der Ausgangslogistik und des Kundendienstes. Die unternehmensspezifische Gestaltung dieser Prozesse hängt insbesondere von den Produkten und Dienstleistungen, den Kunden, gesetzlichen Vorgaben und den gewählten Marktbearbeitungsstrategien des Unternehmens ab. Neben Wertschöpfungsprozessen sind für den Vollzug der Leistungserstellung auch Führungs- und Controllingprozesse sowie Hilfsprozesse bzw. unterstützende Prozesse erforderlich. Hierzu zählen die Bewirtschaftung der Unternehmensinfrastruktur, des Personals, die Beschaffung und die Technologieentwicklung.

Während die Prozesslandkarte eine Übersicht über die Prozesse eines Unternehmens gibt, dienen *Prozessbeschreibungen* der Visualisierung und Dokumentation des vorgesehenen Ablaufs einzelner Prozesse. Eine Prozessbeschreibung kann ablaufbezogen oder ergebnisbezogen angelegt sein. Abbildung 8-6 zeigt einen Ausschnitt aus einer Prozessbeschreibung. Eine ergebnisbezogene Prozessdefinition bietet sich insbesondere für Prozesse an, deren Ablauf größere Freiheitsgrade, eine höhere Qualifikation und Eigenverantwortlichkeit des Prozessausführenden erfordert. Die Darstellung von Prozessen kann mittels verschiedener Prozessmodellierungstechniken vorgenommen werden.

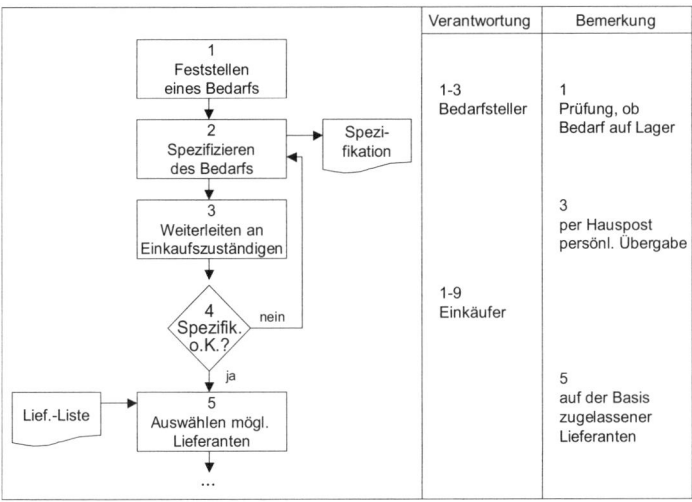

	Verantwortung	Bemerkung
1 Feststellen eines Bedarfs	1-3 Bedarfsteller	1 Prüfung, ob Bedarf auf Lager
2 Spezifizieren des Bedarfs → Spezi-fikation		
3 Weiterleiten an Einkaufszuständigen		3 per Hauspost persönl. Übergabe
4 Spezifik. o.K.? nein	1-9 Einkäufer	
ja		5 auf der Basis zugelassener Lieferanten
Lief.-Liste → 5 Auswählen mögl. Lieferanten		
...		

Abbildung 8-6: Ausschnitt aus einer Prozessbeschreibung

Die im Rahmen des Managementsystems eingesetzten Dokumente werden mittels einer *Dokumentationslandkarte* übersichtlich dargestellt. Beispiele für mögliche Dokumente sind Leitlinien der Geschäftsleitung, Prozessbeschreibungen, Formulare, Organigramme und Planungsunterlagen. Auf diese Weise ist sichergestellt, dass Prozessbearbeiter auf die erforderlichen Dokumente zugreifen können. Teilweise werden Dokumentationslandkarten im Intranet veröffentlicht oder dienen zugleich als Struktur einer Dokumentenablage.

Als geeignete Instrumente für die kontinuierliche Leistungsmessung des Gesamtunternehmens sowie seiner einzelnen Prozesse haben sich *Kennzahlen und Kennzahlensysteme* etabliert. Kennzahlen können neben der Analyse auch im Rahmen der Steuerung eingesetzt werden. Kennzahlen, die nicht nur zur Analyse, sondern auch zur Steuerung eingesetzt werden, können als Ziele bezeichnet werden. Diese haben normativen Charakter und dienen der Planung und Bewertung von Alternativen sowie zur Verhaltensbeeinflussung der Prozessausführenden. Derartige Ziele sollten nicht nur monetäre, sondern auch nicht-monetäre Ziele enthalten.

Während herkömmliche Steuerungs-Kennzahlensysteme sich auf die Erfassung der operativen Leistungsfähigkeit durch in der Regel monetäre Ziele konzentrieren, lassen sich mit den Methoden des *Performance Measurements* auch strategische Zielsetzungen verfolgen, indem auch nicht-monetäre Indikatoren erfasst werden. Die Ansätze erlauben es der Unternehmensführung, auf dem Wege einer Selbstbewertung die von ihr initiierten Maßnahmen und die unternehmerischen Ergebnisse miteinander in Beziehung zu setzen.

Abbildung 8-7: Aufbau eines Performance-Measurement Systems (Quelle: Kottmel 2003)

Unter einem *Performance Measurement-System* wird eine Zusammenstellung monetärer und nicht-monetärer Leistungsindikatoren verstanden, deren Auswahl sich aus der Betrachtungsebene (etwa Gesamtunternehmen, Bereich, Mitarbeiter) bzw. aus dem jeweiligen Betrachtungswinkel ergibt (etwa kundenbezogene Leistungsanforderungen, umweltbezogene Leistungsanforderungen, innovationsbezogene Leistungsanforderungen etc.). Der Aufbau eines Performance Measurement-Systems ist in Abbildung 8-7 abgebildet.

Die oberste Ebene eines solchen Systems bilden die strategischen Zielvorgaben auf Unternehmensebene, aus denen Kennzahlen als Zielvorgaben für die nachgelagerten Hierarchieebenen kaskadenförmig "top-down" abgeleitet werden. Meist wird unternehmensweit eine Vielzahl von Messgrößen erhoben. Dagegen ermöglicht eine abgestimmte Entwicklung von Leistungsindikatoren der einzelnen Ebene die Konzentration auf die Beobachtung einer geringen Anzahl von Messgrößen. Um die Entwicklung der einzelnen Geschäfts- bzw. Organisationseinheiten vergleichen zu können, ist für einige ausgewählte monetäre Größen einheitsübergreifend eine identische Anwendung erforderlich (etwa Ergebnis vor/nach Steuern, Umsatz, Cash-flow etc.). Die ausgewählten monetären und nicht-monetären Indikatoren sollen:

▪ eine konsistente und sich inhaltlich ergänzende Gruppierung bilden,

▪ primär auf die Verbesserung der künftigen Leistungsfähigkeit gerichtet sein,

▪ sich idealerweise durch eine gute Kommunizierbarkeit auszeichnen (wodurch die Eigenmotivation gestärkt wird),

■ mit einem gleichgerichteten Anreizsystem gekoppelt sein (was wiederum die Motivation steigert) sowie

■ die wettbewerblichen Anforderungen Kosten, Zeit und Qualität in angemessener Weise berücksichtigen.

Als finanzbezogene Kennzahlen werden vor allem der *Economic Value Added* (EVA) oder der *Shareholder Value* und ihre Werttreiber in das Performance Measurement-System einbezogen. Ein Performance Measurement-System ist Teil eines Performance Managements im Unternehmen.

Der Begriff des *Performance Management* umfasst solche Fragestellungen, die mit dem strategisch und monetär orientierten Zielbildungsprozess sowohl für das gesamte Unternehmen als auch für die einzelnen Hierarchieebenen im Zusammenhang stehen. In Abbildung 8-8 ist ein Performance-Management-Konzept skizziert.

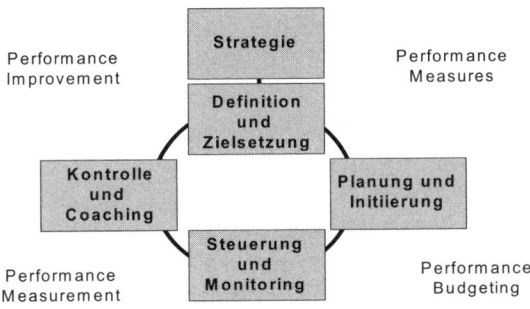

Abbildung 8-8: Ein Performance-Management-Konzept (Quelle: Brunner/Sprich 1998, S. 34)

Der englischsprachige Begriff der *Performance* lässt sich annähernd mit dem Begriff der Leistung bzw. der Leistungsfähigkeit übersetzen. Der Schwerpunkt der Betrachtungen dieser Teildisziplin der Betriebswirtschaftslehre liegt auf der Bewertung des Beitrags einzelner Organisations- bzw. Geschäftseinheiten im Hinblick auf die langfristigen und kurzfristigen Zielsetzungen des Gesamtunternehmens. Als übergeordnete Zielsetzung wird hierbei die Maximierung des Shareholder Value angesehen.

Das Performance Management beinhaltet im Einzelnen drei Teilaufgaben[230]:

■ die Festlegung des unternehmensspezifischen Profils ausgewählter Zielsetzungen (Performance Profiling),

---

[230] Vgl. Haasis 2004.

- die Messung der Zielerreichung (Performance Measurement) und

- die Entwicklung und Erprobung geeigneter Reaktionsmaßnahmen, die einzuleiten sind, sofern die realisierten Werte nicht mit den Vorgaben übereinstimmen (Performance Actions Simulation).

Im Zuge des Prozesses der Zielformulierung ist zunächst zu klären, ob die Unternehmensziele top-down oder bottom-up zu formulieren sind. Ein top-down-orientiertes Vorgehen wird insbesondere im Hinblick auf die Maximierung des Shareholder Value als vorteilhaft angesehen. Im Hinblick auf die von der Zielsetzung ausgehende Motivationswirkung kann sich ein solches Vorgehen jedoch als eher nachteilig auswirken. Darüber hinaus sind die Freiheitsgrade festzulegen, die den einzelnen Organisationseinheiten zur Erreichung der festgelegten Ziele eingeräumt werden.

Das Performance Measurement und das Performance Management sind aus den zahlreichen Verbesserungsansätzen entstanden, zu denen auch *Total Quality Management* (TQM) zählt und die seit Beginn der 1980er Jahre Zugang zur Unternehmenspraxis erhalten. Damit einhergehend fanden Kennzahlsystematiken eine stärkere Verbreitung, die zugleich die Implementierung von Strategien und die kontinuierliche Verbesserung von Prozessen unterstützen.

Breite Akzeptanz hat insbesondere der Ansatz der *Balanced Scorecard* erfahren, dessen Grundlagen auf die US-amerikanischen Managementforscher Robert S. Kaplan und David P. Norton zurückgehen. Die Bezeichnung weckt Assoziationen mit einer Anzeigentafel bei Sportereignissen oder in einem Flugsimulator. Die beiden Begründer des Ansatzes folgten der Vorstellung, wonach eine solche Anzeigentafel im betrieblichen Einsatz zur Unternehmenssteuerung nicht ausschließlich monetäre, sondern auch nicht-monetäre Kennzahlen enthalten soll. Die nicht-finanziellen Kennzahlen beinhalten insbesondere Maßgrößen für die zukünftige Leistungsfähigkeit der Unternehmung. Die Balanced Scorecard wird als strategisch orientiertes Steuerungs-Kennzahlensystem verstanden. Sie unterstützt insbesondere die Phase der Operationalisierung von Strategien. Die Balanced Scorecard stellt ein umfassendes Managementinstrument für Planung, Steuerung und Umsetzungskontrolle von Strategien dar, das mittels Kennzahlen die Kommunikation der Unternehmensstrategien auf allen Hierarchieebenen fördert. Die oftmals hinter den Unternehmensstrategien liegenden anspruchsvollen Zusammenhänge können mit Hilfe der Balanced Scorecard in geeigneter Weise in präzise Vorstellungen übersetzt werden, an denen sich Mitarbeiter orientieren und durch die sie motiviert werden sollen. Dementsprechend soll die Balanced Scorecard auch die Koordination, das heißt die Ausrichtung der Mitarbeiter auf die Zielsetzungen der Unternehmung, verbessern. Weiterhin wird empfohlen, auch die Anreizsysteme an den in der Balanced Scorecard definierten Kennzahlen auszurichten. Die Balanced Scorecard dient zudem der Information der Führungskräfte und wird als geeignet angesehen, um den Regelkreis des Managements zu unterstützen. In Abbildung 8-9 ist die Struktur einer Balanced Scorecard skizziert.

Die in der Balanced Scorecard zusammengefassten Kennzahlen sind als Indikatoren für die Realisierung von Unternehmensstrategien zu interpretieren. Bei der Kennzahlenzusammenstellung einer Balanced Scorecard handelt es sich daher stets um eine selektive und niemals um eine vollständige Auswahl von Kennzahlen. Die Kennzahlenauswahl soll "balanced", d.h. ausgewogen zwischen langfristigen und kurzfristigen Zielen, zwischen monetären und nicht-monetären Zielgrößen sowie zwischen nachlaufenden und vorauslaufenden Indikatoren sein.

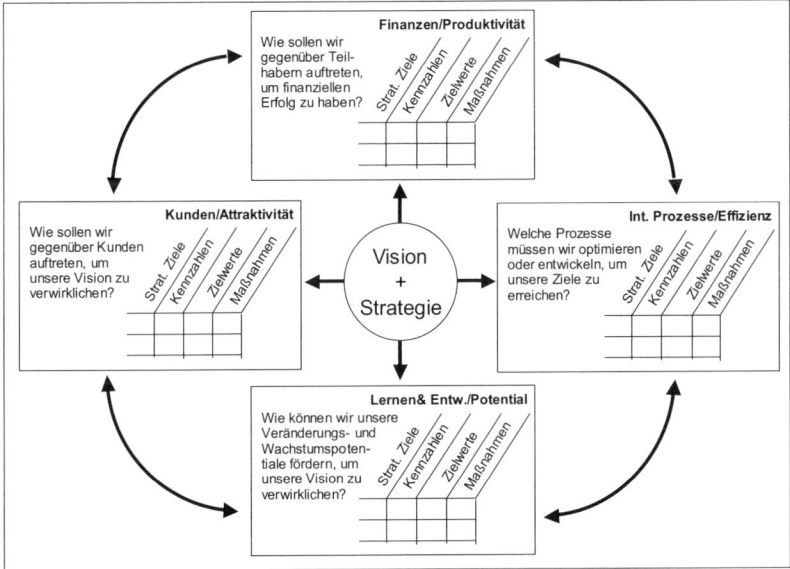

Abbildung 8-9: Struktur einer Balanced Scorecard (Quelle: Horváth & Partners 2004)

Diese Ausgewogenheit wird in der Balanced Scorecard durch die Gliederung in *eine finanzielle Perspektive*, eine *Kundenperspektive*, eine *Prozessperspektive* und eine *Lern- und Entwicklungsperspektive* gewährleistet:

▪ Die *finanzielle Perspektive* stellt die Rentabilität des Unternehmens in den Mittelpunkt und beantwortet die Frage: "Wie sollen wir gegenüber Teilhabern auftreten, um finanziellen Erfolg zu haben?". Die Ergebnis-Kennzahlen der finanziellen Perspektive sollen zeigen, ob die Umsetzung einer Strategie sich positiv auf das Erfolgsziel bzw. Erfolgspotential auswirkt. Die Perspektive bildet insbesondere die Interessen der Kapitaleigner ab. Es ist zu beachten, dass die Indikatoren der übrigen drei Perspektiven stets auf die übergeordnete finanzielle Perspektive zurückwirken.

■ Die *Kundenperspektive* konzentriert sich auf die Attraktivität des Unternehmens. Die Indikatoren sollen die Frage beantworten: "Wie sollen wir gegenüber Kunden auftreten, um unsere Vision zu verwirklichen?" Die Kundenperspektive enthält ergebnisorientierte Kennzahlen, die die produkt- und absatzbezogene Zielerreichung beschreiben sollen. Diese beziehen sich auf die relevanten Kunden- und Marktsegmente der jeweiligen Organisations- bzw. Geschäftseinheit. Insbesondere soll abgebildet werden, wie das Unternehmen bzw. die Organisationseinheit von den Kunden beurteilt wird.

■ Die *Prozessperspektive* geht der Frage nach "Welche Prozesse müssen wir optimieren oder entwickeln, um unsere Ziele zu erreichen?". Hierbei steht die Frage nach der Effizienz der Prozesse im Vordergrund. Diese Perspektive beinhaltet insbesondere Kennzahlen für solche Leistungstreiber, die für besonders hervorragende und wettbewerbsrelevante Prozesseigenschaften relevant sind. Insbesondere sind Kennzahlen für diejenigen Prozesse zu identifizieren, bei denen Verbesserungsinitiativen ansetzen können.

■ Die *Lern- und Entwicklungsperspektive* beschreibt die Entwicklung der Potentiale der Mitarbeiter und stellt die Frage in den Mittelpunkt "Wie können wir unsere Veränderungs- und Wachstumspotentiale fördern, um unsere Vision zu verwirklichen?". Diese Perspektive der Balanced Scorecard enthält Kennzahlen für Weiterbildungsaktivitäten, Organisationsentwicklung, Informationsversorgung und Personalführung.

Im Zuge der unternehmensspezifischen Ausgestaltung der Balanced Scorecard können einzelne Perspektiven miteinander verbunden werden oder neue Perspektiven (etwa für besonders hervorzuhebende Anspruchsgruppen) hinzugefügt werden. In jeder Perspektive sind strategische Ziele, Kennzahlen, Zielwerte und Maßnahmen zu benennen. Bei der Festlegung der Kennzahlen soll soweit möglich auf empirisch fundierte Ursache-Wirkungs-Beziehungen zurückgegriffen werden.

Neben der internen Kontrolle der Strategieumsetzung bietet es sich an, die Balanced Scorecard auch als extern orientiertes Instrument für die *Unternehmensberichterstattung* einzusetzen. Ein Defizit herkömmlicher finanzorientierter Systeme der externen Unternehmensberichterstattung besteht darin, dass die auf lange Sicht sinnvolle Erfüllung impliziter Ansprüche von Mitarbeitern, Lieferanten oder weiterer Interessengruppen sich kurzfristig negativ auf das finanzielle Ergebnis auswirken kann. Finanzielle Erfolgsindikatoren verzerren teilweise die Erfassung von Investitionen in immaterielle Vermögenswerte, wie beispielsweise ein positives Unternehmensimage durch nachhaltiges Wirtschaften. Die Balanced Scorecard kann in diesem Kontext auch zum Management von Zielkonflikten im Zusammenhang mit den Beziehungen des Unternehmens zu seinen Anspruchsgruppen (*Stakeholder*) beitragen. Dazu werden Interessen verschiedener Stakeholder-Gruppen (Kunden, Arbeitnehmer etc.) formuliert, mit der Unternehmensstrategie in Einklang gebracht und gegenüber den Kapitalgebern (*Shareholder*) geeignet kommuniziert.

Eine umfassende Balanced Scorecard stellt Kennzahlensysteme für mehrere spezifische Organisationsebenen bereit. Um als Kennzahlensystem für die Steuerung von Unternehmensstrategien dienen zu können, muss sie auf Gesamtunternehmensebene angesiedelt sein, aber auch auf die darunter liegenden Organisationseinheiten oder auf strategische Geschäftseinheiten heruntergebrochen werden. Darüber hinaus können grundsätzlich auch unternehmensübergreifende Scorecards für Unternehmensverbünde (Konzerne) und Unternehmenskooperationen (etwa entlang einer Lieferkette) aufgestellt werden.

Im Allgemeinen wird bei allen Ansätzen des Performance Managements davon ausgegangen, dass Unternehmen neben ihren finanziellen Zielsetzungen zugleich die Zufriedenheit ihrer verschiedenen Anspruchsgruppen (Kapitaleigner, Kunden, Mitarbeiter, Regierungen, Umweltschutzverbände etc.) anstreben. So geht etwa der *Ansatz der European Foundation for Quality Management* (EFQM[231]) davon aus, dass sogenannte "exzellente" Ergebnisse der Unternehmenstätigkeit im Hinblick auf Leistung, Kunden, Mitarbeiter und Gesellschaft durch eine Unternehmensführung erzielt werden, die ihre Politik und Strategie mit Hilfe von Mitarbeitern, Partnerschaften, Ressourcen und Prozessen realisiert.

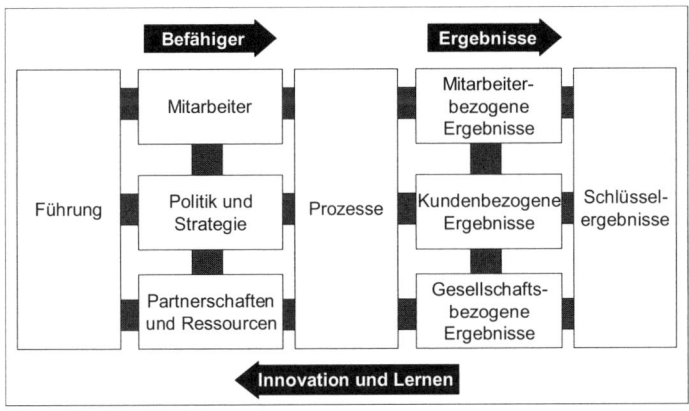

Abbildung 8-10: Grundstruktur des EFQM-Modells (Quelle: www.deutsche-efqm.de)

---

231 Vgl. auch www.deutsche-efqm.de.

Im *EFQM-Modell* werden die mitarbeiterbezogenen, kundenbezogenen und gesellschaftsbezogenen Ergebnisse sowie die Schlüsselergebnisse der Organisation in einen kausalen Zusammenhang mit den sogenannten Befähigern gebracht. Abbildung 8-10 zeigt die Grundstruktur des EFQM-Modells. Zu den Befähigern oder Enablern zählen Mitarbeiter, Politik und Strategie, sowie Partnerschaften und Ressourcen. Das Modell unterstellt, dass die Ergebnisse auf die Befähiger zurückzuführen sind und diese wiederum aufgrund der Ergebnisse profitieren.

Der EFQM-Ansatz strebt an, den auf das Konstrukt der "Exzellenz" bezogenen Reifegrad der Organisation zu messen. Zu diesem Zweck werden Ergebnisse, die dazu führenden Vorgehensweisen, der Grad der Umsetzung sowie die Bewertung und Überprüfung auf der Grundlage spezifischer Kriterien bewertet. Die Bewertung wird in Form einer Selbstbewertung der Unternehmung durchgeführt, die ggf. von unternehmensexternen Assessoren unterstützt werden kann. Hierbei werden die Einzelbewertungen von 32 Teilkriterien zu einer Gesamtbewertung zusammengefasst, die zwischen 0 und 1000 Punkten liegt. Das Ergebnis der Selbstbewertung nach dem EFQM-Ansatz liefert für die Unternehmensführung Hinweise auf Ansatzpunkte für potentialträchtige Verbesserungsinitiativen. Das Verbesserungspotential in bezug auf einzelne Kriterien lässt sich auf der Basis eines Benchmarkings abschätzen. *Benchmarking* bezeichnet eine Vorgehensweise, bei der Unternehmen bestimmte eigene Verfahrensweisen im allgemeinen mit dem Branchen-Besten (Best in Class) und den besten Praktiken (Best Practices) vergleichen. Benchmarking kann, sofern entsprechende Vergleichbarkeiten vorhanden sind, auch zwischen Organisationen unterschiedlicher Branchen erfolgen. Ziel ist es, voneinander zu lernen und auf diese Weise Erfolgspotenziale zu nutzen.

8.5 Praxisbeispiel: Balanced Scorecard für ein Güterverkehrsunternehmen

Dem Transport von Waren kommt als logistische Kernfunktion eine wichtige Aufgabe innerhalb den Supply Chains von Industrie und Handel zu. In der logistischen Transportkette steht ein Eisenbahnverkehrsunternehmen, das den Transport durchführt, strukturell zwischen dem Lieferanten (Hersteller, Großhändler) und dem Abnehmer (Einzelhändler, Endkunde). Teilweise werden noch Spediteure als Intermediäre einbezogen. Den Betreibern nichtbundeseigener Güterbahnen werden infolge des Modernisierungsdrucks nach der Bahnreform und des zunehmenden intramodalen Wettbewerbs von den Verladern und Endkunden in zunehmendem Maße Qualitätssteigerungen abgefordert.

Endkunden und Verlader erwarten heute eine hohe Flexibilität hinsichtlich verschiedenster Kriterien, die gemessen und bewertet werden müssen und in Bonus-Malus-

Systeme einfließen. Am Beispiel der fiktiven Euro-Rail Cargo AG, eines Eisenbahnverkehrsunternehmens, wird in diesem Praxisbeispiel ein Performance Measurement-System auf der Basis einer Balanced Scorecard entworfen. Die Darstellung dieses Beispiel erfolgt in Anlehnung an Schwolgin[232]. Die Euro-Rail Cargo grenzt sich mit dem Geschäftsmodell eines europaweit agierenden Netzwerkanbieters deutlich von anderen Güterbahnen ab. Die Strategie des Unternehmens besteht darin, der führende, europaweit operierende Netzwerkanbieter auf der Schiene zu werden. Zu diesem Zweck will Euro-Rail Cargo hinsichtlich Qualität und Flexibilität der Leistung auf den langen Strecken Europas "Best in Class" werden. Den Kapitalgebern soll langfristig eine risikoadäquate Verzinsung ihres eingesetzten Kapitals gesichert werden.

In einem ersten Schritt soll eine Balanced Scorecard für das Gesamtunternehmen entworfen werden. Für die Euro-Rail Cargo wird diese im Vergleich zu dem Grundmodell von Kaplan/Norton modifiziert. Insgesamt verfügt die unternehmensangepasste Balanced Scorecard über fünf Perspektiven. Wie in der klassischen Balanced Scorecard befinden sich auch in der Balanced Scorecard der Euro-Rail Cargo eine Finanz-, eine Prozess- und eine Kundenperspektive. Modifiziert zu der klassischen Grundstruktur verfügt die Balanced Scorecard der Euro-Rail Cargo darüber hinaus über eine jeweils eigenständige Mitarbeiter- und Innovationsperspektive. Auf eine Netzwerkperspektive, welche die Sichtweise der anderen Güterverkehrsunternehmen im Vor- und Nachlauf der Kette wiederspiegelt, wurde aus Gründen der Übersichtlichkeit verzichtet.

Für jede der Perspektiven wurde zunächst ein strategisches Oberziel definiert, und zwar für die:

- Finanzperspektive das Ziel "Risikoadäquate Rendite durch höhere Produktivität"

- Kundenperspektive das Ziel "Höhere Zufriedenheit für Europas Kunden durch besseren Service und neue Technik"

- Prozessperspektive das Ziel "Europaweites Management aller Schienengüterverkehrsleistungen"

- Mitarbeiterperspektive das Ziel "Kundenorientierte europäische Mitarbeiter"

- Innovationsperspektive das Ziel "Wachstum durch neue Produkte und Technik in Europa".

Jedes Oberziel muss in Form geeigneter Unterziele präzisiert werden. Hierbei ist insbesondere darauf zu achten, dass nicht zu viele Unterziele definiert und bereits auf der Unternehmensebene eine Vielzahl operativer Zielsetzungen festgelegt werden. Als geeignet werden auf der Unternehmensebene drei bis vier Unterziele je strategischem Oberziel angesehen. Für jedes Unterziel sind genaue Festlegungen bezüglich Kennzahlen (exakte Definition der Messgröße), der Maßeinheit und der Ermittlung eines Planwertes zu treffen. Diese Vorgaben sind in einer Scorecard-Richtlinie definiert. Die

---

[232] Vgl. Schwolgin 2006.

Herausarbeitung von Ursache-Wirkungs-Zusammenhängen unterstützt die Ableitung von Unterzielen aus den Oberzielen. So gilt etwa der Zusammenhang, dem zufolge kundenorientiert handelnde Mitarbeiter die Kundenzufriedenheit fördern, zufriedenere Kunden umfangreichere Transportleistungen abnehmen und dies wiederum zu einer ansteigenden Rendite führt.

Die auf Unternehmensebene formulierten strategischen Oberziele werden auf die einzelnen Hierarchieebenen heruntergebrochen. Dies soll im weiteren am Beispiel der Kundenperspektive nachvollzogen werden. Für jedes Unternehmen steht hier die Zufriedenheit der Kunden im Mittelpunkt der Strategie.

Die Steigerung der Kundenzufriedenheit lässt sich mit Hilfe einer Reihe von Indikatoren messen. Diese erfassen sowohl transportbezogene Merkmale, u.a. Pünktlichkeit/Zugausfälle, mangelnde Verfügbarkeit von Transportmaterial, als auch die Qualität der Betreuung durch den Vertrieb, die Auftragsbearbeitung und Abrechnung sowie den Preis der Gesamtleistung. Weiterhin können zusätzliche Aspekte wie Schadensquoten oder das Beschwerdemanagement einbezogen werden.

Aus Sicht der Kunden der Euro-Rail Cargo sind Flexibilität und Pünktlichkeit die zentralen Qualitätskriterien. Bei der Pünktlichkeit ist insbesondere die Ankunftspünktlichkeit für den Verlader von Belang. Der Vorstand der Euro-Rail Cargo hat daher als strategisches Geschäftsziel definiert, dass 92 Prozent der Züge nicht später als 5 Minuten laut Fahrplan ankommen. Da Malusvereinbarungen oftmals erhebliche Preisminderungen bei Verspätungen vorsehen, hat Pünktlichkeit nicht nur über den Umsatz eine mittelfristige Beziehung zur Finanzperspektive.

Das strategische Ziel Pünktlichkeit wird in der Praxis den Zweck verfehlen, wenn es nicht auf die nachgeordneten Führungsebenen übertragen wird. Bei der Formulierung der in der Balanced Scorecard fixierten Ziele für diese Hierarchiestufen ist sicherzustellen, dass die Ziele der tatsächlichen Verantwortlichkeit der adressierten Ebene entsprechen und dass die jeweilige Ebene über entsprechende Ressourcen verfügt. Ein Ausschnitt einer solchen Zielkaskade für die Euro-Rail Cargo ist in Abbildung 8-11 dargestellt. So kann beispielsweise der Werkmeister nur dann für eine Verminderung des Rollmaterials verantwortlich gemacht werden, wenn er über die geplante Anzahl an Radsätzen entscheidet und die erforderlichen Mittel und das Personal zur Verfügung hat, um die Radsatzdrehbank in Betrieb zu halten.

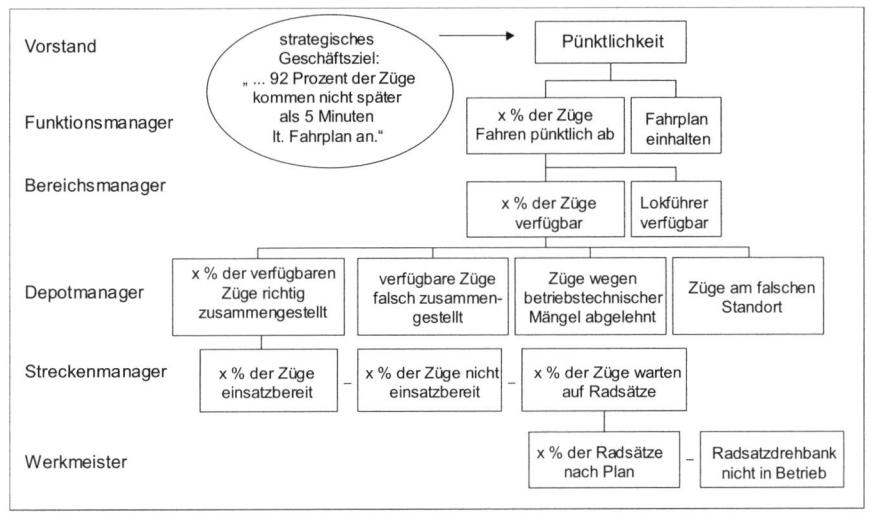

*Abbildung 8-11: Ziel-Kaskade der Kundenperspektive der Balanced Scorecard
(Quelle: Schwolgin 2006, S.10)*

8.6   Übungsaufgaben

1. Nennen Sie bekannte Managementsysteme, die in Unternehmen zum Einsatz kommen.

2. Grenzen Sie verschiedene Formen der Verknüpfung von Managementsystemen im Unternehmen voneinander ab und erläutern Sie deren Vor- und Nachteile.

3. Erläutern Sie, was unter einem prozessorientierten Managementsystem zu verstehen ist.

4. Erläutern Sie die Begriffe "Prozesslandkarte" und "Prozessbeschreibung".

5. Was ist unter einem Performance-Measurement-System zu verstehen?

6. Benennen und erläutern Sie die drei Teilaufgaben des Performance Managements.

7. Skizzieren Sie den Ansatz der Balanced Scorecard nach Kaplan/Norton.

8. Beschreiben Sie die Grundzüge des EFQM-Ansatzes zur Prozessverbesserung. Erläutern Sie auch, was in diesem Zusammenhang unter Benchmarking zu verstehen ist.

9. Die fiktive Privatgüterbahn Euro-Rail Cargo AG hat eine Balanced Scorecard entworfen, die die Perspektiven Finanzen, Kunden, Prozesse, Mitarbeiter und Innovationen enthält. Als strategisches Ziel der Kundenperspektive wurde eine hohe Kundenzufriedenheit angegeben. Erläutern Sie, wie aus diesem strategischen Ziel Kennzahlen für die Unternehmensebene und die übrigen Hierarchieebenen abgeleitet werden, und nennen Sie konkrete Beispiele für Kennzahlen mit Bezug zur Kundenzufriedenheit.

8.7 Weiterführende Literatur

Brunner, J./Sprich, O. (1998): Performance Management und Balanced Scorecard, in: io-management, Nr. 6, S. 30-36.

Funck, D. (2001): Integrierte Managementsysteme. Wirtschaftwissenschaftliches Studium 30(8), S. 443-446.

Gladen, W. (2003): Kennzahlen- und Berichtssysteme – Grundlagen zum Performance Measurement, Wiesbaden.

Haasis, H.-D. (2004): Leistungsmessung und Bewertung: Möglichkeiten des Einsatzes von Operations Research und Wissensmanagement, in: Institut der deutschen Wirtschaft Köln (Hrsg.): Betriebliche Instrumente für nachhaltiges Wirtschaften, Köln, S. 35-43.

Hauser, P./Brauchlin, E. (2004): Integriertes Management in der Praxis, Frankfurt.

Horváth & Partners (2004): Balanced Scorecard umsetzen, Stuttgart.

Kaplan, R. S./Norton, D. P. (1997): Balanced Scorecard. Strategien erfolgreich umsetzen, Stuttgart.

Klingebiel, N. (2000): Integriertes Performance Measurement, Wiesbaden.

Kottmel, H. (2003): Performance Measurement-System – Was ein System zur Leistungsmessung bringt, http://www.betriebsberatung.at/unterlagen/art_pms.pdf.

Küker, S./Haasis, H.-D. (1999): Geschäftsprozessmodellierung als Basis einer informationswirtschaftlichen Unterstützung für ein AQU-Management, in: Rautenstrauch, C./Schenk, M. (Hrsg.): Umweltinformatik `99. Umweltinformatik zwischen Theorie und Industrieanwendung, Marburg, S. 256-268.

Paeger, J. (2007): Was ist eigentlich ein Managementsystem?, http://www.paeger-consulting.de/html/managementsysteme.html.

Pischon, A. (1999): Integrierte Managementsysteme für Qualität, Umweltschutz und Arbeitssicherheit, Berlin.

Porter, M.E. (1980): Competitive Strategy, New York, London.

Porter, M.E. (1985): Competitive Advantage, New York, London.

Schnauber, H. (2000): Qualitätsmanagement in Industrie und Dienstleistung, München, Wien.

Schwendt, S./Funck, D. (2001): Integrierte Managementsysteme. Konzepte, Werkzeuge, Erfahrungen, Heidelberg.

Schwolgin, A. F. (2006): Performance Measurement für den Schienengüterverkehr. Mit der Balanced Scorecard Strategien umsetzen und steuern, in: Güterbahnen 1/2006, S. 8-12.

Steinbeis-Transferzentrum Managementsysteme (Hrsg.): Integrierte prozessorientierte Managementsysteme, http://www.tms-ulm.de/tms.04/images/145_timanagement systeme.pdf.

Zimmermann, G./Jöhnk, T. (2001): Die Balanced Scorecard als Performance Measurement System, in: WISU, Heft 4, S. 516-526.

9 Umweltorientierte Produktions- planung und -steuerung

9.1 Motivation und Lernziele

Lernziele

Nach der Lektüre dieses Kapitels sollten Sie

- die umweltorientierte Produktionsplanung und -steuerung in die Betriebswirtschaftlehre einordnen können,

- grundsätzliche Inhalte und Aufgabenbereiche der betrieblichen Produktionsplanung und -steuerung verstehen,

- Art und Ausmaß umweltorientiert erweiterter Entscheidungsfelder der Produktionsplanung und -steuerung kennen,

- ein Gesamtverständnis zur prozessorientierten Gestaltung einer umweltorientierten Produktionsplanung und -steuerung entwickelt haben.

Motivation

Zunehmend beziehen sich wesentliche Herausforderungen des unternehmerischen Wirtschaftens auch auf die Gestaltung der Beziehungen eines Betriebes zu seiner natürlichen Umwelt. Auslöser sind Einflüsse aus dem Unternehmensumfeld, wie beispielsweise ein höheres ökologisches Nachfrageverhalten der Konsumenten, steigende Entsorgungskosten durch Verknappung des Deponieraumes und zunehmend strengere Umweltschutzvorschriften, wie etwa die im Kreislaufwirtschafts- und Abfallgesetz festgeschriebene Produktverantwortung.[233]

Der Produktionsbereich und die mit ihm verwandten Bereiche Materialwirtschaft, Energiewirtschaft, Logistik und Anlagenwirtschaft sind neben dem Entsorgungsbereich

---

[233] Vgl. Haasis 1998, S. 117.

wesentliche Bereiche im Unternehmen, welche mit umweltbezogenen Entscheidungen konfrontiert sind.[234]

Die hieraus resultierende Umsetzung unternehmensbezogener *Umweltleitlinien* beinhaltet nicht nur die Bereitstellung und den Einsatz technischer Möglichkeiten zur Vermeidung oder zumindest zur Verminderung der vom Betrieb ausgehenden Umweltbelastungen. Gleichermaßen ist auch bei der Entscheidungsvorbereitung und –realisierung im Bereich des strategischen und operativen Managements Hilfestellung geboten.[235]

Entscheidungen des operativen Managements beziehen sich im Produktionsbereich in erster Linie auf die betriebliche *Produktionsplanung und -steuerung* (PPS). Ihre Aufgabe ist die Planung, Steuerung, Überwachung und Kontrolle der Produktion. Entsprechend ist es naheliegend, die Bereitstellung von Funktionalitäten und die entscheidungsorientierte Datenaufbereitung in PPS-Systemen um die Umweltperspektive zu erweitern.[236]

9.2   Einordnung in die Betriebswirtschaftslehre

Die Betriebswirtschaftslehre befasst sich in ihrer entscheidungsorientierten Ausrichtung mit Entscheidungen über den Einsatz knapper Güter in Betrieben, wozu zunehmend ebenfalls die natürliche Umwelt bzw. ihr Beitrag als Ressourcenlieferant und als Aufnahmebecken etwa für nicht weiter verwertbare Abfallstoffe zählt, da ihre Abgabe- und Aufnahmekapazitäten beschränkt sind.[237]

In einem Betrieb, dem Erfahrungsobjekt der Betriebswirtschaftslehre, ist der betriebliche Prozess der Leistungserstellung und -verwertung unter anderem dadurch gekennzeichnet, dass Güter bereitgestellt, transportiert, bearbeitet, verarbeitet oder umgewandelt werden. *Umweltauswirkungen* ergeben sich auf allen Stufen etwa durch:[238]

- Einsatz von natürlich begrenzten *Ressourcen* (z.B. Steinkohle),

- Abgabe produktionsbedingter oder produktbezogener *Emissionen* in Form von

  - gasförmigen Emissionen (z.B. Schwefeldioxide),

  - festen Emissionen bzw. Rest-/Abfallstoffen (z.B. Flugaschen),

  - flüssigen Emissionen bzw. Abwässern (z.B. salzhaltige Abwässer),

---

[234] Vgl. Haasis 1996b, S. 7.
[235] Vgl. Haasis 1998, S. 117.
[236] Vgl. Haasis 1996b, S. 16 f.
[237] Vgl. Haasis 1996b, S. 1 f.
[238] Vgl. Haasis 1996b, S. 2.

- energetischen Emissionen (z.B. Abwärme),

- Lärmemissionen sowie in Form der Lagerung und des Transports umweltbelastender Einsatzgüter bzw. Gefahrstoffe (z.B. Ammoniak), Zwischen- und Endprodukte bzw. Altprodukte.

Aktuelle Beispiele für Umweltauswirkungen sind bekanntlich die globale *Klimaänderung* oder immer noch Schäden durch Sauren Regen oder Altlastenprobleme.

Die *betriebliche Umweltökonomie* beschäftigt sich mit der Integration dieser Zusammenhänge in die Betriebswirtschaftslehre.[239] Damit ist sie die Teildisziplin der Betriebswirtschaftslehre, welche die Beziehungen des Betriebes zu seiner natürlichen Umwelt und die Einwirkungen der Umwelt und ihrer Qualität sowie der Umwelt auf den Betrieb darstellt und analysiert sowie die Möglichkeiten des Betriebes aufzeigt, wie er entsprechend seiner gewählten Zielsetzung den umweltbezogenen Erfordernissen des Marktes, des Staates und der Gesellschaft am besten gerecht wird.[240]

Als eigenständige Teildisziplin der Betriebswirtschaftslehre wird die betriebliche Umweltökonomie nach ersten Ansätzen in den 70er Jahren in der Bundesrepublik Deutschland intensiver seit Ende der 80er Jahre betrachtet. Sie lässt sich als spezielle Betriebswirtschaftslehre in Form einer eigenständigen produktionsfaktorientierten Funktionenlehre bezogen auf den Produktionsfaktor „natürliche Umwelt" konzipieren. Schnittstellen bestehen zu weiteren betrieblichen produktionsfortschrittsorientierten Funktionenlehren, das heißt der Beschaffungswirtschaft, der Produktionswirtschaft, der Absatzwirtschaft und der Entsorgungswirtschaft. Die betriebliche Umweltökonomie ist die Basis einer Integration von Überlegungen einer Nachhaltigen Entwicklung in die Betriebswirtschaftslehre.

9.3 Erklärungszusammenhänge und Darstellung relevanter Entscheidungsfelder

PPS-Referenzmodell

Integrierter Umweltschutz verfolgt das Ziel, Maßnahmen zur Emissions-, Abwasser- und Abfallvermeidung bzw. -verminderung, Abfallverwertung und Teileaufbereitung nicht isoliert zu betrachten. Vielmehr soll dies auch im Hinblick auf medienübergreifende Problemverlagerungen und Auswirkungen auf den eigentlichen Produktionsprozess sowie auf die mit dem Prozess verbundenen betrieblichen und außerbetrieblichen

---

[239] Vgl. etwa Albach 1990; Meffert/Kirchgeorg 1993.
[240] Vgl. Wicke u.a. 1992.

Produktionsprozesse (Prozesskette im Produktionsverbund) geschehen.[241] Eine umweltorientierte Produktionsplanung und -steuerung ist Teil eines Integrierten Umweltschutzes. Für diese ergeben sich erweiterte Entscheidungsfelder.

Generell lassen sich umweltbezogene Entscheidungen etwa nach ihrem Zeitbezug einteilen in:

- *strategische Entscheidungen*, d.h. langfristige Entscheidungen über die Strukturierung des Produktionssystems (z.B. Festlegung des Produktprogramms, Integration eines Redistributionssystems), und in

- die hier nachfolgend betrachteten *operativen Entscheidungen*, d.h. kurzfristige Entscheidungen über die zu produzierenden Leistungen und über den optimalen Einsatz des gegebenen Produktionsapparates (z.B. Entscheidungen über den optimalen Produktionsprogrammplan).

Operative Entscheidungen des Managements sind charakterisiert durch:

- eine Planung bei gegebenem Anlagenbestand bzw. bei gegebenem Bestand an Potenzialfaktoren,

- ihre kurz- bis mittelfristige Umsetzbarkeit und

- ihre Anfälligkeit gegenüber kurzfristigen Änderungen interner und/oder externer Randbedingungen.

Diese Entscheidungen beziehen sich im Produktionsbereich in erster Linie auf das Aufgabengebiet der betrieblichen Produktionsplanung und -steuerung. Nach VDI versteht man unter Produktionsplanung ein systematisches Suchen und Festlegen von Zielen für die Produktion, ein Vorbereiten von Produktionsaufgaben und ein Festlegen von Aktionen zur Erreichung dieser Ziele. Das Veranlassen, Überwachen und Sichern von Produktionsaufgaben etwa hinsichtlich Bedarf (Menge und Termin), Qualität und Kosten sind demgegenüber Aufgaben der Produktionssteuerung.

---

[241] Vgl. Haasis 1996b, S.12 f.

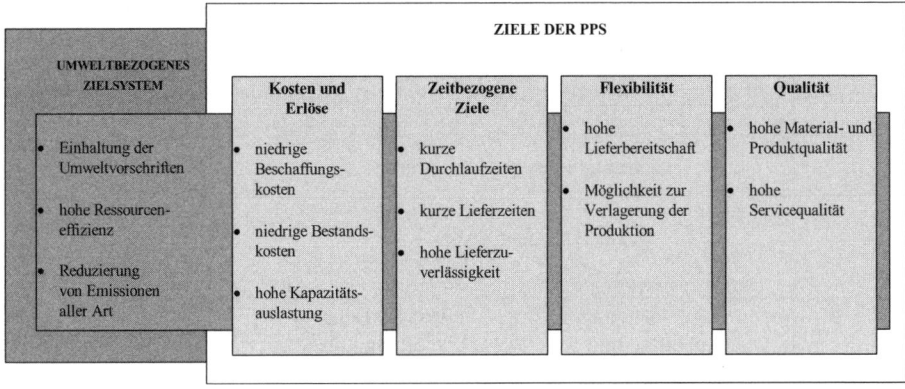

Abbildung 9-1: Ziele einer umweltorientierten Produktionsplanung und -steuerung
(Quelle: Haasis 1998, S. 119)

Die generellen Ziele der PPS, wie etwa die Minimierung der Produktions- und Logistikkosten, hohe Termintreue, kurze Durchlaufzeiten, hohe Kapazitätsauslastung und niedrige Bestände gelten nach wie vor. Sie werden jedoch durch die umweltschutzorientierte Perspektive um das Ziel einer ökologisch ergiebigen Produktion erweitert.[242] Inwieweit es im Sinne einer Nachhaltigkeitsstrategie gelingt, auch eine sozial ergiebige Produktion zu gewährleisten, sei hier nicht weiter verfolgt. Abbildung 9-1 zeigt die Erweiterung des betriebswirtschaftlichen Zielsystems von PPS-Systemen um umweltrelevante Zielgrößen.

Zur Gestaltung einer umweltorientierten Produktionsplanung und -steuerung entsprechend der in Abbildung 9-1 gezeigten umweltorientierten Zielgrößen wird nachfolgend auf das Aachener *PPS-Referenzmodell* zurückgegriffen, da es die wesentlichen Entscheidungsfelder einer umweltorientierten PPS, die sich in den Hauptaufgaben der PPS widerspiegeln, unabhängig von individuellen, betriebsspezifischen Ausprägungen und Randbedingungen eines Unternehmens beinhaltet.[243] Es ist damit auf der einen Seite anwendbar für Massenproduzenten und auf der anderen auch für Variantenbis hin zu Sonderfertigern. Abbildung 9-2 zeigt die Entscheidungsfelder einer umweltorientierten PPS auf der Basis des Aachener PPS-Modells.

---

242 Vgl. Tuma/Franke/Haasis 1999, S. 3.
243 Vgl. Aghte/Pillep/Schieferdecker 2000, S. 83.

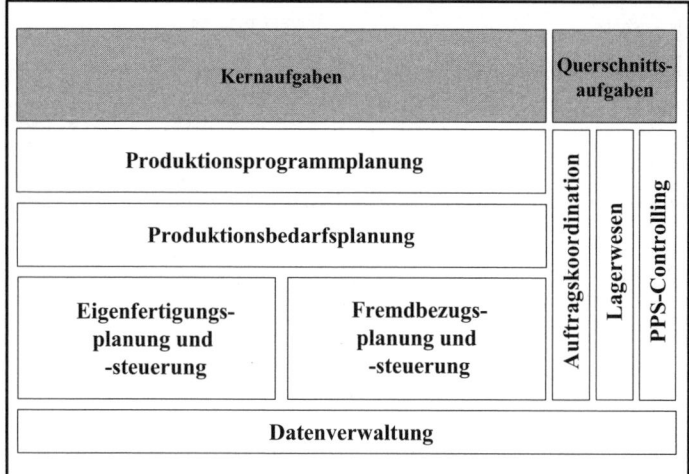

Abbildung 9-2: Entscheidungsfelder der Produktionsplanung und -steuerung
(Quelle: Luczak/Eversheim 1995, S. 10)

Wie in Abbildung 9-2 dargestellt, lassen sich die Hauptaufgaben in Kern- und in Querschnittsaufgaben der PPS einteilen. Demnach zählen die Produktionsprogramm-, Produktionsbedarfsplanung sowie die Eigenfertigungs- und Fremdbezugsplanung und -steuerung zu den *Kernaufgaben*. Die Auftragskoordination, das Lagerwesen und das PPS-Controlling stellen die *Querschnittsaufgaben* der PPS dar. Die Datenverwaltung bildet innerhalb des Aufgabenmodells der PPS das Fundament. Hier werden sämtliche PPS-Datenbestände aus den einzelnen Aufgabenbereichen erstellt, gespeichert und gepflegt. Die Datenverwaltung wird beiden Gebieten zugerechnet, da alle Aufgaben der PPS bei der Ausführung auf die Datenverwaltung zurückgreifen.

Zum weiteren Verständnis werden nachfolgend die Kern- und Querschnittsaufgaben sowie die Datenverwaltung des *Aachener PPS-Modells* hinsichtlich ihrer Aufgabeninhalte kurz analysiert, um im darauffolgenden Schritt das Aufgabenmodell um die umweltorientierte Perspektive aufgabenspezifisch zu erweitern.

Kernaufgaben der PPS

Die *Produktionsprogrammplanung* beinhaltet im wesentlichen die Planungsaufgaben Absatzplanung, Primärbedarfsplanung und Ressourcengrobplanung.[244] Hierbei werden die herzustellenden Produkte nach Art, Menge und Termin in enger Abstimmung

---

[244] Vgl. Luczak/Eversheim 1995, S. 11 ff.; Schuh 2006, S. 701.

mit dem Vertrieb für einen definierten Planungszeitraum unter Berücksichtigung der betrieblich gegebenen Kapazitätsausstattung mit Betriebsmitteln und Personal, was im Rahmen der Ressourcengrobplanung durchgeführt wird, festgelegt. Ergebnis ist der hinsichtlich seiner Absetzbarkeit und Realisierbarkeit abgestimmte Produktionsplan, der verbindlich festlegt, welche Leistungen (Primärbedarfe = verkaufsfähige Erzeugnisse sowie kundenauftragsanonym vorzuproduzierende Standardkomponenten) in welchen Stückzahlen (Mengen) zu welchem Zeitpunkt produziert werden sollen. Das oberste Ziel besteht darin, unter bestimmten Nebenbedingungen (z.B. maximal mögliche Absatzmengen, Kapazitätsrestriktionen) einen möglichst hohen Deckungsbeitrag zu erzielen.[245] Die Produktionsprogrammplanung ist eine rollierende Planung, die periodisch, etwa monatlich, durchgeführt wird. Der Planungshorizont liegt in Abhängigkeit des Produktspektrums und des Nachfrageverhaltens zwischen 0,5 und 2 Jahren.

Die *Produktionsbedarfsplanung* übernimmt Aufgaben der Bereitstellungsplanung der zur Herstellung der Produkte erforderlichen Roh-, Hilfs- und Betriebsstoffe, Baugruppen und -teile nach Art, Menge und Termin. Sie beinhaltet die Teilaufgaben Brutto- und Nettosekundärbedarfsermittlung, Beschaffungsartenzuordnung sowie die der Zeitwirtschaft, die sich in die Durchlaufterminierung, Kapazitätsbedarfsermittlung und Kapazitätsabstimmung einteilen lässt.[246]

Die Produktionsbedarfsplanung erhält als Input den zu realisierenden Produktionsplan, der das Ergebnis der langfristigen Produktionsprogrammplanung ist. Dort sind bezogen auf Produkte oder Produktbereiche bspw. für einen Planungshorizont von einem Jahr monatlich zu produzierende Mengen vorgegeben.

Zunächst wird aus diesem *Primärbedarf* der sogenannte *Tertiärbedarf*, also sämtliche Bedarfe an Hilfs- und Betriebsstoffen, und der *Bruttosekundärbedarf*, d.h. die Bedarfe an Komponenten/Bauteilen und/oder Rohstoffen, die direkt in die Endprodukte eingehen, bestimmt. Auf dieser Grundlage erfolgt die Bestimmung des Nettosekundärbedarfs. Als *Nettosekundärbedarf* wird der um den verfügbaren Bestand verminderte Bruttosekundärbedarf bezeichnet.[247] Anschließend erfolgt eine Zuordnung des Nettobedarfs in Fremdbezugs- bzw. Eigenfertigungsanteile.

Zur Durchführung der in der *Mengenplanung* festgelegten Eigenfertigungs- und Fremdbezugsaufträge wird im Rahmen der *Termin- und Kapazitätsplanung* ein genaues Zeitgerüst konfiguriert und insbesondere für den Eigenfertigungsanteil die Belegung der internen Betriebsmittel sowie die der anderen Arbeitsplätze mittelfristig in Einklang mit den verfügbaren Kapazitäten gebracht.[248] In diesem Zusammenhang ist es Aufgabe der Durchlaufterminierung, die Arbeitsgänge der Eigenfertigungsaufträge

---

245 Vgl. Schuh 2006, S. 42; Tuma/Franke/Haasis 1999, S. 3.
246 Vgl. Luczak/Eversheim 1995, S. 11.
247 Vgl. Wicke u.a. 1992, S. 138.
248 Vgl. Schuh 2006, S. 47.

mit Start- und Endterminen zu versehen bzw. die Bestellaufträge zeitlich zu konfigurieren.

Das Ziel der sich anschließenden *Kapazitätsplanung*, die sich ausschließlich auf den Eigenfertigungsanteil bezieht, besteht in einer gleichmäßigen Auslastung bzw. Nutzung der betrieblich vorhandenen Betriebsmittel und Arbeitsplätze. Zu diesem Zweck wird nach erfolgreicher Terminierung der Kapazitätsbedarf dem Kapazitätsangebot etwa auf der Basis von Kapazitätsbelastungsprofilen gegenübergestellt. Die Belastungsprofile geben darüber Auskunft, an welchen Betriebsmitteln und Arbeitsplätzen in den geplanten Teilperioden Über- bzw. Unterauslastungen vorliegen. Eine potenzielle Divergenz zwischen Kapazitätsangebot und Kapazitätsbedarf lässt sich beseitigen, indem einerseits im Rahmen der Belastungsanpassung der Kapazitätsbedarf dem Kapazitätsangebot und/oder andererseits im Rahmen der sogenannten (d,t,q)-Anpassungsmaßnahmen (d: Intensität; t: Zeit; q: Quantität) das Kapazitätsangebot dem Kapazitätsbedarf angepasst wird.[249]

Im Rahmen der *Eigenfertigungsplanung und -steuerung* werden in einem ersten Schritt die Fertigungsaufträge, die in den ein- oder mehrwöchigen Freigabehorizont fallen, ausgewählt und freigegeben. Im Anschluss werden folgende Arbeitsschritte abgearbeitet, wobei eine kontinuierliche Rückkopplung mit der Auftragskoordination stattfindet, so dass die aktuelle Fertigungssituation auch im Rahmen der rollierenden lang- und mittelfristigen Produktionsplanung berücksichtigt werden kann[250]:

(1) Verfügbarkeitsprüfung: Hier wird die Verfügbarkeit der zur Fertigung der ausgewählten Aufträge benötigten Materialien und Ressourcen überprüft. Die Verfügbarkeitsprüfung, die in kurzfristigen Zyklen (etwa wöchentlich oder täglich) vollzogen wird, bezieht sich dabei im wesentlichen auf:

- die gemäß den Stücklisten benötigten Mengen an Einzelteilen und Baugruppen,

- die gemäß den Arbeitsplänen notwendigen Kapazitäten der Betriebsmittelgruppen und des Personals sowie auf

- die nötigen Informationen, wie etwa Arbeitspläne und CNC-Programme.[251]

(2) Erstellung Arbeitsdokumente: Es erfolgt hier die Erstellung der Begleitpapiere und anderer Belege für die Fertigungsaufträge.[252]

(3) Auftragseinlastung: Im Rahmen der Auftragseinlastung, die parallel oder zeitlich der Verfügbarkeitsprüfung nachgelagert durchzuführen ist, werden die Aufträge für die Fertigung freigegeben.[253]

---

[249] Vgl. Glaser/Geiger/Rohde 1992, S. 180 f.
[250] Vgl. Höck 1998, S. 23.
[251] Vgl. Lödding 2005, S. 91 f.
[252] Vgl. Kurbel 1999, S. 166 f.
[253] Vgl. Kurbel 1999, S. 167.

(4) Feinterminierung: Dieser Schritt folgt der Auftragseinlastung. Im Gegensatz zur mittelfristigen Termin- und Kapazitätsplanung, die in vielen Fällen den einzelnen Aufträgen nur grobe Termin- und Kapazitätseinheiten etwa bezogen auf Tage und Betriebsmittelgruppen zuordnet, werden hier den einzelnen Arbeitsgängen die jeweiligen Arbeitsplätze minutengenau zugewiesen.[254] Die Feinterminierung beinhaltet folgende Arbeitsschritte:

- Anpassung der Losgrößen: Es erfolgt eine Feinabstimmung der Auftragslosgrößen basierend auf der eher groben Losgrößenplanung der mittelfristigen Produktionsbedarfsplanung.[255]

- Aktualisierung der Fertigungsdaten (Ressourcenfeinplanung): Die freigegebenen Aufträge werden hinsichtlich ihres Zeit- und Kapazitätsbedarfs an die momentane Fertigungssituation angepasst.

- Maschinenbelegungsplanung (Reihenfolgeplanung): Sie stellt im eigentlichen Sinne die Hauptaufgabe der Feinterminierung dar. Hier wird die Reihenfolge, in der die Aufträge mit ihren Arbeitsgängen auf den Fertigungsanlagen nacheinander abgearbeitet werden, konfiguriert und damit der gesamte Fertigungsablauf auch zeitlich festgelegt.

Das Ergebnis der Feinterminierung sind detaillierte Belegungspläne der Bearbeitungssysteme, welche die exakten Start- und Endtermine der einzelnen Arbeitsgänge enthalten. Aus diesen können ebenfalls die Belegungspläne für das Personal und für die Werkzeuge generiert werden.[256] Anschließend erfolgt die auftragsspezifische Fertigung und Montage.

(5) Auftragsüberwachung/Ressourcenüberwachung: Parallel zum Fertigungsablauf wird überwacht, ob die Durchführung der Aufträge in Einklang mit der Planung steht. So muss neben der Meldung über fertiggestellte Aufträge vor allem bei Störungen und Verzögerungen, unter anderem basierend auf Maschinenausfällen, Werkzeugbruch oder Ausschussproduktion, gewährleistet sein, dass eine entsprechende Rückmeldung an die zuständigen Planungsbereiche erfolgt und eine Neuplanung bzw. Aktualisierung der Teilpläne innerhalb der Feinterminierung stattfinden kann.[257]

Eingangsgröße der *Fremdbezugsplanung und -steuerung* stellt das vorab im Rahmen der Produktionsbedarfsplanung generierte Fremdbezugsprogramm dar, das die fremd zu beschaffenden Stoffe bzw. Bauteile, Unterbaugruppen, Baugruppen und/oder Module aus qualitativer, quantitativer und zeitlicher Perspektive vorgibt. Die Fremdbezugsplanung und -steuerung gliedert sich in die Aufgabenbereiche Bestellrechnung,

---

[254] Vgl. Höck 1998, S. 24.
[255] Vgl. Höck 1998, S. 24.
[256] Vgl. Höck 1998, S. 27.
[257] Vgl. Kurbel 1995, S. 173.

Angebotseinholung/-bewertung, Lieferantenauswahl, Bestellfreigabe und Bestell-überwachung.[258]

Die *Auftragskoordination* beinhaltet die Auftragsplanung, -steuerung und -überwachung und damit die Abstimmung aller an der Auftragsabwicklung beteiligten Bereiche und die Synchronisation der Aufgabenerfüllung in den unterschiedlichen Planungsebenen der PPS. Dieses schließt die Angebotsbearbeitung, Auftragserfassung, die Verfolgung der Kundenaufträge bzw. der Produktionsaufträge und die Grobplanung von Aufträgen hinsichtlich Terminen, Kapazitäten, Kosten und Einsatzstoffen bis hin zur Versandabwicklung mit ein.

An dieser Stelle sei angemerkt, dass die Wahrnehmung der Aufgaben im Bereich Auftragskoordination betriebsspezifisch mit unterschiedlicher Intensität erfolgt. Etwa entfällt bei der kundenanonymen Lagerproduktion entgegen der kundenspezifischen Fertigung der Aufwand für die Angebotsbearbeitung, da die Erzeugnisse katalogmäßig geführt und vertrieben werden.[259]

Das *Lagerwesen* umfasst als Aufgabenbereich innerhalb der PPS die Lagerbewegungsführung, Bestandssteuerung, Lagerort- und Lagerplatzverwaltung, Chargenverwaltung sowie eine Lagerkontrolle und Inventur. Abgegrenzt zur Produktionsbedarfsplanung, in der planerische und dispositive Tätigkeiten durchgeführt werden, haben die genannten Aufgaben des Lagerwesens einen verwaltenden Servicecharakter.[260]

Zur Erfüllung der Unternehmensziele ist eine ständige und effiziente Kontrolle der durchgeführten Aktivitäten durch die PPS notwendig. Diese Situation wird durch die zunehmende Geschwindigkeit, mit der sich die Randbedingungen der Unternehmen verändern, verstärkt. Unter *PPS-Controlling* ist die gezielte Regelung der Produktionsplanung und -steuerung zu verstehen. Das PPS-Controlling orientiert sich dabei an den aus den Unternehmenszielen abgeleiteten Zielen für die PPS, wie beispielsweise Maximierung der Kapazitätsauslastung, Verkürzung der Durchlaufzeiten, Steigerung der Termintreue oder Verringerung der Bestände. Typischerweise wird das PPS-Controlling in den sechs aufeinander abgestimmten Schritten Zielsetzung, Planwertermittlung, Istwerterfassung, Plan/Ist-Vergleich, Abweichungsanalyse und Maßnahmenableitung durchgeführt.[261]

Die *Datenverwaltung* stellt das Fundament der PPS dar. Alle Kernaufgaben und Querschnittsaufgaben benötigen zur Aufgabenerfüllung Daten der PPS. Die Datenverwaltung erstreckt sich auf auftragsneutrale und auftragsabhängige Daten. Dafür werden üblicherweise die Begriffe Stamm- und Bewegungsdaten verwendet. Die innerhalb der Datenverwaltung gespeicherten und gepflegten Datenbestände umfassen zum Beispiel die Stücklistenverwaltung, Lieferantenverwaltung, Hilfsstoffverwaltung, Produkti-

---

258 Vgl. Franken 2004, S. 21.
259 Vgl. Luczak/Eversheim 1995, S. 16 ff.
260 Vgl. Luczak/Eversheim 1995, S. 17.
261 Vgl. Schuh 2006, S. 472.

onsmittelverwaltung, Arbeitsplanverwaltung, Lagerverwaltung, Auftragsverwaltung und Kundenverwaltung.[262]

9.4 Umweltorientierte Erweiterung des Aachener PPS-Modells

Die Erweiterung der PPS-Aufgaben um die Umweltperspektive betrifft auf der Produktionsplanungsebene unter anderem die Rücknahmeplanung von Sekundärrohstoffen und Altprodukten, die Planung von Verwertungs- und Aufarbeitungskapazitäten, die Beschaffungsplanung von Sekundärrohstoffen und Altproduktteilen sowie die Entsorgungsplanung. Auf der Produktionssteuerungsebene sind hier insbesondere die Zuordnung der Aggregate, die Festlegung der Auftragsreihenfolge sowie die Steuerung der Intensität nach energie- und umweltbezogenen Kriterien zu nennen. Ergänzend werden Aufgaben der Stoff- und Energiebilanzierung durchgeführt.[263]

In Abbildung 9-3 ist die Erweiterung des Aachener PPS-Modells um die Umweltperspektive abgebildet. Man spricht von einem UPPS, einem **Umwelt-PPS-System**. Wie zu ersehen ist, lassen sich bis auf die Auftragskoordination und das PPS-Controlling sämtliche Kern- und Querschnittsaufgaben um eine umweltorientierte Perspektive ergänzen. Zusätzlich stellt das Öko-Controlling nun eine weitere Querschnittsaufgabe dar. Zudem wird das Lagerwesen um das Deponiewesen erweitert.

Bevor nachfolgend die Aufgaben der PPS hinsichtlich ihrer umweltorientierten Gestaltungsmöglichkeiten dargestellt werden, erfolgt zunächst die Beschreibung der um Umweltaspekte zu erweiternden bzw. neu anzulegenden Datensätze innerhalb der Datenverwaltung.

---

[262] Vgl. Luczak/Eversheim 1995, S. 19.
[263] Vgl. Haasis 1998, S. 119.

Produktionsprogrammplanung • Prognoserechnung für Erzeugnisse und Altprodukte • Ressourcengrobplanung (inkl. Entsorgungs- und Aufarbeitungskapazitäten)		

<table>
<tr>
<td colspan="2">

Produktionsbedarfs- und Entsorgungsmengenplanung
- Brutto- und Nettosekundärbedarfsermittlung für Sekundärrohstoffe und -komponenten
- Beschaffungsartenzuordnung für Sekundärrohstoffe und -komponenten
- Entsorgungsartenzuordnung
- Durchlaufterminierung
- Kapazitätsbedarfsermittlung, -abstimmung und –reservierung der Entsorgungs- und Aufarbeitungskapazitäten

</td>
</tr>
<tr>
<td>

Eigenfertigungsplanung und -steuerung
- Verfügbarkeitsprüfung der Entsorgungs- und Aufarbeitungskapazitäten
- Auftragseinlastung
- Feinterminierung der Entsorgungs- und Aufarbeitungsarbeitsgänge
  - Losgrößenrechnung
  - Ressourcenfeinplanung
  - Reihenfolgeplanung
- Auftragsüberwachung/Ressourcenüberwachung

</td>
<td>

Fremdbezugsplanung und -steuerung
- Bestell- und Beseitigungsrechnung
- Angebotseinholung und -bewertung
- Lieferanten- und Entsorgerauswahl
- Bestell- und Auftragsfreigabe
- Bestell- und Auftragsüberwachung

</td>
</tr>
</table>

(Seitliche Spalten: Auftragskoordination · PPS-Controlling · Öko-Controlling · Lager- und Deponiewesen • Bestandssteuerung • Lagerbewegungsführung • Zusammenlagerbarkeitsprüfung • Lagerort- und Lagerplatzverwaltung • Chargenverwaltung)

Datenverwaltung • Abfall- und Sekundärrohstoffverwaltung   • Verwertungsstücklistenverwaltung • Entsorgungsmittelverwaltung   • Lieferanten- und Entsorgerverwaltung • Entsorgungsarbeitsplanverwaltung

Abbildung 9-3: Umweltorientierte Erweiterung des Aachener PPS-Modells (Quelle: in Anlehnung an Aghte/Pillep/Schieferdecker 2000, S. 86 ; Haasis 1998, S. 120)

Herkömmliche Informationssysteme reichen in der Regel für eine umweltbezogene Planung und Steuerung nicht aus. So sind gerade die klassischen ERP-Systeme in der Regel nicht auf Umweltaspekte ausgerichtet. Deren ***Datenverwaltung*** muss daher insbesondere um folgende Datenbestände ergänzt werden[264]:

- *Stücklistenstrukturdatei:* Informationen bzgl. des Einsatzes von Sekundärrohstoffen in Form von Variantenstücklisten bzw. Verwertungsstücklisten, Qualitäten und Mengen der eingesetzten Rohmaterialien, Entsorgungsstücklisten;

- *Lieferantendatei:* Angaben über umweltverträgliche Erzeugung und Behandlung des Rohmaterials, Transportwege/-emissionen;

- *Hilfsstoffdatei:* Stoffzusammensetzung, Klassifizierung von Stoffen nach Umweltrelevanz, Angaben über Qualitäten und zeitlichem Anfallmuster innerbetrieblich recyclierbarer Prozesseinsatzstoffe;

- *Produktionsmitteldatei:* Auslastungs- und Nutzungsgradkennziffern, Anfall- und Mengenmuster von betrieblichen Emissionen und Abfällen, Emissionswerte, Energieverbräuche, Hilfsstoffverbräuche, Störfallwahrscheinlichkeiten;

---

[264] Vgl. Haasis 1998, S. 120 f.

- *Arbeitsplandatei:* Angaben über Arbeitsplanalternativen, Betriebsparameter, Rüst- und Liegeemissionen, Entsorgungsarbeitspläne;

- *Lagerdatei:* Erfassung von Lagerorten für Abfall- und Gefahrstoffe;

- *Entsorgerdatei:* Angaben über Entsorgungsbetriebe, Entsorgungskosten, langfristig nutzbare Entsorgungswege;

- *Umweltnormendatei:* Angaben über einzuhaltende Grenzwerte und andere Auflagen (etwa Verfahren, wie z.B. Abfallbegleitscheinverfahren).

Ziel einer **umweltorientierten Produktionsprogrammplanung** ist die Spezifikation des Produktions- und Verwertungsprogramms. Basis hierfür bilden die kundenneutrale Prognoserechnung bzgl. der Nachfrage nach Marktprodukten bzw. bzgl. des Angebots an Altprodukten, die kundenspezifischen Auftragsdaten, die Lagerdaten über den Bestand an Fertigerzeugnissen sowie die Prognoserechnung bzgl. des Kapazitätsangebots einschließlich der Entsorgungs- und Aufarbeitungskapazitäten.[265] Weiter sind etwa Absatzmöglichkeiten für verwertbare Abfallstoffe sowie gesetzliche Regelungen zu berücksichtigen.[266] Im Rahmen einer umweltorientierten Erweiterung der Produktionsprogrammplanung wird die Primärbedarfsplanung um die Festlegung der Rücknahmemengen von Altprodukten erweitert. Auf Basis der Prognose des Kapazitätsangebots wird anschließend über das zu realisierende Produktions- und Verwertungsprogramm entschieden.[267]

Eine Berücksichtigung aller umweltschutzorientierten Abhängigkeiten bedingt ferner, insbesondere unter dem Aspekt der Realisierung eines integrierten Umweltschutzes, das gesamte Beziehungsgeflecht zwischen Beschaffung, Produktion, Absatz, Redistribution und Umwelt, also alle Stoff- und Energieflüsse und die von diesen durchlaufenen Transformationsstufen, in methodischen Ansätzen der Produktionsprogrammplanung (etwa Ansätzen auf Basis der Linearen Programmierung) abzubilden.[268]

Im Rahmen einer **umweltorientierten Produktionsbedarfs- und Entsorgungsmengenplanung** ergeben sich beispielsweise folgende umweltorientierten Aufgabenerweiterungen im Betrieb[269]:

- Ermittlung der optimalen Kombination aus Primärrohstoff- und Sekundärrohstoffeinsatz,

---

[265] Vgl. Tuma/Franke/Haasis 1999, S. 7.
[266] Vgl. Haasis 1996a, S. 197.
[267] Vgl. Tuma/Franke/Haasis 1999, S. 7.
[268] Vgl. Haasis 1996a, S. 197.
[269] Vgl. Aghte/Pillep/Schieferdecker 2000, S. 84; Haasis 1996a, S. 198; Tuma/Franke/Haasis 1999, S. 5.

■ Grobplanung der Entsorgungs-/Aufarbeitungsmengen und -kapazitäten in terminlicher und mengenmäßiger Hinsicht,

■ Abstimmung zwischen dem Bedarf an Sekundärrohstoffen/-komponenten für die interne Produktion und den Aufarbeitungs- und Entsorgungskapazitäten, die der Sicherstellung der Produktionsversorgung bzgl. recyclierter Altprodukte und Produktionsabfälle in qualitativer, quantitativer und zeitlicher Hinsicht dienen.

Hieraus resultieren unter anderem folgende *Entscheidungsziele* einer umweltorientierten Produktionsbedarfs- und Entsorgungsmengenplanung[270]:

■ Minimierung der Rohstoffeinsatzmengen,

■ Maximierung des Sekundärrohstoffeinsatzes,

■ Minimierung der Entsorgungsmengen sowie

■ Minimierung der im Zusammenhang mit der Beschaffung, d.h. dem Transport und der Lagerung, verursachten Emissionen aller Art.

Entsprechend müssen der Produktionsplanung die nachfolgenden und von einander abhängigen Teilaufgaben (Schritte (1) bis (5)) hinzugefügt werden. Eingangsgrößen sind die aufgeführten Daten der Produktionsprogrammplanung. Dieses betrifft insbesondere das Entsorgungs- und Aufarbeitungsprogramm sowie die Ressourcengrobplanungsdaten hinsichtlich der notwendigen Entsorgungs- und Aufarbeitungskapazitäten.

(1) Brutto- und Nettosekundärbedarfsermittlung für Sekundärrohstoffe und -komponenten: Ein bewährtes Hilfsmittel für die Brutto- und Nettosekundärbedarfsermittlung für Sekundärrohstoffe und -komponenten ist die Stücklistenauflösung. Diese ermöglicht überhaupt erst die Planung des Einsatzes von Sekundärrohstoffen bzw. -komponenten zur Erstellung des Primärbedarfs.[271] Aus umweltorientierter Sichtweise empfiehlt sich hierbei die Verwendung von Verwertungsstücklisten. Diese ermöglichen die Planung des Einsatzes von Sekundärrohstoffen bzw. -komponenten aus der Rücknahme von Altprodukten.[272] Zur Planung der Demontage von Altprodukten können Demontagestücklisten in Form invertierter Gozintographen eingesetzt werden.[273] Aus dem so ermittelten Bruttobedarf an Sekundärrohstoffen erfolgt im Anschluss die Ermittlung des Nettosekundärbedarfs. Als Nettosekundärbedarf wird der um den verfügbaren Bestand verminderte Bruttosekundärbedarf bezeichnet.[274]

(2) Beschaffungsartenzuordnung für Sekundärrohstoffe/-komponenten: Im Anschluss an die Bedarfsermittlung benötigter Sekundärrohstoffe und -komponenten ist zu prüfen, ob

---

[270] Vgl. Haasis 1996a, S. 198.
[271] Vgl. Haasis 1998, S. 122.
[272] Vgl. Steven 1994; Steven/Lethmathe 1996.
[273] Vgl. Spengler 1994.
[274] Vgl. Wicke u.a. 1992, S. 138.

dieser Bedarf in Eigenfertigung durch innerbetriebliches Recycling von Altprodukten und/oder Produktionsabfällen zu erstellen oder auf (unternehmensexternen) Beschaffungsmärkten zu beziehen ist (Fremdbezug). Jeder Entscheidung über die Beschaffung von Gütern muss daher eine systematische Analyse der für das Unternehmen wichtigen Gegebenheiten seiner Beschaffungsmärkte vorausgehen (Beschaffungsmarktforschung).[275]

(3) Entsorgungsartenzuordnung: Nach der Festlegung der Beschaffungsart erfolgt die Entstehungsrechnung für Entsorgungsmengen. Hierzu wird etwa durch Auflösung von Entsorgungsstücklisten oder stochastische Verfahren die mit dem Produktionsprogramm verbundene Abfallentstehung berechnet. Im Rahmen der Entsorgungsartenzuordnung werden den einzelnen Abfallfraktionen der für sie vorgesehene Entsorgungsweg zugewiesen (Verwertung oder Beseitigung) und daraufhin die Entsorgungsmengen den Entsorgungs- bzw. Aufarbeitungskapazitäten gegenübergestellt.

Ergebnis der Entsorgungsartenzuordnung ist das Entsorgungsprogramm. Auf dieser Grundlage und auf Basis der Informationen aus der Brutto- bzw. Nettosekundärbedarfsermittlung sowie der Beschaffungsartenzuordnung kann die einzuleitende Bedarfsabstimmung für Sekundärrohstoffe und -komponenten erfolgen. Nach erfolgter Bedarfsabstimmung ist die Realisierbarkeit des Produktions- und Entsorgungsprogramms gesichert.[276]

(4) Durchlaufterminierung: Im Anschluss an die Entsorgungsartenzuordnung erfolgt eine zeitliche Abstimmung zwischen den Beschaffungs-, Aufarbeitungs- und Entsorgungsvorgängen, um insbesondere den Produktionsinput bzgl. der Sekundärrohstoffe und -komponenten in qualitativer, quantitativer und terminlicher Hinsicht sicherstellen zu können.

(5) Kapazitätsbedarfsermittlung, -abstimmung und -reservierung für Entsorgungs- und Aufarbeitungsmengen: Hier erfolgt zunächst die Ermittlung des notwendigen Kapazitätsbedarfs für die in der Durchlaufterminierung quantitativ und zeitlich festgelegten Entsorgungs- und Aufarbeitungsmengen. Im Anschluss erfolgt die Überprüfung, ob die kapazitative Verfügbarkeit der zugehörigen Aufbereitungs- und Entsorgungseinrichtungen bzw. Lagerstätten für Abfallstoffe vorliegt. In diesem Zusammenhang muss ebenfalls geprüft werden, ob das hierzu notwendige Personal mit entsprechender Qualifikation im Bereich Umweltschutz und Arbeitssicherheit ebenfalls zur Verfügung steht. Falls Kapazitätsangebot und Kapazitätsnachfrage divergieren, sind entsprechende Kapazitätsanpassungsmaßnahmen durchzuführen. Bezüglich der Erhöhung des Kapazitätsangebots besteht die Möglichkeit der zeitlichen (Überstunden, Zusatzschichten) und/oder der quantitativen (Nutzung zusätzlicher interner Aufarbeitungs- und Entsorgungskapazitäten) bzw. der intensitätsmäßigen (Erhöhung der Produktionsgeschwindigkeit) Anpassung. Zeitliche Anpassungsmaßnahmen können auch mit

---

[275] Vgl. Haasis 1996a, S. 199.
[276] Vgl. Aghte/Pillep/Schieferdecker 2000, S. 84 f.

dem Ziel der Vermeidung von Emissionsspitzen durchgeführt werden. Im Anschluss an die Kapazitätsbedarfsermittlung und -abstimmung erfolgt innerhalb dieses Planungsschrittes die Kapazitätsreservierung.[277]

Mit der Freigabe des Beschaffungs- und Entsorgungsprogramms schließt die um Umweltaspekte erweiterte Produktionsbedarfs- und Entsorgungsmengenplanung ab.

Im Rahmen der *umweltorientierten Eigenfertigungsplanung und -steuerung* erfolgt die kurzfristige Planung und Steuerung der unternehmensintern durchzuführenden Fertigungs- und Aufarbeitungsschritte.

Die Eigenfertigungsplanung und -steuerung unterscheidet sich bekanntlich für verschiedene betriebliche Fertigungsablaufarten, insbesondere für Fließ- oder Werkstattfertigung, wobei sich im Rahmen der *Fließfertigung* aufgrund der Vorabfestlegung ablaufbedingt einzuhaltender Reihenfolgen kaum umweltbezogene operative Handlungsspielräume ergeben.[278]

Bei der *Werkstattfertigung* hingegen lassen sich folgende umweltorientierte operative Maßnahmen identifizieren[279]:

- Anlagen mit höheren Wirkungsgraden und geringeren Verbrauchs- und Emissionsfaktoren vorrangig einsetzen (optimale Ausnutzung von Roh-, Hilfs- und Betriebsstoffen),

- auf eine gleichmäßige Kapazitätsbelegung achten,

- unnötige Liegezeiten vermeiden (Verminderung lagerungsbedingter Emissionen aller Art) und

- abfallintensive Umrüstmaßnahmen oder Reinigungsintervalle durch eine geeignete Reihenfolgeplanung vermindern.

Eingangsdaten einer umweltorientierten Eigenfertigungsplanung und -steuerung sind Ergebnisse der umweltorientierten Produktionsbedarfs- und Entsorgungsmengenplanung. Aus prozessorientierter Sichtweise stellt sich eine umweltorientierte Eigenfertigungsplanung und -steuerung anlehnend an die Ausführungen in Kapitel 9.3 folgendermaßen dar:

(1) Verfügbarkeitsprüfung der Entsorgungs- und Aufarbeitungskapazitäten: Die Verfügbarkeitsprüfung verläuft entsprechend der bereits dargestellten mittelfristigen Verfügbarkeitsprüfung im Rahmen der Kapazitätsbedarfsermittlung, -abstimmung und -re-

---

[277] Vgl. Tuma/Franke/Haasis 1999, S. 8.
[278] Vgl. Haasis 1996a, S. 201.
[279] Vgl. Haasis 1994, S. 121 f.

servierung für Entsorgungs- und Aufarbeitungsmengen. Auch ist hierbei die Verfügbarkeit umweltverträglicherer Hilfs- und Betriebsstoffe zu prüfen.[280]

(2) Auftragseinlastung: Nach positivem Ergebnis der Verfügbarkeitsprüfung und Erstellung der auftragsspezifischen Arbeitsunterlagen erfolgt die Auftragsfreigabe der Entsorgungs- und Aufarbeitungsaufträge.

(3) Feinterminierung der Entsorgungs- und Aufarbeitungsarbeitsgänge: Zunächst erfolgt hier die Berechnung der *optimalen Losgröße der Entsorgungs- und Aufarbeitungsarbeitsgänge* aufbauend auf der eher groben Losgrößenplanung in der Produktionsbedarfs- und Entsorgungsmengenplanung. Umweltschutzorientierte Ziele sind die Vermeidung von Liege- und Umrüstemissionen, die Abstimmung von Stoffströmen sowie die Vermeidung von auslastungsbedingten Emissionen.[281]

Dem Planungsfortschritt entsprechend erfolgt parallel oder zeitlich nachgelagert in der *Ressourcenfeinplanung* ein exakter Abgleich zwischen Kapazitätsangebot und -nachfrage hinsichtlich der Produktions-, Aufarbeitungs- und Entsorgungskapazitäten unter Berücksichtigung energietechnischer und stoffstrombezogener Zeit- und Kapazitätsrestriktionen. Derartige Restriktionen können sich etwa aus der Notwendigkeit zur Abwärmeauskopplung oder aus einer beschränkten Haltbarkeit von Abfällen ergeben.[282]

Im Rahmen der *Reihenfolgeplanung* wird nun die zeitliche Einplanung der Produktionsmittel und Arbeitskräfte zur Herstellung, Aufarbeitung und Entsorgung vorgenommen. Für eine umweltorientierte Maschinenbelegungsplanung sind pro Auftrag üblicherweise die Daten – insbesondere Auftragsnummer, Arbeitsvorgangsnummer, Arbeitsplatznummer, Soll-Beginntermin, Soll-Endtermin, Losgröße und Bearbeitungszeit je Arbeitsschritt – etwa zu ergänzen um Angaben bzgl. des Energieverbrauchs je Arbeitsschritt sowie um Informationen zum Emissions-, Abwasser-, Abfallart- und -mengenanfall bei Umrüstvorgängen in Abhängigkeit des Vorgängers.[283]

(4) Auftragsüberwachung/Ressourcenüberwachung: Nach der Einlastung der konfigurierten Aufarbeitungs- und Beseitigungsaufträge wird der Arbeitsfortschritt im Rahmen der Auftragsüberwachung terminlich und mengenmäßig überwacht. Ggf. wird bei Abweichungen von den Planwerten eine Rückmeldung vorgenommen, um daraufhin eine Neuplanung oder eine Aktualisierung der Teilpläne in der Feinterminierung vornehmen zu können. Hierbei fließen u.a. Informationen der Ressourcenüberwachung ein, die auch eine Kontrolle der Belastungssituation bzgl. der Entsorgungs- und Aufarbeitungskapazitäten vornimmt sowie Störungen der Produktionssysteme aufnimmt und zurückmeldet.[284]

---

[280] Vgl. Haasis 1998, S. 123.
[281] Vgl. Tuma/Franke/Haasis 1999, S. 8.
[282] Vgl. Aghte/Pillep/Schieferdecker 2000, S. 93.
[283] Vgl. Haasis 1994, S. 123.
[284] Vgl. Aghte/Pillep/Schieferdecker 2000, S. 97.

Ebenfalls wird für die Regelung und Steuerung emissionsarm zu betreibender Produktionssysteme das Erfassen und Verarbeiten sowie die Rückmeldung emissionsorientierter Daten im Rahmen der Produktions-, Entsorgungs- und Aufarbeitungsarbeitsgänge in geeignet definierten Zeitintervallen notwendig. Emissionsorientierte Daten sind etwa Emissionsmengenanfall, Emissionszusammensetzung, Stoffkonzentrationen und Wirkungsgrade von Emissionsminderungsanlagen. Eine detaillierte an die Produktionsstruktur angepasste Übersicht über die aktuelle betriebliche Emissions- bzw. Reststoffanfall- und -aufbereitungssituation wird somit notwendig. Damit werden an die zum Einsatz gelangende Mess-, Steuer- und Regeltechnik erhebliche Anforderungen gestellt.[285]

Gegenstand der *umweltorientierten Fremdbezugsplanung und -steuerung* sind sämtliche Geschäftsprozesse, die mit dem Bezug von Sekundärrohstoffen sowie mit den Entsorgungsvorgängen in Verbindung stehen.[286] Eingangsinformation sind hierfür die Daten der mittelfristigen Produktionsbedarfs- und Entsorgungsmengenplanung sowie die aktuellen kurzfristigen Produktionssteuerungsdaten.

Die Teilaufgabe der *Bestell- und Beseitigungsrechnung* besteht darin, in Abhängigkeit des Produktionsfortschritts die zu beschaffenden Sekundärrohstoffe und die zu entsorgenden Reststoffe in Art und Menge so zu terminieren, dass einerseits der Produktionsablauf nicht gestört wird und andererseits etwa lagerungsbedingte Emissionen vermieden werden.

Falls für Sekundärrohstoffe bzw. für fremd zu entsorgende Abfälle die Lieferanten bzw. Entsorgungsunternehmen noch nicht identifiziert worden sind, muss im Rahmen einer *Angebotseinholung und -bewertung* der Beschaffungs- bzw. Entsorgermarkt analysiert werden. In diesem Zusammenhang tragen etwa Abfallbörsen dazu bei, Reststoffe der Verwertung zuzuführen und somit umgekehrt die Beschaffungsmärkte um sekundäre Rohstoffe zu erweitern. Deshalb gewinnt für eine umweltorientierte Fremdbezugsplanung und -steuerung die Beschaffungsmarktforschung an Bedeutung, da es bereits bei der Beschaffung von Sekundärrohstoffen wesentlich ist, u.a. über deren Verwertbarkeit und Umweltverträglichkeit Informationen vom Lieferanten zu erhalten. Hierbei ergeben sich jedoch aufgrund von Geheimhaltungsgründen oder Ungewissheit des Lieferanten oftmals Informationslücken. Ziel ist es, in guter Zusammenarbeit diese mit dem Lieferanten zu mindern, um die Umweltbelastung bei der Produktion eines Gutes entlang der gesamten Produktionskette analysieren und bewerten zu können. Umgekehrt sind ebenfalls Informationen dahingehend einzuholen, inwiefern beim zu beauftragenden Entsorgungsunternehmen eine umweltorientierte Verwertung bzw. Deponierung stattfindet.[287]

---

[285] Vgl. Haasis 1994, S. 197.
[286] Vgl. Tuma/Franke/Haasis 1999, S. 9.
[287] Vgl. Haasis 1996a, S. 199 f.

Im Rahmen der *Bestell- und Auftragsfreigabe* werden anschließend die festgelegten Beschaffungs- und Entsorgungsaufträge für Sekundärrohstoffe bzw. Altprodukte und Abfälle gemeinsam mit den Zulieferern und Entsorgern koordiniert.

Innerhalb der sich anschließenden *Bestell- und Auftragsüberwachung* werden die Lieferanten und Entsorger hinsichtlich der Auftragserfüllung überwacht. Hierbei ist neben den generellen Inhalten dieses Arbeitsschrittes insbesondere darauf zu achten, dass gesetzliche Umweltvorschriften eingehalten werden.

Innerhalb der Querschnittsaufgabe **umweltorientiertes Lager- und Deponiewesen** erfolgt die Verwaltung, Führung und Steuerung der lager- und deponiebezogenen Datenbestände. Inhalt der *Lagerbewegungsführung* als Teilaufgabe ist es, die Deponiezugänge sowie die Lagerzu- und -abgänge zu erfassen, die wiederum innerhalb der Bestandssteuerung zu verwalten sind. Zudem wird eine Lagerort- und Lagerplatzverwaltung der Sekundärrohstoffe, Abfälle, Gefahrstoffe und der rückgenommenen Altprodukte auch unter Berücksichtigung potenzieller Lageremissionen notwendig. Im Rahmen einer *Zusammenlegbarkeitsprüfung* wird ersichtlich, ob Unverträglichkeiten zwischen den Lagergütern vorliegen bzw. ob gesetzliche Bestimmungen eingehalten werden müssen. Im Rahmen der *Chargenverwaltung* werden Chargen unterschiedlicher Qualität verwaltet sowie die terminliche Einhaltung der Maximaleinlagerungsdauer überwacht.[288]

Der Stoff- und Energiebilanzierung wird im Rahmen eines **Öko-Controlling** eine besondere Bedeutung zuteil. Durch eine Rückmeldung der Stoff- und Energiedaten während der Produktions-, Aufarbeitungs- und Entsorgungsvorgänge, etwa in Form einer Sachbilanz, wird erst die Voraussetzung für eine Schwachstellenanalyse und -beseitigung geschaffen.[289]

9.5 Praxisbeispiel: Umweltorientierte PPS in der Textilindustrie

Die in Kapitel 9.4 beschriebenen Erweiterungen hinsichtlich einer umweltorientierten Produktionsplanung und -steuerung werden anhand eines Beispiels aus der Textilindustrie verdeutlicht:[290]

Bei dem untersuchten Industriebetrieb handelt es sich um eine Wollwäscherei und Wollkämmerei, in dem Rohwolle gereinigt und zu Kammzug verschiedener Qualitäten (je nach Kundenorder) verarbeitet wird. Dieser wird von nachgelagerten Produkti-

---

[288] Vgl. Aghte/Pillep/Schieferdecker 2000, S. 87; Haasis 1998, S. 124.
[289] Vgl. Tuma/Franke/Haasis 1999, S. 9.
[290] Vgl. Haasis 1998, S. 124.

onsstufen (z.B. Spinnereien, Webereien und Stickereien) weiterverarbeitet. Während der Rohwollaufbereitung entstehen eine Reihe von Kuppelprodukten, die zum Teil ohne weitere Bearbeitung in anderen Produktionsstufen eingesetzt werden können. Daneben fallen insbesondere bei der Wollwäsche und der damit verbundenen Abwasseraufbereitung Abfallstoffe wie etwa Wollwachs, Klärschlamm, Asche sowie Brüdenkondensat an (vgl. Abbildung 9-4).

Das Abwasseraufkommen ist dabei direkt abhängig vom Verschmutzungsgrad der aufzubereitenden Rohwolle. In diesem Zusammenhang spricht man von Rendement, welches das Verhältnis von Produktoutput (Kammzug) zu eingesetztem Material (Rohwolle) ausdrückt. Das Rendement kann typischerweise zwischen 30 % und 70 % liegen. Bereits hieraus ergibt sich ein signifikanter Einfluss zwischen dem Verschmutzungsgrad der Rohwolle und der zur Verfügung stehenden Produktions- und Aufbereitungskapazität. Dieser Zusammenhang impliziert die Notwendigkeit einer kombinierten Bedarfs- und Kapazitätsplanung, wie sie in dem Teilprozess „Produktionsbedarfs- und Entsorgungsmengenplanung" in Kapitel 9.4 dargestellt wurde.

Zur Verdeutlichung sei beispielhaft die Auftragsabwicklung des betrachteten Industriebetriebs dargestellt.

1. *Produktionsprogrammplanung:* Basis der Primärbedarfsplanung sind einerseits die Erwartungen bzgl. der abzusetzenden Mengen verschiedener Kammzugqualitäten (Faserfeinheit und -länge), andererseits die zum Planungszeitpunkt bereits eingegangenen Kundenaufträge. Aufbauend auf den Daten der Primärbedarfsplanung wird im Zuge der Programmentscheidung eine Ressourcengrobplanung der benötigten Kapazität durchgeführt, insbesondere auch der auf die Abwasseraufbereitung bezogenen Kapazität. Dies impliziert die Festlegung der Obergrenze des durchschnittlichen Rendements der zu beschaffenden Rohwolle.

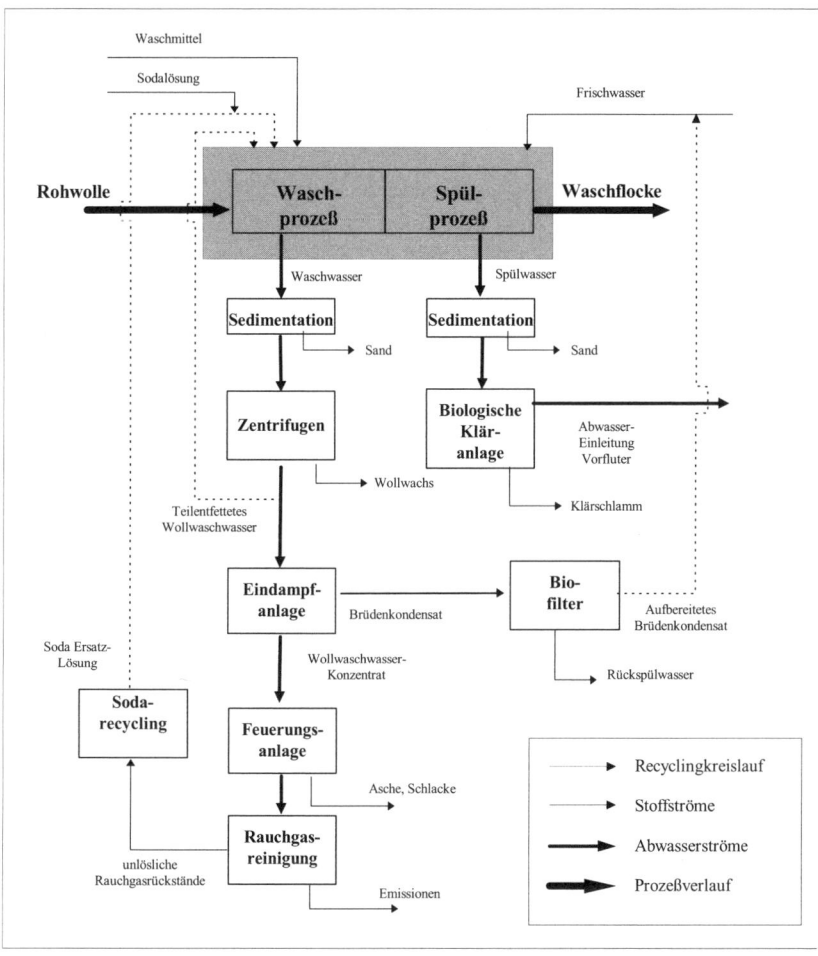

Abbildung 9-4: Wasser- und Abwasserkreisläufe der Wollwäsche und nachgeschalteter Prozesse in der Textilindustrie (Quelle: Haasis 1998, S. 125)

2. *Produktionsbedarfs- und Entsorgungsmengenplanung:* In Abhängigkeit des kundenneutralen Produktionsprogramms, des vorgegebenen Rendements und der auf Lager liegenden Rohwollqualitäten wird die Nettobedarfsermittlung *inkl.* der Ermittlung der Aufarbeitungs- und Entsorgungsmengen durchgeführt. Bei der Bedarfsermittlung für die im Waschprozess einzusetzende Sodalösung sowie das Frischwasser sind die vom Rendement der Rohwolle abhängigen Mengen der im Abwasseraufbereitungsprozess anfallenden Sodaersatzlösung sowie des Brüdenkondensats (vgl. Abbildung 9-4) zu berücksichtigen. Die Kreislaufführung dieser

Sekundärrohstoffe führt zu einer deutlichen Reduzierung des Bedarfs an Sodalösung und Frischwasser. In der anschließenden Durchlaufterminierung werden die einzelnen Aufträge derart terminiert, dass über mehrere Planungsperioden hinweg ein nivelliertes Rendement gefahren werden kann und damit ein bezüglich des Outputs entsprechendes Kapazitätsangebot zur Verfügung steht. Dies bewirkt eine aus Umweltsicht wünschenswerte konstante Belastung der Abwasseraufbereitung. Ist eine derartige Kapazitätsanpassung nicht möglich, besteht prinzipiell die Möglichkeit eines Outsourcing einzelner Partien.

3. *Eigenfertigungsplanung und -steuerung:* Hohe Bedeutung kommt der Eigenfertigungsplanung und -steuerung zu. Wesentliche Aufgabe ist die Zusammenstellung der Partien. Dies umfasst die Losbildung von Rohwollpartien verschiedener Qualitäten und verschiedenen Rendements unter Berücksichtigung der Kundenanforderungen, der Kapazitätsnachfrage sowie der momentanen Belastung in der Abwasseraufbereitung. Aufgrund der Abhängigkeit *der* Produktionskapazität vom Rendement ergibt sich damit die Intensitätssteuerung als Funktion der Partiezusammenstellung und Auftragsreihenfolge. Zur Abstimmung zwischen Waschprozess und Abwasseraufbereitungsprozess ist bei der Auftragseinlastung das Rendement der Rohwollpartien zu berücksichtigen.

4. *Fremdbezugsplanung und -steuerung:* Aufgabe der Fremdbezugsplanung und -steuerung ist die Beschaffung der Rohwolle entsprechend den Vorgaben der *Materialdisposition.* Hierbei ist neben Preis und Qualität der zu beschaffenden Rohwolle insbesondere die Gewährleistung der Vorgaben bezüglich der durchschnittlichen Rendements wesentlich. Des Weiteren sind die fremdvergebenen Aufträge zu überwachen.

9.6 Übungsaufgaben

Sie sind in einem Müllheizkraftwerk für Industrie-, Gewerbe- und Hausmüll als Betriebleiter/in verantwortlich eingesetzt. Die bei der Verbrennung freiwerdende Wärme wird einerseits zur Stromerzeugung sowie zur Fernwärmebereitstellung genutzt. Vor dem Hintergrund, dass insbesondere auch aus gesetzlicher Perspektive zum Betrieb des Müllheizkraftwerks eine umweltorientierte Produktionsplanung und -steuerung eine zwingende Voraussetzung darstellt, ist es nun Ihre Aufgabe die Kern- und Querschnittsaufgaben der PPS sowie die Datenverwaltung umweltorientiert zu gestalten. Hieraus ergeben sich hauptsächlich folgende Fragestellungen:

1. Welche umweltorientierten Entscheidungsprobleme resultieren? Betrachten Sie den Betrieb hier als Input-Output-System.

2. Um welche umweltorientierten Datenbestände muss die Datenverwaltung in Ihrem Betrieb erweitert werden?

3. Skizzieren Sie ausgehend von der langfristigen Produktionsprogrammplanung die Vorgehensweise der gesamten umweltorientierten Produktionsplanung und –steuerung aus prozessorientierter Perspektive. Gehen Sie insbesondere auf die Kernaufgaben der PPS sowie auf die Querschnittsaufgaben Öko-Controlling und Lager- und Deponiewesen ein.

9.7 Weiterführende Literatur

Aghte, I./Pillep, R./Schieferdecker, R. (2000): Spezifikation einer erweiterten Standard-PPS, in: Bullinger, H.-J./Eversheim, W./Haasis, H.-D./Klocke, F. (Hrsg.): Auftragsabwicklung optimieren nach Umwelt- und Kostenzielen: OPUS – Organisationsmodelle und Informationssysteme für einen produktionsintegrierten Umweltschutz, Berlin u.a., S. 81-98.

Albach, H. (Hrsg.) (1990): Betriebliches Umweltmanagement, Wiesbaden.

Bullinger, H.-J./Eversheim, W./Haasis, H.-D./Klocke, F. (Hrsg.) (2000): Auftragsabwicklung optimieren nach Umwelt- und Kostenzielen: OPUS – Organisationsmodelle und Informationssysteme für einen produktionsintegrierten Umweltschutz, Berlin u.a.

Franke, S./Tuma, A./Haasis, H.-D. (2001): Nachhaltiges Wirtschaften auf Ebene der Produktionsdurchführung, in: Sebstian, H.-G./ Grünert, T. (Hrsg.): Logistik Management – Supply Chain Management und e-Business, Stuttgart/Leipzig/ Wiesbaden, S. 183-196.

Franken, M. (2004): Produktionsplanung und -steuerung in strategischen Netzen: ein logistikorientierter Koordinationsansatz, Wiesbaden.

Glaser, H./Geiger, W./Rohde, V. (1992): Produktionsplanung und -steuerung: Grundlagen, Konzepte, Anwendungen, 2. Aufl., Wiesbaden.

Haasis, H.-D. (1994): Planung und Steuerung emissionsarm zu betreibender industrieller Produktionssysteme, Heidelberg.

Haasis, H.-D. (1996a): Kreislaufwirtschaftsorientierte Produktionsplanung und –steuerung, in: Ahsen, A. v./Czenskowsky, T. (Hrsg.): Marketing und Marktforschung, Hamburg, S. 191-204.

Haasis, H.-D. (1996b): Betriebliche Umweltökonomie, Optimieren – Bewerten – Entscheiden, Berlin u.a.

Haasis, H.-D. (1997a): Betriebliche Sicherung der Umweltverantwortung im Unternehmen, in: Hart, D. (Hrsg.): Privatrecht im „Risikostaat", Baden-Baden, S. 155-167.

Haasis, H.-D. (1997b): Ein Überblick über Betriebliche Umweltinformationssysteme, in: uwf-Umweltwirtschaftsforum, S. 4-6.

Haasis, H.-D. (1998): Umweltorientierte Produktionsplanung und -steuerung (UPPS), in: Wildemann, H. (Hrsg.): Innovation in der Produktionswirtschaft – Produkte, Prozesse, Planung und Steuerung, München, S. 115-132.

Haasis, H.-D. (2004a): Nachhaltige logistische Systeme, in: Schwarz, E. (Hrsg.): Nachhaltiges Innovationsmanagement, Wiesbaden, S. 105-118.

Haasis, H.-D. (2004b): Produktionsmanagement und Nachhaltigkeit, in: Hülsmann, M./Müller-Christ, G./Haasis, H.-D. (Hrsg.): Betriebswirtschaftslehre und Nachhaltigkeit, Wiesbaden, S. 305-310.

Haasis, H.-D. (Hrsg.) (2007): Nachhaltige Innovation in Produktion und Logistik, Frankfurt.

Haasis, H.-D./Tuma, A./Franke, S. (1997): Anforderungen an umweltschutzorientierte Produktionsleitstände, in: Bullinger, H.-J. (Hrsg.): Anforderungen an Methoden und Systeme für eine umweltorientierte Auftragsabwicklung, Stuttgart.

Höck, M. (1998): Produktionsplanung und -steuerung einer flexiblen Fertigung: ein prozessorientierter Ansatz, Wiesbaden.

Hülsmann, M./Müller-Christ, G./Haasis, H.-D. (Hrsg.) (2004): Betriebswirtschaftslehre und Nachhaltigkeit, Wiesbaden.

Krcmar, H. u.a. (1997): ECO-Integral, in: UmweltWirtschaftsForum, S. 28-31.

Kriwald, T./Förster, M./Haasis, H.-D. (2003): Unterstützung des Stoffstrommanagements in kleinen Unternehmen, in: Kramer, M./Eifler, P. (Hrsg.): Umwelt- und kostenorientierte Unternehmensführung, Wiesbaden, S. 63-82.

Kurbel, K. (1999): Produktionsplanung- und -steuerung: Methodische Grundlagen von PPS- Systemen und Erweiterungen, München/Wien.

Lödding, H. (2005): Verfahren der Fertigungssteuerung: Grundlagen, Beschreibung, Konfiguration, Berlin u.a.

Luczak, H./Eversheim, W. (Hrsg.) (1995): Aachener PPS-Modell, betriebliche Konzepte, PPS-Systeme, Köln.

Meffert, H./Kirchgeorg, M. (1993): Marktorientiertes Umweltmanagement, 2. Aufl., Stuttgart.

Rautenstrauch, C. (1997): Fachkonzept für ein integriertes Produktions-, Recycling-planungs- und -steuerungssystem (PRPS-System), Berlin u.a.

Schuh, G. (Hrsg.) (2006): Produktionsplanung und -steuerung: Grundlagen, Gestaltung und Konzepte, 3. Aufl., Berlin u.a.

Spengler, T. (1994): Industrielle Demontage- und Recyclingkonzepte, Berlin.

Steven, M. (1994): Produktion und Umweltschutz, Wiesbaden.

Steven, M./Letmathe, P. (1996): Umweltstücklisten für umweltorientierte PPS-Systeme, in: Albach, H./Dyckhoff, H.: Betriebliches Umweltmanagement, Wiesbaden 1996 (Ergänzungsheft 2/96 der Zeitschrift für Betriebswirtschaft), S. 165-183.

Tuma, A. (1994): Entwicklung emissionsorientierter Methoden zur Abstimmung von Stoff- und Energieströmen auf der Basis von fuzzyfizierten Expertensystemen, Neuronalen Netzen und Neuro-Fuzzy-Ansätzen – dargestellt am Anwendungs-beispiel der Produktionssteuerung in einer Färberei der Textilindustrie, Frankfurt am Main.

Tuma, A./Franke, S./Haasis, H.-D. (1999): Organisationsmodell einer umweltschutzori-entierten Produktionsplanung und -steuerung, in: Produktion und Umwelt, Jg. 2, Nr. 1.

VDI (1983): Lexikon der Produktionsplanung und -steuerung, Düsseldorf.

Wicke, L./Haasis, H.-D./Schafhausen, F./Schulz, W. (1992): Betriebliche Umweltöko-nomie: eine praxisorientierte Einführung, München.

10 eBusiness und Wissensmanagement

10.1 Motivation und Lernziele

Lernziele

Nach der Lektüre dieses Kapitels sollten Sie in der Lage sein:

- die Notwendigkeit der ganzheitlichen Gestaltung von Prozess, Technologie und Organisation zu begründen,

- die Einsatzmöglichkeiten von Wissensmanagement in den Unternehmensbereichen Produktion und Logistik zur Optimierung des Wertschöpfungsprozesses aufzuzeigen,

- verschiedene eBusiness-Technologien zu erläutern,

- Wissensmanagementstrategien anhand von Beispielen darzustellen.

Motivation

Vor dem Hintergrund eines immer intensiver werdenden dynamischen Umfelds, geprägt durch anspruchsvolles Nachfrageverhalten und die Bildung oftmals weltweiter Kooperationslösungen, birgt der intelligente Umgang mit Wissen zunehmend Wettbewerbschancen. Der Einsatz und die Verwendung des Faktors "Wissen" wird entscheidend für das reibungslose Ineinandergreifen von Unternehmensprozessen und die Aufrechterhaltung und den Ausbau der Wettbewerbsposition von Unternehmen.

Dabei ist *Wissen* mehr als Daten und Information. Erst durch deren Vernetzung in einer bestimmten Handlungssituation entsteht Wissen. Und zwar in einem organisationalen Lernen von Individuen und Teams. Dieses Wissen ist intelligent zu identifizieren, zu entwickeln, zu verteilen, zu nutzen und zu bewahren.

Analysiert man einzelne wissenschaftliche Beiträge zum *Wissensmanagement*, erkennt man jedoch, dass unterschiedliche Vorstellungen bezüglich des Begriffs "Wissen" sowie der inhaltlich-funktionalen Ausgestaltung eines wissensorientierten Managements existieren. Dies liegt insbesondere daran, dass sich unterschiedlichste Disziplinen mit dem Begriff eines Wissensmanagements auseinandersetzen. So beschäftigen sich etwa Psychologen mit den Grundlagen von Wissenserwerb, Lernverhalten und Motivation, empirische Pädagogen mit Fragen der Aufbereitung und Vermittlung von Wissen, Soziologen mit gesellschaftlichen Fragen des Wissensmanagements, Informations- und Kommunikationswissenschaftler mit dem Einsatz entsprechender Technologien und Wirtschaftswissenschaftler mit der ökonomischen Bedeutung des Produktionsfaktors Wissen[291].

Vor diesem Hintergrund erkennen innovative Unternehmen zunehmend die Chance, Wettbewerbsvorteile nicht allein durch technische Verbesserungen, sondern durch Verbesserungen in der Entstehung und Verwendung von Wissen bei Einsatz von Humanressourcen in der Prozesskette zu erreichen. In der Literatur wurde bereits in den 90er Jahren der Übergang in eine neue Zeit der "Wissensgesellschaft"[292] verkündet, in der das Wissen sogar als die wichtigste Ressource angesehen wird.

Im Aktionsprogramm der Bundesregierung "Informationsgesellschaft Deutschland 2006. Ein Masterplan für Deutschlands Weg in die Informationsgesellschaft" wird Wissensmanagement als wichtiger Faktor für die Sicherung des Standortes Deutschland bezeichnet, mit dem Innovation, Wachstum und Wettbewerbsfähigkeit untrennbar verbunden sind. Die BMWi-Initiative ,Fit für den Wissenswettbewerb' zielt mit spezifischen Maßnahmen auf die Sensibilisierung und den Transfer praxisnaher Lösungen in kleine und mittlere Unternehmen (KMU). Hier wird das Wissensmanagement in KMU und Handwerk durch Transfermaßnahmen gefördert. Einen Überblick erhält man auf der Internetseite www.wissenmanagen.net.

Die Wissensgesellschaft zeigt sich auch im eBusiness. Ziel von *eBusiness* ist die integrierte Ausführung automatisierbarer Geschäftsprozesse einer Organisation unter Anwendung von Informations- und Kommunikationstechnologien.[293] Ähnlich wie beim Wissensmanagement ist hier ein ganzheitlicher Ansatz zu wählen. In beiden Fällen geht es um mehr als um technologische Fragen der Speicherung und Verarbeitung von Daten. Informationen werden erst dann wertvoll, wenn effektiv damit gearbeitet werden kann und wird. Dies ist die Aufgabe von eBusiness als *Organisationsmodell* und Wissensmanagement als *Managementmethode*.

10.2   Einordnung in die Betriebswirtschaftslehre

Betriebswirtschaftslehre ist die Lehre des Wirtschaftens, das heißt des Entscheidens über den Einsatz knapper Güter in Betrieben. Unter dem Vorgang des Entscheidens ist

---

[291] Vgl. Haasis/Kriwald 2001, S. 1 ff.
[292] Vgl. Drucker 1999.
[293] Vgl. Herden u.a. 2006.

dabei das Auswählen einer Entscheidungsalternativen zu verstehen, die in Ausrichtung auf ein oder mehrere Ziele unter Beachtung von Nebenbedingungen von dem oder den Entscheidungsträgern als optimal akzeptiert wird. Ihre Aufgabe besteht unter anderem darin, die in Unternehmen tätigen Menschen bei ihren Entscheidungen zu unterstützen. Damit ergeben sich zumindest zwei Anknüpfungspunkte zwischen Wissensmanagement und Betriebswirtschaftslehre. Einerseits stellt Wissen eine knappe Ressource in Unternehmen dar. Andererseits können Methoden des Wissensmanagements zur Entscheidungsunterstützung herangezogen werden.

Wissensmanagement kann als *Funktionenlehre* in der Betriebswirtschaftslehre angesehen werden. Als Managementmethode ist es eng mit weiteren Bereichen der Betriebswirtschaft verknüpft. So findet man Beiträge des Wissensmanagements etwa im Personalwesen, der Organisationslehre, der Wirtschaftinformatik und dem strategischen Management. Wissensmanagement ist ein übergreifendes Konzept, das die Koordination über die Funktionsbereiche hinweg notwendig macht.

Zur Umsetzung eines ganzheitlichen Ansatzes ist diese mehrdisziplinäre Betrachtungsweise auch notwendig. Wissensmanagement möchte den nachhaltigen Umgang mit der Ressource Wissen umsetzen. Hierzu bedient es sich sowohl klassischer Methoden wie beispielsweise Schulungskonzepten, die aus dem Personalwesen bekannt sind, oder der Organisationslehre. Wissensmanagement ist immer eine spezifische Lösung, die gezielt auf die Bedürfnisse der Unternehmen eingeht und die Fachdisziplinen integriert.

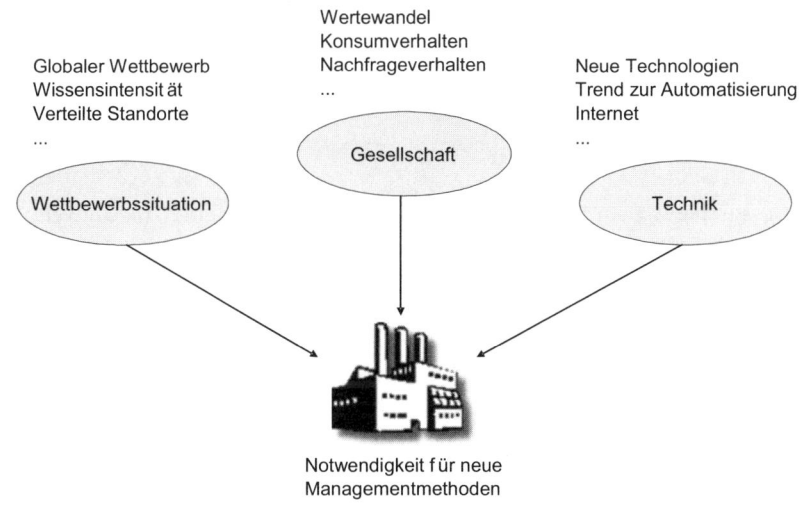

Abbildung 10-1: Wissen als Wettbewerbsfaktor

Die strategische Bedeutung des Produktionsfaktors Wissen für die Wettbewerbskraft der Unternehmen ist natürlich keine überraschende Entwicklung der letzten Zeit. Vielmehr ist den Unternehmen die Notwendigkeit von Wissen über Produkte, Prozesse, Verfahren, Technik und Vorschriften schon lange bekannt. Neu ist aber, dass jetzt verstärkt Methoden und Werkzeuge zur Verfügung stehen, die einen systematischen Umgang mit der Ressource Wissen ermöglichen.

Als Motivation, Wissensmanagement systematisch zu betreiben, wird bei produzierenden Unternehmen und Logistikdienstleistern oftmals mit folgenden Trends argumentiert (vgl. auch Abbildung 10-1):

Veränderung der Wettbewerbssituation

Im globalen Wettbewerb ist eine hohe Innovationsrate und damit eine schnelle Neuentwicklung von Produkten und Dienstleistungen erforderlich. Unternehmen sehen sich nicht mehr nur in Konkurrenz zu lokalen oder nationalen Firmen. Vielmehr ist es im Zuge der Globalisierung für Kunden einfach geworden, die Leistungen auf internationalen Märkten zu beziehen. Dies wirkt sich sowohl auf das Verhalten der eigenen Kunden aus, aber auch auf die Möglichkeiten, durch dieses "*global sourcing*" den eigenen Lieferantenstamm auszubauen.

Die Wissensintensität der Leistungen, die Unternehmen am Markt anbieten und absetzen, steigt stetig an. Für viele Unternehmen heißt dies, dass sie statt eines einfachen Produktes mittlerweile umfangreiche Beratungsleistungen und Zusatzdienstleistungen offerieren, um auf der Grundlage ihrer Produktpalette speziell auf ein Kundenproblem zugeschnittene Lösungen anbieten zu können.

Veränderungen in der Gesellschaft

In der Gesellschaft ist ein *Wertewandel* hinsichtlich der Einstellung zur Umwelt, Technik und Arbeitskultur zu beobachten. Dies beeinflusst nicht nur das Konsumverhalten der Endverbraucher, sondern hat auch Einfluss auf den Arbeitsmarkt. Die Mitarbeiter tragen mit ihrem Wissen entscheidend zum Unternehmenserfolg bei. Durch eine erhöhte Mobilität und Wechselbereitschaft vor allem gut ausgebildeter Arbeitnehmer können dem Unternehmen Engpässe bei den zur Leistungserstellung benötigten Kompetenzen und Fähigkeiten entstehen. Aus Sicht des Unternehmens ist eine strategische Entwicklung dieser organisationalen Wissensbasis gewünscht.

Zu beobachten ist ferner eine *Veränderung im Nachfrageverhalten*. Kundenwünsche werden individueller und kurzfristiger. Deutlich wird dies etwa in der Automobilindustrie. Die Fahrzeuge beinhalten eine Vielzahl von Ausstattungs-, Farb- und Leistungsoptionen, um das eigene Auto nach seinen Wünschen gestalten zu können.

Veränderungen in der Technik

Neue Technologien ermöglichen neue Produkte und neue Prozesse. Dies macht systematische Innovationsprozesse und eine Beobachtung externer Forschungsaktivitäten notwendig. Des Weiteren ist ein fortwährender Trend zu mehr Automatisierung und EDV-Einsatz/Internet deutlich erkennbar.

Um den genannten Herausforderungen qualifiziert begegnen zu können, benötigen Unternehmen systematisches Wissensmanagement. Notwendig sind ganzheitliche Ansätze, die unter diesen Rahmenbedingungen zukunftsorientierte Konzepte anbieten und eine lernfähige Organisation schaffen können.

Um im Wettbewerb zu bestehen, setzen Unternehmen vermehrt auf IuK-basierte *eBusiness-Strategien* zur Erreichung von Markt-Präsenz, Abwicklung von Geschäftsvorfällen und Integration der Geschäftsprozesse.

Eine entscheidende Rolle bei der Verbreitung von Wissensmanagement in Unternehmen spielen neue kommunikationstechnische Software-Lösungen, welche die Vernetzung von Informationen und Wissen erst ermöglichen. In der Praxis wird Wissensmanagement sogar häufig auf EDV-technische Anwendungen reduziert. Dies ist jedoch zu kurz gegriffen, wie nachfolgend gezeigt wird.

10.3 Betriebswirtschaftliche Zusammenhänge von Wissensmanagement und eBusiness

Das Wissen eines Unternehmens wird im Focus des Wissensmanagements als wichtiger Produktionsfaktor verstanden. In Anlehnung an Probst[294] ist Wissen "... *die Gesamtheit der Kenntnisse und Fähigkeiten, die Individuen zur Lösung von Problemen einsetzen. Wissen stützt sich auf Daten und Informationen, ist im Gegensatz zu diesen jedoch immer an Personen gebunden"*. Zu finden ist diese Ressource zum einen in den Köpfen von einzelnen Mitarbeitern, man spricht hier vom *"individuellen Wissen"*. Zum anderen entsteht in der Kombination mit anderen Mitgliedern der Organisation sogenanntes *"kollektives Wissen"*. Dieses individuelle und kollektive Wissen zusammen genommen bildet das Potential, auf das das Unternehmen zurückgreifen kann. In der Gesamtheit spricht man von der *Wissensbasis der Organisation*. Dazu zählt auch jenes individuelle Wissen, das der Organisation nicht zugänglich ist, weil es von den Einzelnen noch nicht eingesetzt wird oder eingesetzt werden kann.

Der wirkungsvolle Einsatz des bestehenden Wissens, der Wissensbasis eines Unternehmens, die wirtschaftliche Neukombination sowie die Nutzbarmachung des noch

---

[294] Vgl. Probst/Raub/Romhardt 1997, S. 22.

ungenutzten Wissens ist eine der zentralen Herausforderungen des betrieblichen Wissensmanagements.

Individuelles Wissen bezieht sich auf eine Einzelperson. Das zur Lösung einer Aufgabe nötige Wissen ist auf einen Mitarbeiter konzentriert. Dies trifft zum Beispiel auf einen Firmenkundenbetreuer zu, der einem Kunden bei jeder Reklamation ein neues Produkt-Release verkaufen kann.

Kollektives Wissen teilen sich mehrere Menschen. Es ist beispielsweise in Prozessen, Routinen, Praktiken und Normen von Organisationseinheiten oder Arbeitsgruppen zu finden. Es kann in der Gemeinschaft genutzt werden und führt oft in der Rekombination oder Bewusstbarmachung zu neuen Lösungen.

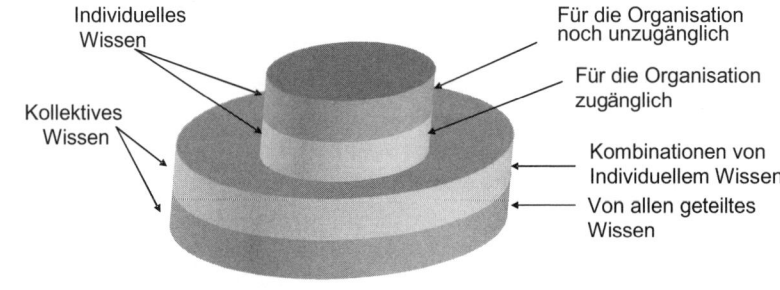

Abbildung 10-2: Wissensbasis der Organisation

Als Mitbegründer des Wissensmanagements können unter anderen die Japaner Ikujiro Nonaka und Hirotaka Takeuchi mit ihrem 1995 veröffentlichten Buch "The Knowledge Creating Company" (deutsch 1997 als "Die Organisation des Wissens"[295]) angesehen werden. In ihrer Arbeit analysieren sie den Umgang von japanischen Unternehmen mit Wissen. Die Fähigkeit eines Unternehmens, Wissen zu schaffen, es erfolgreich im Unternehmen zu verbreiten und anzuwenden, wird von ihnen als Schlüssel zum Unternehmenserfolg gesehen. Durch seine Personen- und Kontextabhängigkeit, den Bezug zu Überzeugungen, Erfahrungen und Werten ist Wissen als Gegenstand des Managements verglichen mit z.B. finanzwirtschaftlichen Kennzahlen schwerer greifbar. Startpunkt für deren Wissensmanagementphilosophie ist die Unterscheidung zwischen implizitem und explizitem Wissen.

Implizites Wissen ist personengebundenes *und kontextspezifisches* Wissen und somit schwer formalisierbar und kommunizierbar. Neben diesen subjektiven, kognitiven E-

---

[295] Vgl. Nonaka/Takeuchi 1997.

lementen gehören auch technische Elemente zum impliziten Wissen. Damit sind Know-how sowie Fertigkeiten und Fähigkeiten eines Individuums gemeint, die sich durch Erfahrungen im praktischen Handeln herausgebildet haben. Dieses oft auch "tazites Wissen" bezeichnete Wissen wird oft als selbstverständlich vorausgesetzt, weil es implizit in Handlungen sichtbar wird.

Explizites Wissen dagegen ist kodifiziert, d.h. es ist für Dritte nachvollzichbar und kann mit Sprache strukturiert und methodisch übertragen werden. Dies kann in Form von Dokumentationen, Datenbanken, Patenten, Produktbeschreibungen oder Formeln geschehen. Es kann aber auch in Systemen, Prozessen oder Technologien eingebaut sein. Weil es in eine kodifizierte Form überführt worden ist, kann explizites Wissen durch unterschiedliche Medien gespeichert, verarbeitet und übertragen werden.

So handeln etwa ausgewählte Mitarbeiter bei der auftragsabhängigen Erstellung des Produktionsplans unter Nutzung ihrer jahrelangen praktischen Erfahrungen über die Unternehmensabläufe auf Basis ihres *impliziten Wissens*. Wird dieses Wissen systematisch und strukturiert etwa mittels eines Produktionsplanungssystems dokumentiert, so wird es durch diese Externalisierung zu *explizitem Wissen*, welches weiteren Mitarbeitern zur Verfügung steht.

Implizites und explizites Wissen sind nicht als separate Alternativen des Vorhandenseins von Wissen zu verstehen. Vielmehr sind sie beide notwendig für die Wissensentstehung und Wissensanwendung in Organisationen. Nonaka und Takeuchi verdeutlichen diesen Gedanken in ihrem in Abbildung 10-3 dargestellten Modell der *Spirale der Wissenserzeugung*. Wissen innerhalb einer Organisation kann spiralförmig von individuellem Wissen auf höhere Organisationsstufen wie Personengruppen und ganze Firmen gehoben werden. Implizites Wissen "sichtbar" zu machen, stellt dabei die eigentliche Schwierigkeit dar.

Diejenigen Managementmethoden, die darauf abzielen, in Organisationen Wissen einzusetzen und zu entwickeln, werden unter dem Begriff Wissensmanagement subsumiert. *Wissensmanagement* definiert sich als ein zielgerichtetes Führungsinstrument zur Gestaltung, Entwicklung und Lenkung der Wissensaspekte einer Organisation. Wissensmanagement hat Rahmenbedingungen und Prozesse zu schaffen, damit die organisationale Wissensbasis erfasst, weiterentwickelt und in nutzenbringende Handlungen umgesetzt wird. Das Wissen eines Unternehmens muss systematisch überprüft, entwickelt, vernetzt, verteilt, gespeichert, übertragen, aber auch ersetzt und gelöscht werden.

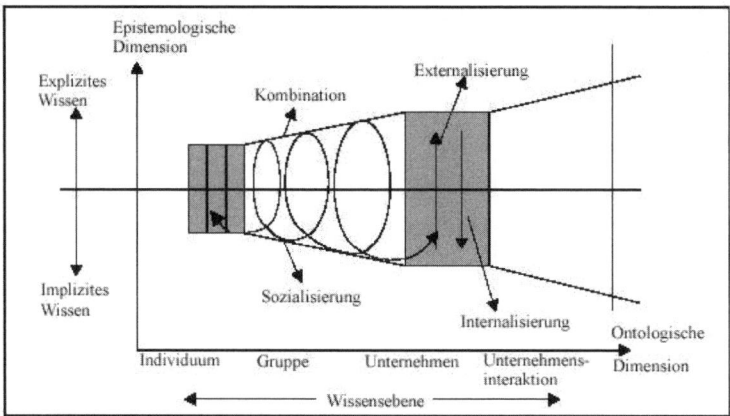

Abbildung 10-3: Spirale der Wissenserzeugung (Quelle: Nonaka/Takeuchi 1997, S. 87)

Wissensmanagement in einem Unternehmen einzuführen und zu leben, ist immer mit Aufwand verbunden. Es müssen Bedarf und Prozesse analysiert, Konzepte erstellt, Methoden eingeführt, Schulungen durchgeführt und Investitionen getätigt werden. Für die Unternehmensleitung stellt sich die Frage, ob sich dieser Aufwand lohnt. Nach einer Studie von McKinsey[296] aus 2002 kann ein positiver Zusammenhang zwischen dem Einsatz von strukturierten, auf die Situation abgestimmten Wissensmanagement-methoden und dem finanziellen Erfolg eines Unternehmens hergestellt werden. Als weitere Gründe für den Einsatz von Wissensmanagement in Unternehmen werden allgemein genannt: Förderung von Kommunikationsbereitschaft und Teamentwick-lung, Vermeidung von Redundanz bzw. Doppelarbeit, Verminderung des Zeitauf-wandes bei der Suche nach Informationen sowie Integration von internen und exter-nen Wissensquellen.

In Produktion und Logistik muss für die erfolgreiche Realisierung einer Wertschöp-fungskette eine Zusammenarbeit über Unternehmensgrenzen hinweg betrieben wer-den. Diese Zusammenarbeit macht auch den Austausch von Informationen notwen-dig, in der Regel unter Zuhilfenahme von elektronischen Systemen. Zu beachten ist je-doch, dass dieser Austausch sich nicht alleine auf den Transfer von Daten und Doku-menten im Rahmen eines eBusiness beschränken soll, vielmehr ist die ganzheitliche Vernetzung von Wissen gefragt.

Zur effizienten Gestaltung des Geschäftsprozesses sind organisatorische, personelle und technische Anforderungen und Möglichkeiten aufeinander abzustimmen. Die

---

[296] Vgl. Kluge u.a. 2003.

Umsetzungschancen liegen vielfach im Zusammenspiel des Erfahrungswissens mehrerer Akteure (etwa Reedereien, Hafen- und Umschlagbetreiber, Spediteure). Ein effizienter Betriebsablauf entlang der Wertschöpfungskette verstärkt die Notwendigkeit, in Entscheidungssituationen auf interdisziplinäres und auf verschiedene Fachvertreter und Ansprechpartner verteiltes Wissen zugreifen zu können. Das Wissensproblem lässt sich wie folgt charakterisieren:

- personelle Probleme:

  - geringer Wissensstand über die Supply Chain-Zusammenhänge zwischen den Akteuren

  - Informationsdefizit über neue logistische Produkte

  - fehlender Informationsaustausch in und zwischen den Partnern

  - keine Dokumentation des Erfahrungswissens relevanter Schlüsselakteure

  - Wissen wird als persönliche Machtbasis verstanden

- organisatorische Probleme:

  - kein durchgängiger übergreifender Geschäftsprozess

  - fehlende Verständniswelt für den Geschäftsprozess der Partner in der Kette

  - Barrieren beim Aufbau von elektronischen Geschäftsmodellen, etwa auch über Marktplätze

  - ungenügende prozessbegleitende Informationslogistik

  - kein Anreizsystem für die Mitarbeiter, über die bisherigen Lösungsansätze hinaus zu denken

- technische Probleme:

  - Schnittstellenprobleme in einer heterogenen IT-Infrastruktur

  - zeitaufwendige Konsolidierung von Informationen wegen noch nicht eingeführter Transponder-Technologie

  - fehlende Benutzerfreundlichkeit.

Der Begriff *‚eBusiness'* steht für ‚electronic Business'. Im allgemeinen wird darunter die unternehmensübergreifende Gestaltung und Abwicklung von Geschäftsprozessen mittels Internet und IuK-Technologien verstanden. Hieraus ergeben sich verschiedene Geschäftsfelder und Anwendungsgebiete, welche einer steten Weiterentwicklung unterliegen. Neue Technologien und Anwendungen kommen hinzu, bestehende werden entsprechend dem technischen Fortschritt ausgebaut.

Abbildung 10-4 zeigt ohne Anspruch auf Vollständigkeit eine Anzahl von Anwendungsgebieten für eBusiness-Strategien. Basis für die Implementation dieser Strategien bilden sowohl personell-organisatorische als auch technische Maßnahmen. Aus organisatorischer und personalwirtschaftlicher Sicht müssen Prozesse angepasst und Mitarbeiter geschult werden. Technische Voraussetzungen für die Umsetzung sind die Schaffung einer entsprechenden Hardware- und Software-Umgebung sowie die Nutzung und Anbindung an Kommunikationsnetzwerke wie LAN (Local-Area-Network) und WWW (World-Wide-Web) über das Internet.

Bei einer Systematisierung von eBusiness-Optionen wird üblicherweise nach den beteiligten Interaktionspartnern unterschieden. Als Akteure kommen Unternehmen (Business), private Kunden (Consumer) und öffentliche Einrichtungen (Administration) in Frage. Daraus ergeben sich neun verschiedene Konstellationen, bei denen die Interaktionspartner jeweils als Anbieter oder Nachfrager auftreten, etwa:

- B2B (*Business to business*): Sämtliche Transaktionen zwischen Unternehmen, z. B. Datenübermittlung per EDI (Electronic-Data-Interchange) zur Bestellung von Teilen bei Lieferanten der Automobilindustrie

- B2C (*Business to consumer*): Geschäfte zwischen einem Unternehmen als Anbieter und einem Privatkunden, z.B. elektronische Bestellung aus einem Online-Katalog

- C2C (Consumer to consumer): Geschäfte zwischen zwei privaten Kunden, z.B. mittels Marktplätzen im Internet.

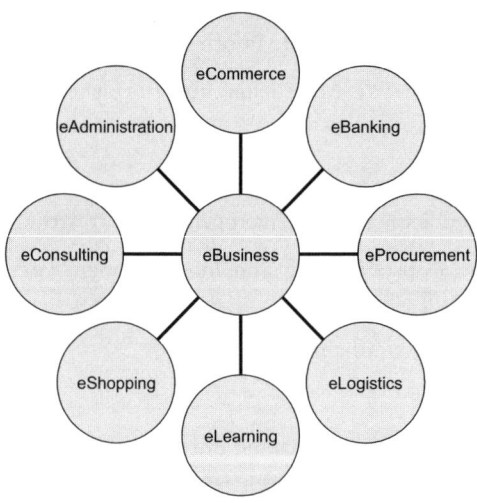

Abbildung 10-4: Anwendungsgebiete für eBusiness-Strategien

EDI bezeichnet den papierlosen Datenaustausch zwischen Unternehmen. Hierbei werden sowohl geschäftliche als auch technische Daten mit standardisierten Formaten zwischen Computern elektronisch ausgetauscht, beispielsweise Angebote, Auftragsbestätigungen, Rechnungen und Lieferabrufe. Der 1984 als EDIFACT (Electronic-Data-Interchange for Administration, Commerce and Transport) etablierte Standard legt die Regeln für die einzelnen Dokumententypen fest. Die Übertragung der Daten erfolgt in elektronischen Netzwerken wie z.B. Telefonleitungen, Standleitungen oder auch verschlüsselten Verbindungen über das Internet als VPN (Virtual Private Network). Der medienbruchfreie Austausch der Daten führt zu Vorteilen. Zum einen werden die Abläufe beschleunigt und zum anderen werden Kosten gesenkt durch die Vermeidung von Doppelerfassung bei der Dateneingabe.

Zusammenhänge zwischen eBusiness und Wissensmanagement in Produktion und Logistik sind in Abbildung 10-5 dargestellt. Wissensbereiche sind Produktwissen, Prozesswissen und Projektwissen. Von Bedeutung kann beispielsweise das Wissen über die technischen Abläufe bei den Lieferanten sein, um die Qualität oder die Wiederbeschaffungszeiten beurteilen zu können. Projektwissen umfasst Kenntnisse über die Zusammenarbeit und Rahmenbedingungen zeitlich begrenzter Vorhaben. Produktwissen etwa das Wissen über die Produktzusammensetzung.

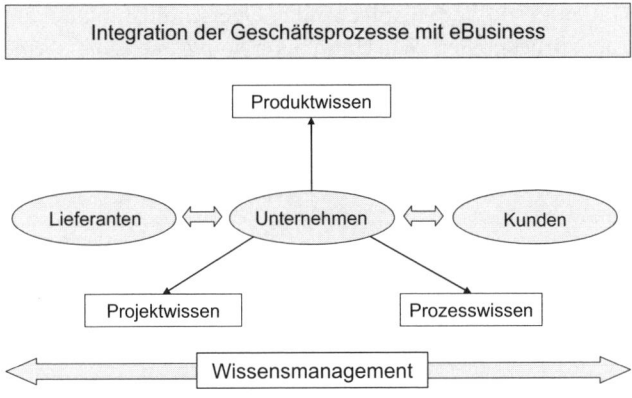

Abbildung 10-5: Wissensmanagement und eBusiness in Produktion und Logistik

Wissensmanagement ist interdisziplinär. Es wird deutlich, dass die drei Aspekte Technik, Organisation und Mensch einen Bezugsrahmen für das Wissensmanagement bilden[297]:

- *Technik*:   Werkzeuge für Daten- und Informationsmanagement

- *Organisation*:   Ablaufstrukturen und Geschäftsprozesse

- *Mensch*:   Bedürfnisse, Fähigkeiten und Kenntnisse der Mitarbeiter

Die angewandten Konzepte und Methoden können jedoch nur erfolgreich sein, wenn diese von den Menschen im Unternehmen umgesetzt werden können und dürfen. Um bei den Mitarbeitern ein Verständnis für den Nutzen von Wissensmanagement zu erreichen, sollten Erwartungen, erhobene Daten und ihre Verwendung offen und ehrlich kommuniziert werden. Ziel ist eine wissensfreundliche Unternehmenskultur auf allen Ebenen. Wesentlich ist die Bereitschaft, das Wissen mit anderen zu teilen und einen systematischen Lernprozess zu starten.

10.4   Methodische Hilfsmittel

Soll Wissensmanagement in einem Unternehmen erfolgreich eingeführt werden, so muss man schon aufgrund der entsprechenden Querschnittsfunktion auf einen ganzheitlichen Ansatz zurückgreifen. Zur Umsetzung von Wissensmanagement wurde eine Reihe von Hilfsmitteln entwickelt. Als methodisches Gerüst kann für diese das Modell von Probst u.a.[298] herangezogen werden. Das Modell, dargestellt in Abbildung 10-6, unterscheidet acht verschiedene Wissensbausteine. Diese Wissensbausteine werden untereinander verknüpft, um dem Unternehmen einen geeigneten Umgang mit Wissen zu ermöglichen.

---

[297] Vgl. Reinmann-Rothmeier/Mandl 2004.
[298] Vgl. Probst/Raub/Romhardt 1997.

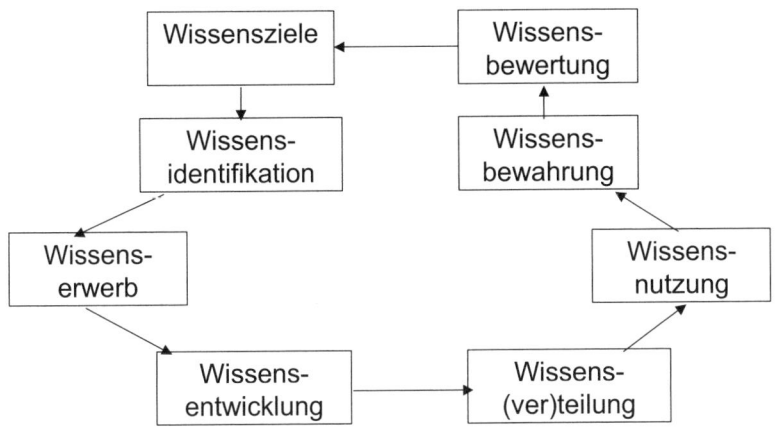

Abbildung 10-6: Bausteine des Wissensmanagements (Quelle: Probst/Rau/Romhardt 1997, S. 564)

Wissensziele stehen im Zentrum des Wissensmanagements. Hier spiegeln sich die angestrebten zukünftigen Unternehmenskompetenzen wider. Man unterscheidet nach normativen, strategischen und operativen Wissenszielen. *Normative Wissensziele* zielen auf eine Schaffung einer wissensorientierten Unternehmenskultur. *Strategische Wissensziele* beschreiben das benötigte Wissen für das zukünftige Kompetenzprofil des Unternehmens. *Operative Wissensziele* stellen die Basis für die konkrete Umsetzung des Wissensmanagements dar.

Zur Festlegung der Wissensziele muss man zuerst herausfinden, welches Wissen bereits im Unternehmen vorhanden ist. Es folgt eine Analyse des Wissensbedarfs in der Zukunft. Dabei steht das zur Leistungserstellung notwendige Wissen im Vordergrund. Dann können die möglichen Wissenslücken identifiziert werden. Ebenfalls ist die bisherige Unternehmenskultur in bezug auf einen offenen Wissensaustausch zu prüfen. Unter Umständen werden bereits Elemente des Wissensmanagements im Unternehmen gelebt, auf die aufgebaut werden kann.

Mittels der *Wissensidentifikation* erhält man einen Überblick über das unternehmensinterne und -externe Wissen. Ziel ist die Schaffung von Transparenz über die vorhandenen Wissensträger, Informationen und Fähigkeiten. Hilfsmittel, welche im Rahmen der Wissensidentifikation angewandt werden sind unter anderem Wissenslandkarten, Visualisierungstechniken (etwa Mind Mapping), Lernarenen, Benchmarking oder think tanks.

Eine *Wissenslandkarte* ist eine grafische Darstellung von Wissensträgern, Wissensbeständen, Wissensstrukturen oder Wissensanwendungen in einer Organisation. Mit

Hilfe von Wissenslandkarten wird vorhandenes Wissen, das beispielsweise zuvor in *Expertenverzeichnissen* erfasst wurde, grafisch dargestellt. Durch diese Visualisierung erhält man einen guten Überblick über die organisationale Wissensbasis und erhöht durch die systematische Darstellung noch einmal die Transparenz. Sowohl das ansonsten verborgen gebliebene Potential als auch mögliche Wissenslücken können dadurch aufgedeckt werden.

Der *Wissenserwerb* sieht die mögliche Internalisierung von externem Wissen vor. Zum einen geht es basierend auf identifizierten Wissenslücken um den Erwerb von direkt verwendbarem externem Wissen. Zum anderen muss externes Wissen im Hinblick auf eine potentielle spätere Verwendung erworben werden. Beides kann durch Rekrutierung neuer Mitarbeiter mit entsprechenden Fähigkeiten geschehen. Auch können Weiterbildungsmaßnahmen für Mitarbeiter durchgeführt werden. In heutiger Zeit findet man dafür immer öfter auch Wissensprodukte, wie z.B. E-Learning-Kurse über CR-ROM's oder Internet/Intranet-Plattformen. Eine zusätzliche Möglichkeit ist die Zusammenarbeit mit externen Partnern, auch mit Kunden und Lieferanten.

Bei der *Wissensentwicklung* sollen neue Fähigkeiten innerhalb des Unternehmens entstehen. Dieses beinhaltet unter anderem leistungsfähigere Prozesse. Gefordert ist ein systematischer Aufbau der organisationalen Wissensbasis. Als Grundlage dient die Schaffung einer wissensfördernden Unternehmenskultur, damit sich unter anderem Kreativität, Innovationsfähigkeit und systematische Problemlösungsfähigkeit entwickeln können. Notwendige Vorraussetzungen dazu sind die Schaffung von kreativen Freiräumen beispielsweise über Ideenworkshops, Teamarbeit, Interaktion und Kommunikation, sowie die Herstellung von Transparenz und Zugriffsmöglichkeiten über das bereits vorhandene Wissen in der Organisation.

Aufgabe der *Wissens(ver)teilung* ist es, das Wissen im Unternehmen zu verbreiten und so an die Mitarbeiter weiterzugeben bzw. den Wissensaustausch zu fördern. Ausschlaggebend für die Wahl der Instrumente ist, welche Art von Wissen verteilt/geteilt werden soll. Explizites Wissen kann sehr oft durch eine Erfassung in elektronischen Systemen für den Zugriff durch viele Mitarbeiter bereitgestellt werden. Bei implizitem Wissen ist ein direkter Kontakt zwischen den Mitarbeitern anzuraten. Anwendbare und bewährte Hilfsmittel für Wissenteilung sind beispielsweise Expertengespräche, Erfahrungsgruppen, Lernarenen, wechselnde Projekt-Teams, Expertenverzeichnisse, Intranet-Portale und Groupware.

In einem *Expertenverzeichnis* (Yellow Pages, Gelbe Seiten) werden die Qualifikationen, Kenntnisse und Fähigkeiten der Beschäftigten in einer Organisation aufgeführt. Dies soll Mitarbeitern helfen, die richtige Anlaufstelle bei Fragen zu finden. Durch die Möglichkeit der direkten Kontaktaufnahme wird die Vorraussetzung für den Austausch von implizitem Wissen geschaffen. Yellow Pages schaffen für die Unternehmen Transparenz über vorhandenes Wissen und die Wissensträger. Meist werden die Systeme online, z.B. im Intranet, verfügbar gemacht.

Mit Maßnahmen der *Wissensnutzung* soll der wirtschaftliche Einsatz des Wissens im tatsächlichen Arbeitsprozess erreicht werden. Im Vordergrund steht die praktische Verwertung von Wissenspotenzialen. Hilfsmittel, welche im Rahmen der Wissensnutzung angewandt werden sind unter anderem Workshops, Richtlinien, Erfahrungsgruppen, Lernarenen, Communities of Practice und Wissensportale.

Eine *Community of Practice* ist eine Gemeinschaft von Personen, die informell miteinander verbunden sind und ähnliche Aufgaben bearbeiten. Die Motivation für diese freiwillige Zusammenarbeit ist das gemeinsame Interesse an der Lösung von Problemen des Fachgebietes. Die Gemeinschaften organisieren sich selbst, ohne dass von außen eine Struktur oder Hierarchie vorgegeben wird. Die Rollen innerhalb der Gruppe ergeben sich aufgrund der Aktionen der Mitglieder und der Akzeptanz durch die anderen Nutzer. Communities of Practice bilden eine Basis für interessante Diskussionen und bieten die Chance auf Weiterentwicklung des individuellen Wissensbestands. Sie fördern zudem einen gemeinsamen Lernprozess.

Durch *Wissensbewahrung* soll das erworbene Wissen dauerhaft verfügbar gemacht werden. Dabei geht es um eine systematische Dokumentation, die das Wissen untereinander und mit möglichen Anwendungssituationen/-problemen in Beziehung setzt. An dieser Stelle werden bevorzugt IuK-Technologien eingesetzt. Durch die Möglichkeiten der digitalen Speicherung und der damit verbundenen Suchfunktionen lassen sich heutzutage immer größere Mengen systematisch speichern. So können z.B. neue Mitarbeiter schneller angelernt oder der Verlust von wichtigen Mitarbeitern kompensiert werden. Anwendbare und bewährte Methoden und Technologien sind Data Warehouses, Dokumenten-Management-Systeme, Intranet-Portale, Lessons learned, De-Briefing von Projekten und Mentoring.

Mentorensysteme dienen dazu, nicht dokumentiertes Wissen und Erfahrungen zwischen Mitarbeitern zu übertragen. Das implizite Wissen ist in den Köpfen der Personen gespeichert. Aufgabe des Wissensmanagements ist es, dieses Wissen auch anderen zugänglich zu machen. Hierzu nehmen erfahrene Mitarbeiter andere, z.B. neue Mitarbeiter, "an die Hand" und geben ihre Erfahrungen, Kenntnisse und ihr Wissen direkt weiter. Anwendungsbeispiele für die Gestaltung eines Mentorenprogrammes können beispielsweise der gezielte Aufbau eines Nachfolgers für die eigene Position oder die Integration von neuen Mitarbeitern in die Unternehmensabläufe sein.

Die *Wissensbewertung* dient dazu, den Realisierungsgrad der Wissensziele festzustellen. Wissensmanagement stellt einen zeitlichen und monetären Aufwand dar. Geschäftsleitung und Mitarbeiter interessieren sich deshalb für eine objektive Bewertung des Wissensmanagement-Erfolges. Eine quantitative Betrachtung des Faktors Wissen ist jedoch schwierig. Wissen ist immer situationsbezogen und in Geschäftsprozesse eingebunden. Traditionelle betriebswirtschaftliche Bewertungsmethoden sind hier nur schwer einsetzbar. Es müssen neue Ansätze und insbesondere Erfolgsfaktoren und Kennzahlen gefunden werden, die den Erfolg und Grad der Zielerreichung definieren. Methodisches Hilfsmittel für eine Wissensbewertung ist in erster Linie die *Wissensbi-*

lanz. Die Wissensbilanz[299] ist eine Methodik zur Darstellung und Entwicklung der Wissensbasis oder des intellektuellen Kapitals eines Unternehmens. Sie wird in Humankapital, Strukturkapital und Beziehungskapital unterteilt. Mit ihr können Veränderungen im Wissensbestand gemessen werden.

10.5 Praxisbeispiel: Wissensmanagement in der Automobilindustrie

In der Automobilindustrie basieren Wertschöpfungsprozesse auf der guten Zusammenarbeit zwischen Automobilproduzent (OEM, Original Equipment Manufacturer) und seinen Lieferanten auf unterschiedlichen Stufen der logistischen Kette. Eine besondere Rolle spielen sogenannte Systemlieferanten. Sie montieren und liefern komplette Systemkomponenten, wie etwa Sitze. Des Weiteren sind sie bereits an der Konstruktion der Systeme beteiligt und zeichnen sich durch eine hohe eigene Entwicklungsleistung bei der Herstellung der Komponenten aus. Ein vereinfachtes Schema einer solchen Wertschöpfungskette ist in Abbildung 10-7 dargestellt.

Es liegt im Verantwortungsbereich des Systemlieferanten, die richtigen Komponenten ohne Fehler zur richtigen Zeit zum OEM zu liefern. Dies bedeutet, dass die Kontrolle und Sicherstellung der Qualität der Zulieferer des Systemlieferanten ebenfalls zur Aufgabe dieser Lieferanten wird. Die Anlieferung der Baugruppen an die Linie erfolgt in diesen Fällen in der Regel nach einer Just-in-Sequence-Strategie. Die Komponenten werden also direkt ohne Lagerhaltung in der Verbaureihenfolge an die Montage-Linie des OEM's geliefert. Dies bedeutet, dass die Baugruppen den Systemlieferanten entsprechend kommissioniert zum richtigen Zeitpunkt verlassen müssen. Aus diesem Grund wird oft in unmittelbarer Nähe der Automobilproduzenten ein Standort eröffnet. Die Produktion an diesen Standorten erfolgt dann direkt im Kundenverbrauchstakt, die Baugruppen werden von der eigenen Linie unmittelbar auf entsprechende Transportwagen verladen und in das im Idealfall nur wenige hundert Meter entfernte Werk gebracht.

---

[299] Vgl. Alwert 2006; Mertins u.a. 2005.

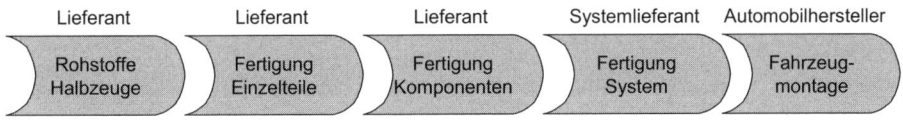

Lieferant	Lieferant	Lieferant	Systemlieferant	Automobilhersteller
Rohstoffe Halbzeuge	Fertigung Einzelteile	Fertigung Komponenten	Fertigung System	Fahrzeug-montage

Abbildung 10-7: Vereinfachte Wertschöpfungskette in der Automobilindustrie

Bei der Produktion der Baugruppen in den Fertigungslinien des Systemlieferanten ergeben sich aus diesen Rahmenbedingungen einige Herausforderungen. Die Baugruppen müssen fehlerfrei und in der richtigen Reihenfolge bereitgestellt werden. Bedingt durch den in der Automobilindustrie zu beobachtenden Trend zur hohen Individualisierung der Fahrzeuge, sehen sich auch die Lieferanten mit einer hohen Anzahl von zu fertigenden Varianten konfrontiert. Die Varianten können sich nach Farben, Materialien, Formen und Funktionen unterscheiden. Entsprechend diesen Unterschieden werden somit auch die Einzelteile an der Montage-Linie benötigt. Dies führt zu erhöhten Beständen an den Arbeitsplätzen in der Linie, wobei die Materialbereitstellung, z.B. in Regalen, vor den Arbeitsplätzen erfolgen kann. Hier kann es zu Platzproblemen und Zeitverlusten durch lange Greifwege kommen.

Ein alternatives Konzept sieht vor, die Materialbereitstellung mit einem vorkommissionierten, mitlaufenden Werkzeugträger ("Kit") zu lösen. Das Material wird hierbei in einem zentralen Lager bereitgestellt und kommissioniert. Der Kit wird danach in der geplanten Verbaureihenfolge in die Montagelinie gebracht und trägt die für die Fertigung notwendigen Teile. Im vorliegenden Fall erfolgt die Anlieferung über die Variante der Bereitstellung an der Linie.

Aufgrund der in der Materialbereitstellung "Kit" gesehenen Vorteile fällt die Entscheidung für eine Umsetzung der Kit-Strategie: geringerer Platzbedarf an der Linie, Zeiteinsparung durch kürzere Greifwege und Wegfall von Suchzeiten, höhere Flexibilität und Zukunftssicherheit bei zusätzlichen Varianten sowie bessere Integration in die Beschaffungskonzepte des Unternehmens.

Gesucht ist eine Strategie, die Materialbereitstellung "Kit" zu analysieren und für den Einsatz an verschiedenen Standorten fit zu machen. Der Systemlieferant ist als Technologieführer im Bereich seines Moduls nicht nur für einen OEM tätig, sondern besitzt Werke an weiteren Standorten in der Nähe anderer OEM's. Die Produktionsleiter dieser Werke sehen sich mit ähnlichen Fragestellungen konfrontiert.

Aufgabe des Wissensmanagements ist es nun, einen Standard für die Materialbereitstellung Kit zu etablieren, einen Wissensaustausch zwischen den Standorten sicherzustellen und sowohl Standards als auch eine Vorgehensweise zur Linienplanung in der organisationalen Wissensbasis zu verankern.

Da zu erwarten ist, dass in den unterschiedlichen Standorten ähnliche Probleme bei Planung, Aufbau und Betrieb der Produktionslinien anfallen werden, ist zunächst das vorhandene Wissen zu identifizieren. Im Rahmen von Workshops und Interviews werden die Anforderungen und Rahmenbedingungen des neuen Materialbereitstellungskonzeptes identifiziert. Das gefundene Wissen wird in Protokollen und Mind-Maps gesammelt sowie eine umfangreiche Datenbasis bestehend aus Produktionszahlen, Varianten, Durchlaufzeiten, Wiederbeschaffungszeiten und Spezifikationen der Einzelteile aufgebaut. Aus dem zunächst grossen Team von 15 Personen werden Repräsentanten der betroffenen Unternehmensbereiche ausgewählt. Somit sind 7 Mitarbeiter aus Konstruktion, Logistikplanung, Arbeitsvorbereitung, Produktionsplanung, Produktion und Geschäftsleitung an der Erarbeitung des Standards beteiligt.

Die erarbeitete Lösung basiert auf zwei Säulen. Zum einen der Erarbeitung des fachlichen Lösungsansatzes und zum anderen auf der Schaffung einer entsprechenden Methodik und deren Verankerung im Unternehmen. Die Verankerung innerhalb der Unternehmensprozesse gelingt durch Erweiterung der bestehenden Planungsphasen um die Materialbereitstellung "Kit". Die Konzeption der Materialbereitstellung erfolgt in der Phase des Entwurfs des Produktionskonzeptes. Die Materialbereitstellung ist eng mit der gewählten Produktionsart verknüpft. Auch müssen für die Arbeitsplätze Materialbehälter und der Transport in der Linie angepasst werden. Der gesamte Planungsablauf bis zum Start der Produktion dauert etwa 30 Monate. Die Entscheidung für eine Umsetzung der Kit-Strategie fällt hier bereits in den ersten Monaten. Der geplante Leitfaden enthält sowohl Hilfestellungen für die frühe Planungsphase, als auch für die konkrete Ausgestaltung der Linie und der Arbeitsplätze.

Zur Wissensspeicherung und für den Wissenstransfer wird eine Online-Plattform eingesetzt. Das Wissensportal ist über das Internet zugänglich, die Zugriffskontrolle für die Mitarbeiter des Systemlieferanten erfolgt passwortgeschützt. So ist sicher gestellt, dass die Mitarbeiter an den jeweiligen Standorten auf die gleichen Dokumente zugreifen. Die Mitarbeiter werden in Form eines Expertenverzeichnisses mit ihren Kontaktdaten und den Wissensgebieten in der Plattform registriert. So ist es auch in Zukunft neuen Mitarbeitern leicht möglich, die richtigen Ansprechpartner zu finden.

Für die Speicherung des Wissens und die weitere Interaktion wird ebenfalls eine Wissensstruktur erarbeitet. Basierend auf den Interviews und identifizierten Wissensgebieten wird eine Struktur entwickelt, in die dann die Dokumente abgelegt werden. Die Plattform bietet auch die Möglichkeit zur Nutzung eines Diskussions-Moduls, das ebenfalls auf die definierte Wissensstruktur abgebildet ist. Somit finden sich sowohl Dokumente als auch Frage/Antworten und Informationen vernetzt in derselben Projektionsebene.

Auf der Basis des identifizierten Wissens und der Rahmenbedingungen für die Materialbereitstellung wird nun das neue Konzept entwickelt. Im Rahmen von mehreren Workshops, der Diskussion auf der Online-Plattform und dem Aufbau mehrerer Prototypen kann ein standardisierter Planungsprozess und eine standardisierte Kit-

Lösung erarbeitet werden. Zur Dokumentation werden die gefundenen Lösungen, Konzepte und Prozessschritte in einem Leitfaden zusammengefasst. Mit Hilfe dieses Dokuments können nun in der Zukunft Arbeitsgruppen bei der Gestaltung von neuen Montagelinien bereits in der Konzeptionsphase die Rahmenbedingungen für einen Kit-Einsatz schaffen und in den Genuss der Vorteile dieser Materialbereitstellung kommen.

Durch die Kombination der Wissensmanagementmethoden und der Online-Plattform ist für das Unternehmen nun ein Konzept zur systematischen Nutzung des erarbeiteten Wissens geschaffen worden. Das erarbeitete Konzept findet in allen beteiligten Arbeitsbereichen und Standorten große Akzeptanz. Dies wurde durch die breite Beteiligung bereits in der frühen Phase der Identifizierung des Wissens erreicht. Mit der Integration in die bestehende Arbeitsumgebung in Form des nun um einen standardisieren Materialbereitstellungsprozess erweiterten Planungsprozesses für neue Montagelinien ist die Anwendung in der Unternehmenspraxis sichergestellt. Der Leitfaden unterstützt sowohl bei der konkreten Arbeit, kann aber auch im Rahmen von Einarbeitungsphasen oder Schulungen für neue Mitarbeiter verwendet werden. Die Wissensmanagement-Plattform stellt ein wertvolles Hilfsmittel zur Dokumentation und Speicherung von Wissen dar.

Durch die erfolgte Standardisierung sowohl im Bereich Planung als auch im Bereich Materialbereitstellung über die Standorte hinweg, bietet sich für die Zukunft die Chance zu einer vertieften Diskussion der Montageprozesse.

10.6 Übungsaufgaben

1. Beschreiben Sie mögliche Barrieren bei der Einführung von Wissensmanagement in einem mittelständischen Produktionsunternehmen.

2. Was ist der Unterschied zwischen implizitem und explizitem Wissen? Wie stellt sich dieser in der Praxis dar, und was sind die Herausforderungen beim Umgang mit implizitem Wissen?

3. Beschreiben Sie drei Möglichkeiten, wie ein Unternehmen von systematischem Wissensmanagement profitieren könnte, und mit welchen Methoden Sie das Wissensmanagement einführen würden.

4. Sie sind Gruppenleiter von fünf Mitarbeitern. Ihre Firma ist auf die Planung und Optimierung von Supply-Chain-Management-Strategien spezialisiert. Ihr Team ist verantwortlich für die Auswahl der richtigen Belieferungskonzepte wie z.B. Milkrun, Konsignationslager, Cross-Docking oder Direktanlieferung. Die Teammitglieder kommen traditionell direkt von der Universität und die Fluktuation ist hoch. Wiederholt sehen Sie sich mit "alten Fehlern" konfrontiert, die wiederholt be-

gangen werden. Dabei ist festzustellen, dass es vor allem die "neuen Teammitglieder" sind, die diese Probleme verursachen.

Was ist das Schlüsselproblem in diesem Fall? Was würden Sie vorschlagen, um das Problem zu lösen? Erarbeiten Sie Empfehlungen für konkrete Maßnahmen, Methoden und Prozesse für Ihr Team!

5. In einem mittelständischen Familienunternehmen aus dem Bereich der Entsorgungslogistik steht eine Unternehmensnachfolge an. Das Unternehmen bietet neben dem täglichen Container-Geschäft vor allem kundenindividuelle Lösungen für die Entsorgungslogistik von produzierenden Unternehmen z.B. aus der Automobilindustrie an. Gegenstand ist die Konzeption, Umsetzung und der Betrieb der Logistik-Strategien. Die Firma ist inhabergeführt, die beiden Kinder sollen nach Abschluss ihres Studiums der Betriebswirtschaft bzw. des Wirtschaftsingenieurwesens möglichst schnell in die Firma integriert werden und Führungsaufgaben übernehmen. Im Zuge dieser Unternehmensnachfolge ist eine Menge von Fach-, Branchen-, Unternehmens- und Führungswissen auf die zukünftigen Geschäftsführer zu übertragen. Analysieren Sie zunächst, um welche Arten von Wissen es sich handelt, und erarbeiten Sie dann eine Strategie, einen Zeitplan und konkrete Maßnahmen zur Weitergabe des Wissens an die nächste Unternehmer-Generation.

10.7 Weiterführende Literatur

Alwert, K. (2006): Wissensbilanzen für mittelständische Organisationen, Stuttgart.

AWV - Arbeitsgemeinschaft für wirtschaftliche Verwaltung e.V. (Hrsg.) (2003): Wissensmanagement – ein strategischer Wettbewerbsfaktor, Eschborn.

Bellmann, M./Krcmar, H./Sommerlatte, T. (Eds.) (2002): Praxishandbuch Wissensmanagement. Düsseldorf.

Bergmann, K. (1999): Wissenslandkarten; in: Antoni, C. H./Sommerlatte, T. (Hrsg.): Spezialreport Wissensmanagement. Wie deutsche Firmen ihr Wissen profitabel machen, Düsseldorf, S. 109-110.

Böhmann, T./Krcmar, H. (1999): Werkzeuge für das Wissensmanagement, in: Antoni, C.H./Sommerlatte, T. (Hrsg.): Spezialreport Wissensmanagement. Wie deutsche Firmen ihr Wissen profitabel machen, Düsseldorf, S. 82-87.

Bullinger, H.-J. et al. (2002): Business Communities, Bonn.

Davenport, T. (1999): Wenn ihr Unternehmen wüsste, was es alles weiss.: Das Praxishandbuch zum Wissensmanagement. Landsberg/Lech.

Disterer, G. (2000): Individuelle und soziale Barrieren beim Aufbau von Wissenssammlungen, in: Wirtschaftinformatik, 42 Nr. 6, S. 539-546.

Drucker, P. F. (1999): Management im 21. Jahrhundert, Berlin.

Edvinsson, L./Sullivan, P. (1996): Developing a Model for Managing Intellectual Capital, in: European Management Journal, Vol. 14, No. 4, S. 356-364.

Gehle, M./Mülder, W. (2001): Wissensmanagement in der Praxis, Frechen.

Güldenberg, S. (1998): Wissensmanagement und Wissenscontrolling in lernenden Organisationen. Ein systemtheoretischer Ansatz, Wiesbaden.

Haasis, H.-D. (2001): Wissensmanagement und dessen Bedeutung für ein Nachhaltiges Wirtschaften, in: Griesche, D./Meyer, H./Dörrenberg, F. (Hrsg.): Innovative Managementaufgaben in der nationalen und internationalen Praxis, Wiesbaden, S. 141-156.

Haasis, H.-D. (2004): Leistungsmessung und Bewertung: Möglichkeiten des Einsatzes von Operations Research und Wissensmanagement, in: Institut der Deutschen Wirtschaft Köln (Hrsg.): Betriebliche Instrumente für nachhaltiges Wirtschaften, Köln, S. 35-43.

Haasis, H.-D. (Hrsg.) (2006): Skill Management. Eine Vielzahl von Möglichkeiten und Chancen für Wirtschaft und öffentliche Verwaltung, Eschborn, 2006.

Haasis, H.-D./Fischer, H. (Hrsg.) (2007): Kooperationsmanagement, Eschborn.

Haasis, H.-D./Kriwald, T. (Hrsg.) (2001): Wissensmanagement in Produktion und Umweltschutz, Berlin u.a.

Herden S./Marx-Gómez J./Rautenstrauch C./Zwanziger A. (2006): Software-Architekturen für das E-Business, Berlin.

Hill, H. (1997): Wissensmanagement in Organisationen; in: Hill, H. (Hrsg.): Wissensmanagement (Staatskommunikation, Band 5), Köln et al., S. 9-27.

Ilg, M. (2005): Wissensmanagement mit elektronischen internen Wissensmärkten, Lohmar.

Kehlenbeck, Ch. (2000): Wissensmanagement: Ziele und Gestaltungsempfehlungen. Regensburg.

Kluge, J./Stein, W./Licht, T./Kloss, M. (2003): Wissen entscheidet. Wie erfolgreiche Unternehmen ihr Know-how managen – eine internationale Studie von McKinsey, Frankfurt/Wien.

Koch, S./Mandl, H. (1999): Wissensmanagement: Anwendungsfelder und Instrumente für die Praxis, München.

Kreidenweis, H./Steincke, W. (2006): Wissensmanagement, Baden-Baden.

Mandl, H./Reinmann-Rothmeier, G. (2000): Wissensmanagement, Informationszuwachs – Wissensschwund? Die strategische Bedeutung des Wissensmanagements, München, Wien.

Mertins, K./Alwert, K./Heisig, P. (Hrsg.) (2005): Wissensbilanzen - Intellektuelles Kapital erfolgreich nutzen und entwickeln, Berlin.

Minder, S. (2001): Wissensmanagement in KMU: Beitrag zur Ideengenerierung im Innovationsprozeß, St. Gallen.

Nonaka, I./Takeuchi, H. (1997): Die Organisation des Wissens. Wie japanische Unternehmen eine brachliegende Ressource nutzbar machen, Frankfurt/New York.

North, K. (1998): Wissensorientierte Unternehmensführung – Wertschöpfung durch Wissen, Wiesbaden.

Osterloh, M. (1999): Wettbewerbsfähiger durch Prozess- und Wissensmanagement: Mit Chancengleichheit auf Erfolgskurs, Wiesbaden.

Palass, B./Servatius H-G. (2001): WissensWert – Mit Knowledge-Management erfolgreich im E-Business, Stuttgart.

Pawlowsky, P. (1998): Wissensmanagement: Erfahrungen und Perspektiven, Wiesbaden.

Picot, A./Reichwald, R./Wigand, R. T. (2003): Die grenzenlose Unternehmung, Wiesbaden.

Preissler, H. et al. (1997): Haken, Helm und Seil: Erfahrungen mit Instrumenten des Wissensmanagements, in: Organisationsentwicklung, Heft 2.

Probst, G./Raub, S./Romhardt, K. (1997): Wissen managen. Wie Unternehmen ihre wertvollste Ressource optimal nutzen, Wiesbaden.

Reinmann-Rothmeier, G./Mandl, H. (2004): Psychologie des Wissensmanagements. Perspektiven, Theorien und Methoden, Hogrefe.

Romhardt, K. (1998): Die Organisation aus der Wissensperspektive – Möglichkeiten und Grenzen der Intervention, Wiesbaden.

Schreyögg, G./Conrad, P. (1996): Wissensmanagement, Berlin.

Schüppel, J. (1996): Wissensmanagement: Organisatorisches Lernen im Spannungsfeld von Wissens- und Lernbarrieren, Wiesbaden.

Shaw, M. J. (2002): E-Business Management, Dordrecht/Norwell.

Soukup, C. (2001): Wissensmanagement, Wiesbaden.

Weggeman, M. (1999): Wissensmanagement: Der richtige Umgang mit der wichtigsten Ressource des Unternehmens, Bonn.

Wildemann, H. (2000): Wissensmanagement: Ein neuer Erfolgsfaktor für Unternehmen, München.

Willke, H. (1998): Systemisches Wissensmanagement, Stuttgart.

Wirtz, B. W. (2001): Electronic Business, Wiesbaden.

11 Entwicklungstendenzen

Wertschöpfung führt zu einem Mehrwert des Produktes oder der Dienstleistung für den Kunden. Der *Wertschöpfungsprozess* stellt eine Abfolge an Aktivitäten dar, die den Wert für ein Produkt oder eine Dienstleistung erst schaffen oder hinzufügen. Diese Aktivitäten beziehen sich auf die gesamte Supply Chain oder Wertschöpfungskette. Daher sind sowohl Produktion als auch Logistik für die Wertschöpfung wesentlich. Sie bilden sozusagen zwei Seiten einer Medaille. Oftmals werden Produktion und Logistik gemeinsam auch als Wertschöpfungsprozess verstanden. Die Wertschöpfung der Zukunft wird bestimmten Entwicklungstendenzen folgen. Diese werden maßgeblich durch Bedingungen und Möglichkeiten der Produktion und Logistik bestimmt.

Produktion und Logistik der Zukunft lässt sich unterschiedlich skizzieren, bleibt aber eine Skizze. Die Zukunft kann andere Schwerpunkte setzen, obgleich einzelne bereits vorgezeichnet sind. In diesem Beitrag wird Produktion und Logistik der Zukunft anhand ausgewählter Charakteristika beschrieben, und zwar anlehnend an das englische Wort **LOGISTICS:** **L**ead Factor, **O**ptimised Value, **G**lobale Sourcing, Production and Distribution, **I**ntelligent, **S**ustainable, **T**eam Knowledge, **I**nterfaces, **C**lient Driven, **S**ecurity and Safety. Gemeinsam präsentieren diese als Klammer mögliche Entwicklungstreiber. Gerade diese Klammer, das Integrierende und das Übergreifende, wird die Produktion und Logistik der Zukunft prägen.

Die durch die Wahl dieser Charakteristika induzierte Herausstellung der Logistik ist gewollt. Sie unterstreicht deren Bedeutung für die Entwicklung von global orientierter Wertschöpfung. Die Bedeutung zeigt sich in der Fähigkeit, moderne Produktions- und Handelssysteme als weltweite, komplexe Netzwerke zur Zufriedenheit der Kunden zu planen und zu steuern.

L: Lead Factor Logistics

Logistik behandelt heute und vermehrt in Zukunft die schnittstellen-übergreifende Gestaltung von Wertschöpfung, die als Supply-Chain-Prozess den Fluss von Gütern und Dienstleistungen sowie dazugehöriger Informationen entlang der gesamten Kette plant, koordiniert und kontrolliert. Diese übergreifende und integrative System- und Prozessgestaltung macht die Logistik heute und auch in den nächsten Jahren zum führenden Strategieelement, und damit zum *Lead Factor* einer zukunftsfähigen Unternehmenspolitik für produzierende und für dienstleistende Unternehmen. Dieser ist es

Wert, in der Unternehmensführung und auf der politischen Agenda verankert zu werden.

Auch die Leistungsfähigkeit einer Region ist abhängig von der Ausgestaltung und Bewertung dieses Lead Factors, d.h. der Fähigkeit der Beherrschung von Komplexität in unternehmensübergreifenden kundenorientierten Abläufen. Dieser ist Innovations- und Wettbewerbstreiber gleichermaßen. Herausforderungen in betriebs- und verkehrswirtschaftlicher Logistik sind dabei heute geprägt durch globale Marktbeziehungen, ein kundenorientiertes Angebotsverhalten, ein kostenoptimiertes Nachfrageverhalten, die Gestaltung und das Management von Logistikketten und kooperativen Systemen sowie den Einsatz neuer informationslogistischer Systeme. So ist bei der Ausgestaltung dieses Lead Factors zu berücksichtigen, dass Wettbewerb sich nicht mehr nur zwischen Unternehmen orientiert, sondern zunehmend zwischen logistischen Ketten und vernetzten logistischen Standorträumen. Damit kommt es zu neuen Aufgabenverteilungen in Wertschöpfungsnetzwerken, zu einer Verlagerung von Produktionsprozessen sowie zu neuen logistischen Produkten.

Das kundenorientierte Angebot verlangt eine qualitativ exzellente zeitnahe Beherrschung der logistischen Komplexität, eine nachhaltige Ausrichtung sowie ein einfaches Management möglichst aus einer Hand. Aufgrund der zunehmenden Bedeutung von e- und m-Business kommt es in den nächsten Jahren zu wesentlichen Umstrukturierungen der Geschäfts- und Entscheidungsprozesse zwischen Herstellern, Handel und Kunden. Diese Umstrukturierungen haben auch Auswirkungen auf die logistische Verfahrenstechnik, auf logistische Produktinnovationen, auf produktionswirtschaftlich verlagerte Mehrwertdienste und auf kooperative logistische Systeme.

Durch diese neue Strukturierung von Produktionswirtschaft und Logistik sind Entwicklung und Gestaltung innovativer Lösungen nicht nur durch eine flexible, interdisziplinäre Herangehensweise im Team gekennzeichnet, sondern vielmehr durch eine makro- und mikrologistische Systeme verbindende Sichtweise: Innovation durch *Mesologistik*, d.h. gesamtheitliche Optimierung des Systems Logistik, Verkehr und Standortentwicklung.

O: Optimised Value

Bei Beachtung einer schnittstellen-übergreifenden Systemgestaltung kommt in den nächsten Jahren der übergreifenden Optimierung und der Bereitstellung von operativen, taktischen und strategischen Organisations-, Entscheidungs- und Finanzierungsmodellen eine besondere Bedeutung zu. Hierbei geht es dann in erster Linie um Ertrags- und Risikoausgleich, welcher der integralen Sichtweise genügt.

Die betriebswirtschaftliche Gestaltung im Wettbewerb stehender Wertschöpfungsketten wird in diesem Zusammenhang maßgeblich durch zwei Entwicklungslinien geprägt: Einerseits sind Tätigkeits- und Entscheidungsverlagerungen zwischen verladender Wirtschaft und Logistikdienstleister festzustellen, andererseits ergibt sich

Nachfrage nach intermodalen Lösungen aufgrund organisatorisch und infrastrukturell induzierten Mobilitätsengpässen. Beide betriebswirtschaftlich relevanten Entwicklungslinien beeinflussen sich gegenseitig und zeigen Auswirkungen auf die sowohl die Konfiguration als auch die Koordination der Wertschöpfungsketten betreffenden logistischen Produkte.

Gestalterische Veränderungspotentiale ergeben sich durch Bereitstellung und Nutzung geeigneter Kommunikationsräume, durch kooperativ geprägte Leistungsprofile, eine Qualifizierung und Kommunikation logistischer Fähigkeiten und ein technisch-organisatorisches Schnittstellenmanagement. Innovationsfaktoren sind in diesem Zusammenhang neben IuK sowie mobiler Kommunikation daher auch Produktdesign, Technologieentwicklung, Systemintegration, Finanzierungs- und Risikokonzepte, Kooperationsdesign, Fähigkeitsintegration und Mehrwertdienste.

Aufgabe des Gestalters ist es auch etwa durch Moderation der Akteursvielfalt, Betriebswirtschaft und Verkehrswirtschaft weiter aufeinander zu zu bewegen, mit dem Ziel, durch prozessübergreifende Bewertung eine möglichst für alle Beteiligten wirtschaftliche, flexible und zukunftsfähige Lösung vorschlagen und umsetzen zu können.

In diesem Zusammenhang ist die schnittstellenübergreifende Optimierung des erreichten Produkt- und Servicewertes ein wesentliches Merkmal einer Systembetrachtung. Hierzu werden zunehmend Ansätze des Operations Research eingesetzt und herkömmliche *ERP-Systeme* zu APS (*Advanced Planning Systems*) erweitert oder mit diesen gekoppelt. Charakteristika dieser APS sind die Nutzung moderner Informationstechnologie, die Anwendung aktueller Entscheidungsmodelle und die Gewährleistung von Transparenz und Effizienz in der Entscheidungsmodellierung und -unterstützung. Die APS greifen sowohl auf Geschäftsprozessmodelle als organisatorische Ausgangsbasis zu, als auch auf Informationshubs zur Bereitstellung entscheidungsrelevanter Informationen und methodischer Instrumente zur realen Entscheidungsunterstützung. Die notwendigen Daten können einerseits auf einem zentralen Server hinterlegt, andererseits aber auch dezentral über die Schnittstelle Internet organisiert werden. Dabei wird eine höhere Informationstransparenz über die Nutzung des Internets realisiert.

G: Global Sourcing, Production and Distribution

Die vollzogene Öffnung der internationalen Märkte impliziert nachvollziehbar Überlegungen zu global ausgerichteten Beschaffungs-, Produktions- und Distributionsstrategien auch für kleinere und mittlere Unternehmen. Innerhalb dieser Strategie sind auch Fragen der Allokation von Tätigkeiten in der Wertschöpfungskette wesentlich. So kommt es im Rahmen eines *Global Sourcing* und einer *Global Distribution* sichtbar zu einer Verschiebung von Produktions- und Logistikstandorten und analogen Knotenfunktionen (etwa im Zusammenhang mit der Marktbelieferung). Dieses bedarf einer eingehenden Analyse und eines Monitoring der Beschaffungsmärkte, der Distributionsmärkte, der Lieferantenstruktur und der Abnehmeranforderungen sowie der zu-grunde liegenden Prozesslogik.

Die Verschiebung birgt wichtige Chancen zur Ausgestaltung des Produktangebots der in der Kette beteiligten Unternehmen. Wichtige Märkte sind derzeit bekanntlich China, Russland, die EU-Beitrittsländer sowie Indien, Südafrika und Brasilien. Auslöser für die Verschiebung sind erkennbar niedrigere Arbeitskosten, niedrigere Besteuerung, mehr Arbeitsstunden je Periode, höhere Produktivität sowie niedrigere Umwelt- und Sozialstandards. Dennoch ist die Verschiebung mit Risiken verbunden, etwa bezüglich der erzielbaren Produkt- und Leistungsqualität, der Zuverlässigkeit und der Innovationskraft der Partner, der Risiken auf dem Transportweg, der politischen Probleme, der Vertrags- und Währungsrisiken.

I: Intelligent

Ein gut strukturierter und techno-organisatorisch abgesicherter Informationsfluss stellt ein wesentliches Element beim Aufbau und bei der Optimierung produktionswirtschaftlicher und logistischer Strukturen und Abläufe dar. Die dynamische und strukturelle Komplexität produktionswirtschaftlicher und logistischer Netzwerke impliziert dabei Gestaltungs- und Steuerungsprinzipien, welche durch *Intelligenz* Komplexität beherrschbar machen.

Logistiknetze nehmen daher in der aktuellen Forschung eine herausragende Stellung ein: Sonderforschungsbereich 559 in Dortmund zur Modellierung großer Netze in der Logistik, Sonderforschungsbereich 637 in Bremen zur Selbststeuerung logistischer Prozesse. *Selbststeuerung* bedeutet hier die dezentrale Koordination autonomer logistischer Objekte in einer heterarchischen Organisationsstruktur, wobei die Autonomie logistischer Objekte wie Stückgüter, Paletten und Container durch neue Informations- und Kommunikationstechnologien ermöglicht wird. Auf dieser Basis können Prozesse optimiert, Zeiten verkürzt und Kosten reduziert werden. Moderne Lösungen müssen in der Lage sein, Objekte unterschiedlicher Art und in wechselnden Umweltbedingungen nicht nur sicher zu identifizieren, sondern darüber hinaus zu lokalisieren, mit ihnen zu kommunizieren, sie zu navigieren und zu steuern.

Voraussetzungen hierfür sind einheitliche Standards, Vernetzung und vorauseilender Informationsfluss. Durch Nutzung von *RFID* und Sensorik können Objekte dafür mit „Intelligenz" ausgerüstet werden. Geschäftsprozesse lassen sich durch Einbindung der RFID-Technologie in ERP-Systemen reorganisieren. Damit entwickeln sich Informationen zu einem der wichtigsten Güter in Logistik und Produktion.

S: Sustainable

Sustainable, das heißt nachhaltig. Einer *Nachhaltigen Entwicklung* zu Grunde gelegt wird – aufbauend auf dem bereits 1987 erschienenen Bericht der Weltkommission für

Umwelt und Entwicklung – bekanntlich ein Wirtschaftsprinzip, welches beinhaltet, dass künftige Generationen in ihrer Bedürfnisbefriedigung und der Wahl ihrer Lebensstile durch die Bedürfnisbefriedigung der heutigen Generation nicht gefährdet werden. Folgt man der Begründung dieses Wirtschaftsprinzips, dass das heutigen Produktions- und Konsumprozessen zugrundeliegende Durchlaufprinzip etwa aufgrund nur begrenzt vorhandener Ressourcen und Deponiekapazitäten nicht unbegrenzt aufrecht erhalten werden kann, so zählt ein *Nachhaltiges Wirtschaften* zu den wesentlichen derzeitigen und künftigen Herausforderungen für Produktion und Logistik.

Bereits heute gibt es Ansätze, welchen es gelingt, vor dem Hintergrund der Bedeutung von Wertschöpfungsketten und Unternehmensnetzwerken das Zusammenspiel von Produktion und Logistik im Sinne einer Nachhaltigen Entwicklung kundenorientiert zu gestalten. Diese Lösungen fokussieren auf *Ressourcenschonung, Umweltschutz* und *gesellschaftliche Verantwortung*. Für ihre Umsetzung bedarf es einer interdisziplinären Herangehensweise. Diese begründet sich durch die zur Identifizierung, Analyse und Bewertung notwendigen Kenntnisse technischer, ökologischer, sozialer und wirtschaftlicher Sachverhalte.

Für diese Lösungen wird es etwa erforderlich, Güter- und Energieeinsatz effizient zu gestalten sowie natürliche Kreisläufe um anthropogen geschaffene zu ergänzen. Des weiteren bedarf es eines Kooperations- und Produktdesigns, welches es erlaubt, *lernattraktive Entwicklungsumgebungen* für die beteiligten Akteure in im allgemeinen internationalen Wertschöpfungsketten und Unternehmensnetzwerken dialogorientiert zu realisieren.

Zur Verwirklichung eines Nachhaltigen Wirtschaftens wird der *Kreislaufwirtschaft* seit Jahren eine wichtige Rolle zugebilligt. Entsprechend der gewählten Betrachtungsebene können dabei zumindest drei Aggregationsstufen von Kreisläufen unterschieden werden: Anlagenkreisläufe, Produktionskreisläufe und Produktkreisläufe. Zur Realisierung dieser Kreisläufe sind neben der Bereitstellung geeigneter Produktionstechnologie notwendige logistische Systeme zu identifizieren, zu gestalten, zu bewerten, zu optimieren und zu realisieren. Hierzu gehören auch eine Identifizierung produktionswirtschaftlicher und logistischer Aufgaben und Services sowie ihre organisatorische Zuordnung zu Wirtschaftsakteuren. Vor diesem Hintergrund kommt Logistikdienstleistern eine wachsende Bedeutung zu, insbesondere bezogen auf Organisation und Betrieb dieser kooperativen Systeme und der damit verbundenen Qualifizierung produktionswirtschaftlicher Umgebungen und internationaler Wertschöpfungsketten.

T: Team Knowledge

Die Verbesserung der Zusammenarbeit von Akteuren entlang einer internationalen Wertschöpfungskette (etwa Verlader, Reedereien, Hafen- und Umschlagbetreiber, Spediteure) erfordert wissensbasierte Wege: *Team Knowledge* ist gefragt. Die zunehmende Defragmentierung der Wertschöpfungskette und die Ausweitung der globalen Produktions- und Dienstleistungsnetzwerke führt zu immer mehr Partnern in den unternehmensübergreifenden Leistungsprozessen. Parallel dazu verkürzen sich die für den Wettbewerbserfolg zur Verfügung stehenden Reaktionszeiten.

Ein betriebliches *Wissensmanagement* ist daher ebenso notwendig, wie ein Know-how-Transfer entlang der Wertschöpfungskette. Ferner wird es notwendig, Standorte über deren Qualifizierung im Rahmen von Wissensregionen als internationale Partner von Netzwerken (etwa im Rahmen von Seehafenkooperationen, Kooperationen zwischen logistischen Zentren) positionieren zu können.

So bedarf es zur weiteren Sichtbarmachung, zur Stärkung und zur Vernetzung der an Standorten in der Regel vielfältig vorhandenen Produktions- und Logistikexzellenz auch der Vorbereitung und Umsetzung abgestimmter Maßnahmen, welche die Potentiale, die Effizienz, die Attraktivität und Produktivität des Standortes anhaltend stärken. Schließlich werden in der Wertschöpfungskette neben der Kundenorientierung in erster Linie das Kooperations- und Wissensmanagement die Produktion und die Logistik in den nächsten Jahren im internationalen Wettbewerb weiter formen.

Gerade die Wettbewerbsfähigkeit kleinerer und mittlerer Unternehmen wird zunehmend geprägt durch ihre Fähigkeit, Kooperationen eingehen, gestalten und betreiben zu können. Kooperationen beziehen sich hierbei nicht allein auf Lieferanten und Kunden, sondern auch auf weitere Partner, Anspruchsgruppen und sogar Wettbewerber des Unternehmens. Aufgrund ihrer in der Regel regionalen Einbindung und ihres regionalen Engagements ist dabei für kleinere Unternehmen auch ein regionales *Kooperationsmanagement* im Sinne von „Think global, act local" wesentlich.

I: Interfaces

Die produktionswirtschaftliche und logistische Leistungsfähigkeit eines Unternehmens ist abhängig von seiner Fähigkeit der Beherrschung von Komplexität in unternehmensübergreifenden kundenorientierten Abläufen. Diese Komplexität wird durch die Anzahl und die Gestaltung der Schnittstellen wesentlich beeinflusst.

Neue Aufgabenverteilungen in Wertschöpfungsnetzwerken sowie neue logistische Produkte verstärken den Bedarf nach einem qualifizierten Schnittstellenmanagement. So ergeben sich etwa Schnittstellen zwischen Unternehmen, Geschäftsprozessen, Informationstechnologien, Entscheidungsträgern, Transportträgern und Richtlinien.

Schließlich bedeutet ein kundenorientiertes Angebot eine exzellente Steuerung und Gestaltung dieser Schnittstellen sowie eine Beherrschung der zugrundeliegenden Komplexität in der Prozess- und Strukturlogik. Die Leistungsfähigkeit wird dabei durch infrastrukturelle und organisatorische Engpässe sowie durch Outsourcing-Aktivitäten zwischen Verladern und Dienstleistern beeinflusst.

C: Client driven

Kundenindividuelle Massenfertigung hat das Ziel, die Vorteile der Massenproduktion mit denen der Kundenindividualisierung zu kombinieren. Erste Ansätze dieser *client driven production* finden sich im Marketing, in der Produktplanung und in der Produktionsplanung und -steuerung.

Indessen kann dieser Ansatz auch auf Produktdifferenzierungsstrategien im Hinblick auf logistische Wertschöpfungsketten übertragen werden. Die Lösungen implizieren eine Individualisierung in der Kettengestaltung und Größendegressionseffekte im Zusammenhang mit Bündelungs- und Intermodalitätsansätzen. Hierzu müssen zunächst geeignete logistische Module unter anderem zum Transport, zum Lagern, zur Bündelung, zum Postponement und zu Value Added Services identifiziert, beschrieben und analysiert werden. Zu den Modulen gehören etwa Lagerhäuser, Packing Zentren, Groupage Zentren, Cross Docking Stations, Umschlagterminals, Zugrelationen, Service-Zentren, Güterverkehrszentren, City-Logistik und Last Mile Logistik. Entsprechend dem betrachteten System können Module zu höher aggregierten Einheiten zusammengefasst und gestaltet werden. Als Ergebnis erhält man ein Portfolio modular arrangierter, kundenindividueller Supply Chain Varianten. Dieses kann zur Ausgestaltung eines kundenindividuellen Produktangebots für einen Standort oder eine Kette genutzt werden. Damit können alternative Beschaffungs- oder Distributionskanäle entsprechend den Produktbedingungen und den Kundenwünschen angeboten werden.

S: Security and Safety

In internationalen Wertschöpfungsketten spielt das Thema Sicherheit in den beiden Ausprägungen Security (z. B. Schutz vor terroristischen Maßnahmen, Schmuggel, Diebstahl) und Safety (Schutz vor Handlungen Dritter, wie unvorhergesehenen Ereignissen) eine zunehmende Rolle. So kommen etwa im Zuge verstärkter Sicherheitsanforderungen im Containerverkehr auf alle Beteiligten in der Supply Chain neue Anforderungen zu, die sowohl organisatorisch als auch durch den Einsatz neuer Technologien umgesetzt werden können. Es ist in Kürze beispielsweise zu erwarten, dass der in den Häfen sowie in Reedereien zum Juli 2004 eingeführte ISPS-Code durch eine Direktive der Europäischen Kommission auf intermodale Ketten ausgedehnt und somit der Kreis der Betroffenen erweitert wird. Zudem bestehen Ansätze, das Thema Sicherheit durch mechanische und elektronische Sicherheitsmechanismen wie Hochsicherheitssiegel, *elektronische Siegel* sowie „smart containers" mit zusätzlichen Sensoren zu unterstützen. Speziell zu den elektronischen Siegeln liegen inzwischen Normierungsvorschläge bei der ISO vor; mit einer baldigen Verabschiedung dieser Normen wird gerechnet. Für die Beteiligten an der Wertschöpfungskette ist es daher wichtig, sich mit den resultierenden technischen Anforderungen sowie mit den organisatorischen Zusammenhängen proaktiv auseinander zu setzen und ein *Sicherheitscontrolling* im Unternehmen und in der Supply Chain aufzubauen.

Stichwortverzeichnis

Mehr wissen – weiter kommen